高职高专大数据技术与应用专业系列教材

Spark 大数据分析与实战

Big Data Analytics with Spark

郑述招　何雪琪　编著

西安电子科技大学出版社

内 容 简 介

    Spark 是当前主流的大数据计算框架，本书较为全面地介绍了 Spark 的基本知识。按照"项目驱动、任务导向"的理念，全书设计了七个项目，分别是搭建 Spark 环境、编写 Scala 程序处理 4S 店数据、Spark RDD 分析交通违章记录、Spark SQL 处理结构化学生信息、Spark 编程进阶、Spark Streaming 处理流数据及 Spark ML 实现电影推荐。

    为了使读者迅速掌握 Spark 的基本知识，本书提供了大量编程实例及配套资源，包括源代码、软件、数据集、虚拟机、习题答案等；另外，为了进一步降低入门门槛，本书还提供了配置好开发环境的 Ubuntu 虚拟机，读者可通过使用 Virtual Box 等工具导入后，迅速开始 Spark 相关知识的学习，省却了大量的环境配置等工作。

    本书既可作为大数据、计算机、软件工程、信息管理等相关专业的教材，也可以作为大数据技术爱好者的自学用书。

图书在版编目(CIP)数据

Spark 大数据分析与实战/郑述招，何雪琪编著. —西安：西安电子科技大学出版社，2020.9(2023.1 重印)
ISBN 978 - 7 - 5606 - 5811 - 7

Ⅰ. ①S… Ⅱ. ①郑… ②何… Ⅲ. ①数据处理软件 Ⅳ. ①TP274

中国版本图书馆 CIP 数据核字(2020)第 147305 号

策　　划　高 樱
责任编辑　雷鸿俊
出版发行　西安电子科技大学出版社(西安市太白南路 2 号)
电　　话　(029)88202421　88201467　　　　　邮　　编　710071
网　　址　www.xduph.com　　　　　　　　电子邮箱　xdupfxb001@163.com
经　　销　新华书店
印刷单位　陕西日报社
版　　次　2020 年 9 月第 1 版　　2023 年 1 月第 3 次印刷
开　　本　787 毫米×1092 毫米　1/16　印张 15
字　　数　344 千字
印　　数　4001～7000 册
定　　价　39.00 元
ISBN　978-7-5606-5811-7 / TP

XDUP 6113001–3

***如有印装问题可调换

序

在举世瞩目的十九大报告中，习近平总书记提出："加快建设制造强国，加快发展先进制造业，推动互联网、大数据、人工智能和实体经济深度融合……"自从 2014 年大数据首次写入政府工作报告，大数据逐渐成为各级政府关注的热点。2015 年 9 月，国务院印发《促进大数据发展行动纲要》，系统部署了我国大数据发展工作，至此，大数据已成为国家级的发展战略。2017 年 1 月，工信部编制印发了《大数据产业发展规划(2016—2020 年)》。

为对接大数据国家发展战略，教育部批准于 2017 年开办高职大数据技术与应用专业，2017 年全国共有 64 所职业院校获批开办该专业，到 2020 年，全国共有 619 所高职院校成功申报大数据技术与应用专业，大数据技术与应用专业已经成为高职院校最火爆的新设专业。

为培养满足经济社会发展的大数据人才，加强粤港澳大湾区区域内高职院校的协同育人和资源共享，2018 年 6 月，在广东省人才研究会的支持下，由广州番禺职业技术学院牵头，联合深圳职业技术学院、广东轻工职业技术学院、广东科学技术职业学院、广州市大数据行业协会、佛山市大数据行业协会、香港大数据行业协会、广东职教桥数据科技有限公司、广东泰迪智能科技股份有限公司等 200 余家高职院校、协会和企业，成立了广东省人才研究会大数据产教联盟，联盟先后开展了大数据产业发展、人才培养模式、课程体系构建、深化产教融合等主题研讨活动。

课程体系是专业建设的顶层设计，教材开发是专业建设和三教改革的核心内容。为了贯彻党的十九大精神，普及和推广大数据技术，为高职院校人才培养做好服务，西安电子科技大学出版社在广泛调研的基础上，结合自身的出版优势，联合广东省人才研究会大数据产教联盟策划了"高职高专大数据技术与应用专业系列教材"。

为此，广东省人才研究会大数据产教联盟和西安电子科技大学出版社于 2019 年 7 月在广东职教桥数据科技有限公司召开了"广东高职大数据技术与应用专业课程体系构建与教材编写研讨会"。来自广州番禺职业技术学院、深圳职业技术学院、深圳信息职业技术学院、广东科学技术职业学院、广东轻工职业技术学院、中山职业技术学院、广东水利电力职业技术学院、佛山职业技术学院、广东职教桥数据科技有限公司、广东泰迪智能科技股份有限公司和西安电子科技大学出版社等单位的 30 余位校企专家参与研讨。大家围绕大数据技术与应用专业人才培养定位、培养目标、专业基础(平台)课程、专业能力课程、专业拓展(选修)课程及教材编写方案进行了深入研讨，最后形成了如表 1 所示的高职高专大数据技术与应用专业课程体系。在课程体系中，为加强动手能力的培养，从第三学期到第五学期，开设了 3 个共 8 周的项目实训；为形成专业特色，第五学期的课程，除 4 周的大数据项目开发实践外，其他都是专业拓展课程，各学校根据区域大数据产业发展需求、学生职业发展需要和学校办学条件，开设纵向延伸、横向拓宽及X 证书的专业拓展选修课程。

表 1　高职高专大数据技术与应用专业课程体系

序号	课程名称	课程类型	建议课时
第一学期			
1	大数据技术导论	专业基础	54
2	Python 编程技术	专业基础	72
3	Excel 数据分析应用	专业基础	54
4	Web 前端开发技术	专业基础	90
第二学期			
5	计算机网络基础	专业基础	54
6	Linux 基础	专业基础	72
7	数据库技术与应用（MySQL 版或 NoSQL 版）	专业基础	72
8	大数据数学基础——基于 Python	专业基础	90
9	Java 编程技术	专业基础	90
第三学期			
10	Hadoop 技术与应用	专业能力	72
11	数据采集与处理技术	专业能力	90
12	数据分析与应用——基于 Python	专业能力	72
13	数据可视化技术(ECharts 版或 D3 版)	专业能力	72
14	网络爬虫项目实践(2 周)	项目实训	56
第四学期			
15	Spark 技术与应用	专业能力	72
16	大数据存储技术——基于 HBase/Hive	专业能力	72
17	大数据平台架构(Ambari，Cloudera)	专业能力	72
18	机器学习技术	专业能力	72
19	数据分析项目实践(2 周)	项目实训	56
第五学期			
20	大数据项目开发实践(4 周)	项目实训	112
21	大数据平台运维(含大数据安全)	专业拓展(选修)	54
22	大数据行业应用案例分析	专业拓展(选修)	54
23	Power BI 数据分析	专业拓展(选修)	54
24	R 语言数据分析与挖掘	专业拓展(选修)	54
25	文本挖掘与语音识别技术——基于 Python	专业拓展(选修)	54
26	人脸与行为识别技术——基于 Python	专业拓展(选修)	54
27	无人系统技术(无人驾驶、无人机)	专业拓展(选修)	54
28	其他专业拓展课程	专业拓展(选修)	
29	X 证书课程	专业拓展(选修)	
第六学期			
30	毕业设计		
31	顶岗实习		

　　基于此课程体系，与会专家和老师研讨了大数据技术与应用专业相关课程的编写大纲，各主编教师就相关选题进行了写作思路汇报，大家相互讨论，梳理和确定了每一本教材的编写内容与计划，最终形成了该系列教材。

　　本系列教材由广东省部分高职院校联合大数据开发与人工智能应用的企业共同策划出版，汇聚了校企多方资源及各位主编和专家的集体智慧，在本系列教材出版之际，特别感谢深圳职业技术学院数字创意与动画学院院长聂哲教授、深圳信息职业技术学院软件学院院长蔡铁教授、广东科学技术职业学院计算机工程技术学院(人工智能学院)院长曾文权教授、广东轻工职业技术学院信息技术学院院长秦文胜教授、中山职业技术学院信息工程学院院长史志强教授、顺德职业技术学院智能制造学院院长杨小东教授、佛山职业技术学院电子信息学院院长唐建生教授、广东水利电力职业技术学院计算机系系主任敖新宇教授，他们对本系列教材的出版给予了大力支持，安排学校的大数据专业带头人和骨干教师积极参与教材的开发工作；特别感谢广东省人才研究会大数据产教联盟秘书长、广东职教桥数据科技有限公司董事长陈劲先生提供交流平台和多方支持；特别感谢广东泰迪智能科技股份有限公司董事长张良均先生为本系列教材提供技术支持和企业应用案例；特别感谢西安电子科技大学出版社副总编毛红兵女士为本系列教材提供出版支持；也要感谢广州番禺职业技术学院信息工程学院胡耀民博士、詹增荣博士、陈惠红老师、赖志飞博士等的积极参与；再次感谢所有为本系列教材出版付出辛勤劳动的各院校的老师、企业界的专家和出版社的编辑！

　　由于大数据技术发展迅速，教材中的欠妥之处在所难免，敬请各位专家和使用者批评指正，以便改正完善。

广州番禺职业技术学院

余明辉

2020 年 6 月

高职高专大数据技术与应用专业系列教材编委会

前　　言

随着信息技术的迅猛发展，当今社会已步入大数据时代；"得数据者得天下"，大数据已经上升为国家战略，也成为社会各行业及公众的关注热点。大数据具有体量巨大、类型繁多、价值密度低、速度快的"4 V"特点，因此传统的数据处理手段已不能满足需求。在此背景下，各类大数据处理技术(平台)相继涌现，而 Spark 技术则立于潮头。

Spark 是基于内存计算的框架，它吸取了 Hadoop 的优点，速度要比 Hadoop 快 100 倍。Spark 可以轻松对接 HDFS、Hive、MySQL、Parquet、HBASE 等各类数据，提供了丰富、易用的 API 接口；Spark 支持 Scala、Java、Python 和 R 语言，开发人员只需关注应用程序本身而无需关注集群底层。作为一个通用"一站式"计算引擎，除了传统批处理，Spark 还支持 SQL 查询、流计算、机器学习、图计算，可以满足不同业务场景。

本书的编写目的是尽可能快速地将读者引入 Spark 大数据技术领域。本书摒弃了传统 IT 教材结构，采用更加符合学习者认知规律的项目化、任务驱动方式编写，包含 7 大项目、42 个任务、200 余个实例。项目一为最基础的 Spark、Hadoop 环境搭建，涵盖了软件包下载、配置、使用等内容，提供了每个步骤的详细引导，确保读者按照提示可以顺利完成平台搭建，增强学习 Spark 的信心；项目二为 Scala 编程基础，Scala 是 Spark 的首推语言，本项目介绍 Scala 的"最小子集"，即完成 Spark 入门所需的基本知识而非面面俱到，编者认为 Scala 语言的细节应在后续实践中逐步学习；项目三为 Spark RDD，RDD 是 Spark 的核心概念，它为开发人员提供了丰富的 API 以开发大数据应用；项目四为 Spark SQL，该部分用于结构化数据的处理，既支持 DSL(领域专用语言)，又支持 SQL，为熟悉关系型数据库的学习者带来了福音；项目五为 Spark 编程提高篇，介绍 IntelliJ IDEA 工具的使用，并通过具体示例讲解 IDEA 中创建工程、编写应用程序的方法，最后结合范例介绍了缓存、检查点等重要应用；项目六为 Spark Streaming 处理流数据，当前流数据计算在电商、智能监控等领域有重要应用，Spark 提出了 DStream 概念，并使用 Spark

Streaming 完成流数据处理；项目七为 Spark ML 机器学习，机器学习一般需要大量迭代，Spark 是基于内存的计算引擎，在机器学习方面有着天然优势。

为了进一步降低学习门槛，本书提供了大量配套资源，包括搭建好运行环境的虚拟机(Linux + Spark + Hadoop+其他组件)、程序代码、授课 PPT、教学日历、实验数据、软件包、课后习题答案等(读者可通过百度网盘下载：https://pan.baidu.com/s/1p4nDYT8DO4AjtSWxFwoBaA，提取码：eixn)；建议读者下载后，与本书同步完成各个任务点，坚持"在 Spark 实践中学习 Spark 理论，Spark 理论升华 Spark 实践"。对于 Spark 学习，读者需要了解 Linux 基本命令，包括用户、文件、目录、解压等相关命令；建议初学者使用 Ubuntu 系统，因为 Ubuntu 系统提供了强大的桌面功能(与 Windows 类似)，这样可以降低学习成本，省去诸多不便，将主要精力放到 Spark 上。

在本书的编写过程中，Spark 大数据技术也在不断更新，且由于编者水平有限，难免出现一些疏漏与不足，欢迎广大读者交流指正。

编著者
2020 年 4 月

目　　录

项目一 搭建 Spark 环境

 项目概述

随着 Hadoop 等大数据平台的日渐成熟，大数据应用的不断落地，社会已然进入大数据时代，但 Hadoop 本身存在的缺陷也在不断暴露，MapReduce 计算模型因其先天不足，已经无法适应实时计算需求。在吸收 MapReduce 优点的基础上，Spark 不断迭代，已经成为当前大数据计算的主流技术之一。

学习 Spark 技术，首先要着手搭建一个 Spark 运行环境。为此，本章从创建 Linux 用户这一基础性工作开始，"手把手"地演示环境搭建的每一个过程，为"零基础"学习 Spark 扫清障碍。

 项目演示

Spark 平台搭建完毕后，用户在 Linux 终端输入"spark-shell"命令，进入 Spark 交互式执行环境。该环境下，用户每输入一条命令便可得到相应输出，以交互的方式完成数据处理，如图 1-1 所示。

```
Spark session available as 'spark'.
Welcome to
      ____              __
     / __/__  ___ _____/ /__
    _\ \/ _ \/ _ `/ __/  '_/
   /___/ .__/\_,_/_/ /_/\_\   version 2.2.3
      /_/

Using Scala version 2.11.8 (Java HotSpot(TM) 64-Bit Server VM, Java 1.8.0_201)
Type in expressions to have them evaluated.
Type :help for more information.

scala> println(java.time.LocalDate.now()+":开始奇妙的Spark旅程。")
2020-03-22:开始奇妙的Spark旅程。
```

图 1-1 Spark Shell 环境

思维导图

本项目的思维导图如图 1-2 所示。

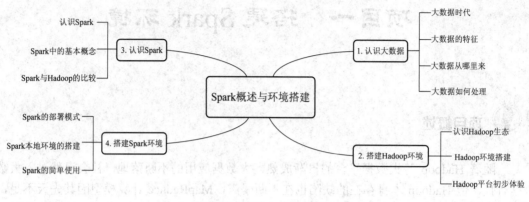

图 1-2　项目一思维导图

任务 1.1　认识大数据

　　大数据、人工智能、5G 等新一代 IT 技术风起云涌，社会已经步入大数据时代。何为大数据？大数据具备哪些特征？大数据是从哪里产生的？如何处理大数据并产生有价值的分析结果？本任务将带领读者走进大数据世界，并解答上述问题。

1.1.1　大数据时代

　　近年来，信息技术迅猛发展，尤其是以互联网、物联网、信息获取、社交网络等为代表的技术日新月异，手机、平板电脑、智能穿戴设备等新型信息传感器随处可见；虚拟网络快速发展，现实世界快速虚拟化，数据的来源及其数量正以前所未有的速度增长。

　　伴随着云计算、大数据、物联网、人工智能等信息技术的快速发展和传统产业数字化的转型，数据量呈现几何级增长。根据市场研究资料预测，全球数据总量将从 2016 年的16.1ZB 增长到 2025 年的 163ZB(约合 180 万亿 GB)，十年内将有 10 倍的增长，复合增长率为 26%。若以现有的蓝光光盘为计量标准，那么 40ZB 的数据全部存入蓝光光盘，所需要的光盘总重量将达到 424 艘超级航母的总重量。而这些数据中，约 80% 是非结构化或半结构化类型的数据，甚至更有一部分是不断变化的流数据。数据的爆炸性增长态势及其复杂的构成使得人们进入了"大数据"时代。

　　我国网民数量居世界之首，每天产生的数据量惊人：电商巨头淘宝网每天产生的数据量超过 5 万 GB，百度每天处理 60 亿次的搜索请求(如图 1-3 所示)。但面对浩如烟海的大数据，如何充分发掘出有价值的信息成为当前的重要课题，而大数据也被赋予多重战略含义。从资源的角度，数据被视为"未来的石油"，被作为战略性资产进行管理；从国家治理的角度，大数据被用来提升治理效率，重构治理模式，破解治理难题，它将掀起一场国家治理革命；从经济增长的角度，大数据是全球经济低迷大背景下的产业亮点，是战略新兴产业中最活跃的部分；从国家安全的角度，全球数据空间没有国界边疆，大数据能力成为大国之间博弈和较量的利器。

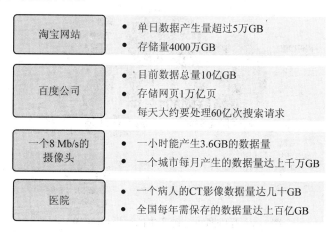

图 1-3 我国大数据时代已经到来

1.1.2 大数据的普遍特征——4 V

大数据本身是一个抽象的概念，目前业界对大数据还没有形成统一的定义。但一般认为，大数据是指无法在有限时间内用常规软件工具对其进行获取、存储、管理和处理的数据集合。大数据具备 Volume、Velocity、Variety 和 Value 四个特征(简称 4 V，即体量巨大、速度快、类型繁多和价值密度低)，如图 1-4 所示。下面分别对每个特征做简要描述。

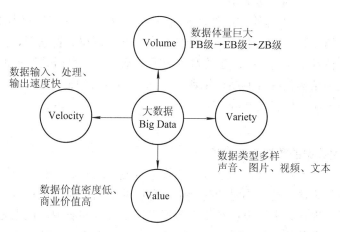

图 1-4 大数据特征

1. Volume

Volume 表示大数据的数据体量巨大。

数据集合的规模不断扩大，已经从 GB 级增加到 TB 级，再增加到 PB 级，近年来，数据量甚至开始以 EB 和 ZB 来计数。百度首页导航每天需要提供的数据超过(1~5)PB，如果将这些数据打印出来，会超过 5000 亿张 A4 纸。图 1-5 展示了 2019 年度互联网每分钟产生的各类数据量。

图 1-5　互联网每分钟产生的数据量(2019 年)

2. Velocity

Velocity 表示大数据的数据产生、处理和分析的速度在持续加快。

加速的原因是数据产生的实时性特点，以及将流数据结合到业务流程和决策过程中的需求。数据处理速度快，处理模式已经开始从批处理转向流处理。业界对大数据的处理能力有"1 秒定律"，即短时间内可从各种类型的数据中快速获得高价值的信息，而不需要漫长的等待。大数据的快速处理能力充分体现出它与传统的数据处理技术的本质区别。

3. Variety

Variety 表示大数据的数据类型繁多。

传统 IT 产业产生和处理的数据类型较为单一，大部分是结构化数据(例如 Excel 表格、关系型数据库中的数据)。随着传感器、智能设备、社交网络、物联网、移动计算、在线广告等新的渠道和技术不断涌现，产生的数据类型日渐多样。数据类型不再是单一的格式化数据，更多的是半结构化或者非结构化数据，如 XML、邮件、博客、即时消息、视频、音乐、照片、点击流、日志文件等。

4. Value

Value 表示大数据的数据价值密度低。

大数据由于体量不断加大，单位数据的价值密度不断降低，然而数据的整体价值却在提高。以监控视频为例，在一小时的视频中，有用的数据可能仅仅只有一两秒，但可能是解决问题的关键。现在许多专家已经将大数据等同于黄金和石油，这也充分表明了大数据中蕴含了无限的商业价值。根据国家工业信息安全发展研究中心发布的《2019 中国大数据产业发展报告》显示，我国 2019 年大数据产业规模超过 8000 亿元，预计到 2020 年底将超过万亿。随着大数据在各行业的融合应用不断深化，通过对大数据进行处理，找出其中潜在的商业价值，必将会产生巨大的商机。

1.1.3 大数据的来源

从采用数据库作为数据管理的主要方式开始，人类社会的数据产生方式大致经历了三个阶段，而正是数据产生方式的巨大变化才最终导致大数据的产生，不同阶段(类型)数据共同构成了大数据的数据来源。

1. 运营式系统阶段

数据库的出现使得数据管理的复杂度大大降低；在实际使用中，数据库大多为运营系统所采用。人类社会数据量的第一次大飞跃正是自运营式系统广泛使用数据库开始的，这个阶段的最主要特点是数据的产生往往伴随着一定的运营活动，而且数据是记录在数据库中的，例如超市每售出一件产品就会在数据库中产生一条相应的销售记录。这种数据的产生、记录方式是被动的。

2. 用户原创内容阶段

互联网的诞生促使人类社会数据量出现第二次大的飞跃，但是真正的数据爆发产生于 Web 2.0 时代，而 Web 2.0 的最重要标志就是用户原创内容。这类数据近几年一直呈现爆炸式的增长，以微信、微博、抖音等为代表的新型社交网络的异军突起，使得用户产生数据的意愿更加强烈；硬件方面，以智能手机、平板电脑为代表的新型移动设备的出现，因其具备易携带、全天候接入网络的特点，使得人们在网上发表自己意见、展示自我的途径更为便捷。

3. 感知式系统阶段

各种智能化感知系统的广泛应用，为人类社会数据量带来了第三次飞跃。随着技术的发展，人们已经有能力制造极其微小的带有处理功能的传感器(如 AI 传感器)，并开始将这些设备广泛地布置于社会的各个角落，通过这些设备来对整个社会的运转进行监控。这些设备会源源不断地产生、收集新数据，而且数据的产生方式是自动的。

1.1.4 大数据的处理过程

大数据处理就是在合适工具的辅助下，对广泛异构的数据源进行抽取和集成，并将结果按照一定的标准进行统一存储；而后利用合适的数据分析技术对数据进行分析，从中提取有益的知识，并利用可视化图表、报告等将结果展现给用户。大数据处理包含以下过程：

1. 数据收集

数据收集即为获取数据的过程。对于 Web 数据，可以采用网络爬虫方式进行收集(市面上有很多免编程数据采集工具，可以帮助非 IT 人员迅速获取所需要的数据)；对于数据库中的数据，可以通过数据库接口完成数据读取；对于各种 Service 数据，则可以通过服务日志等获取相关信息。

2. 数据预处理

大数据采集过程中通常有一个或多个数据源，可能包括同构或异构的数据库、文件系统、服务接口等，数据质量易受到噪声数据、数据值缺失、数据冲突等影响，因此需对收集到的数据集合进行预处理，以保证大数据分析与预测结果的准确性与价值。

大数据的预处理环节主要包括数据清理、数据集成、数据归约与数据转换等内容，可以极大提升数据的总体质量：

(1) 数据清理包括对数据的不一致检测、噪声数据的识别、数据过滤与修正等内容。

(2) 数据集成则是将多个数据源的数据进行集成，从而形成集中、统一的数据库、数据仓库等。

(3) 数据归约是在不损害分析结果准确性的前提下降低数据集规模，使之简化，包括维度归约、数据归约、数据抽样等技术。

(4) 数据转换包括基于规则或元数据的转换、基于模型与学习的转换等技术，可通过转换实现数据统一。

3. 数据处理与分析

目前，大数据处理的计算模型主要有 MapReduce 分布式计算框架、Spark 分布式内存计算系统、分布式流计算系统等。MapReduce 是一个批处理的分布式计算框架，可对海量数据并行分析与处理，它适合对各种结构化、非结构化数据的处理。Spark 分布式内存计算可有效减少数据读/写和移动的开销，提高大数据处理性能。分布式流计算系统则是对数据流进行实时处理，以保障大数据的时效性和价值性。大数据的类型、存储形式以及业务需求决定了其所采用的数据处理模型，而数据处理模型的性能与优劣直接影响大数据处理的质量与效率。因此在进行大数据处理时，要根据需求选择合适的存储形式和数据处理方式，以实现大数据质量的最优化。

大数据分析则是综合应用 IT 技术、统计学、机器学习、人工智能等知识，分析现有数据(分布式统计分析)，然后挖掘数据背后隐含的有价值信息(通过聚类与分类、推荐、关联分析、深度学习等算法，对未知数据进行分布式挖掘)。数据分析是大数据处理与应用的关键环节，它决定了大数据集合的价值和可用性，以及预测结果的准确性。在数据分析环节，应根据大数据应用情境与决策需求，选择合适的数据分析技术，提高大数据分析结果的可用性、价值和准确性质量。

4. 数据可视化与应用

数据可视化是指将大数据分析与预测结果以计算机图形图像等方式，直观地显示给用户，并可与用户进行交互。数据可视化技术有利于发现大量业务数据中隐含的规律性信息，以支持管理决策。该环节极大影响大数据分析结果的直观性、可用性。

大数据应用是指将经过分析处理后挖掘得到的大数据结果应用于管理决策、战略规划等的过程，它是对大数据分析结果的检查与验证，大数据应用过程直接体现了大数据分析处理结果的价值和可用性。此外，大数据应用对大数据的分析处理也具有引导作用。

任务 1.2　搭建 Hadoop 环境

自 2004 年诞生以来，Hadoop 逐渐成为大数据领域的事实标准，而 Spark 既可以独立安装使用，也可以和 Hadoop 一起协同应用，这样一方面可以发挥 Spark 内存计算的优势，另外一方面可以发挥 Hadoop 分布式存储与资源调度的强项。本书中，我们采用 Spark 和 Hadoop 协同作业方式，可实现 Spark 读取 HDFS 文件，Spark 处理的结果也可以存储到 HDFS 中。本任务将带领读者初步了解 Hadoop 生态体系，并搭建 Hadoop 环境，为后续 Spark 环境部署做好准备。

1.2.1 认识 Hadoop 生态体系

Hadoop 是一个由 Apache 基金会开发的大数据分布式系统基础架构，用户可以在不了解分布式底层细节的情况下，轻松地在 Hadoop 上开发、运行分布式程序，充分利用集群的优势，进行高效运算和存储。

Hadoop 的成功在于其构建了多模块有机组合的生态圈，这些组件包括数据存储、数据集成、数据处理及其他进行数据分析的专用工具；它们相互协作，完成了分布式环境下的数据存储与计算。图 1-6 展示了 Hadoop 的生态体系，主要由 HDFS、MapReduce、HBase、Zookeeper、Pig、Hive 等核心组件构成，另外还包括 Sqoop、Flume 等框架，用来与其他企业系统融合。

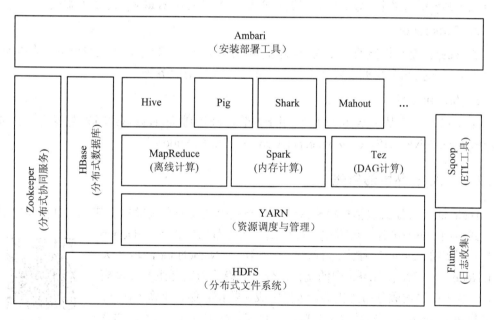

图 1-6 Hadoop 的生态体系

1. HDFS

HDFS 是一个适合部署在廉价机器上的具有高度容错性的分布式文件系统。HDFS 能提供高吞吐量的数据访问，非常适合大规模数据集上的应用。

2. MapReduce

MapReduce 是一种编程模型，用于大规模数据集的并行运算。MapReduce 可以使编程人员在不了解分布式底层细节的情况下，将自己的程序运行在分布式系统上。

3. HBase

HBase 是一个建立在 HDFS 之上的、面向列的 NoSQL 数据库，用于快速读/写大量数据。

4. Hive

Hive 是一个建立在 Hadoop 上的数据仓库基础构架。它提供了一系列的工具，可以用来进行数据提取、转化、加载(ETL)。这是一种可以存储、查询和分析 Hadoop 中大规模数据的机制。Hive 定义了简单的类 SQL，称为 HQL，它允许不熟悉 MapReduce 的开发人员也能编写数据查询语句，然后这些语句被翻译为 MapReduce 任务。

5. Mahout

Mahout 提供一些可扩展的机器学习领域的经典算法，旨在帮助开发人员更加方便快捷地创建智能应用程序。Mahout 实现了聚类、分类、推荐过滤、频繁子项挖掘等在内的众多算法。

6. Pig

Pig 是一个高级过程语言，适用于 Hadoop 和 MapReduce 平台来查询大型半结构化数据集。Pig 使用类似 SQL 的语句进行查询，可以简化 Hadoop 的使用难度。

7. Zookeeper

Zookeeper 是高性能的分布式应用程序协调服务软件，为分布式应用提供一致性服务，提供的功能包括配置维护、域名服务、分布式同步、组服务等。

8. Ambari

Ambari 是一个基于 Web 的工具，用于安装、管理和监测 Hadoop 集群，包括支持 HDFS、MapReduceAHive、HBase、ZookeeperAOozie、Pig 和 Sqoop 等。

1.2.2　Hadoop 环境的搭建

Hadoop 运行模式包括单机模式、伪分布式模式及分布式模式。其中，单机模式(即非分布式)为单 Java 进程，可方便进行调试；伪分布式模式下，Hadoop 进程以分离的 Java 进程来运行，节点既作为 NameNode，也作为 DataNode，可以读取 HDFS 中的文件；分布式模式为实际生产环境模式，由若干机器构成分布式集群，协作完成大数据存储、计算等任务。本书将在 Ubuntu 18 环境下(本书默认已经安装好 Ubuntu 系统，读者可以在 Virtual Box 中安装 Ubuntu 虚拟机，具体方法可自行在网上搜

Ubuntu 的安装

索或扫描右侧二维码)，按照伪分布式模式，搭建 Hadoop 环境，该方式既可以体验到分布式文件系统，又可以最大限度地减少配置工作量，且对电脑性能要求较低，帮助学习者迅速搭建环境。

1. 创建 hadoop 用户

本书的 Linux 系统为 Ubuntu，如果安装 Ubuntu 时用户不是"hadoop"，那么需要增加一个名为 hadoop 的用户。首先按下"Ctrl + Alt + T"键打开终端窗口，输入如下命令创建

新用户、设置密码、增加权限：

sudo useradd -m hadoop -s /bin/bash	#创建一个 hadoop 用户
sudo passwd hadoop	#设置 hadoop 用户密码，按照提示输入两次
sudo adduser hadoop sudo	#将 hadoop 用户加入管理员组，以简化后续操作
sudo apt -get update	#更新 apt，后续使用 apt 安装部分软件

添加完 hadoop 用户后，以 hadoop 用户身份重新登录 Ubuntu 系统，本书以后所有的内容均为 hadoop 用户登录完成。

2. 设置 SSH 免密登录

集群、单节点模式都需要用到 SSH 登录(类似于远程登录，允许用户远程登录某台 Linux 主机并执行相关命令)。Ubuntu 默认已安装了 SSH client，但还需要安装 SSH server，并进一步配置 SSH 免密登录：

sudo apt-get install openssh-server	#apt 方式安装 SSH server
ssh localhost	#通过 ssh 方式登录本机，此过程会有相关提示，输入 yes(首次登录)及密码
exit	#退出上述 ssh localhost
cd ~/.ssh/	#若没有该目录，则先执行一次 ssh localhost
ssh-keygen -t rsa	#若有提示，则按回车键即可
cat ./id_rsa.pub >> ./authorized_keys	#加入授权

完成上述操作，再输入“ssh localhost”命令，无需输入密码就可以直接登录了，如图 1-7 所示。配置无误后，使用“exit”命令退出。

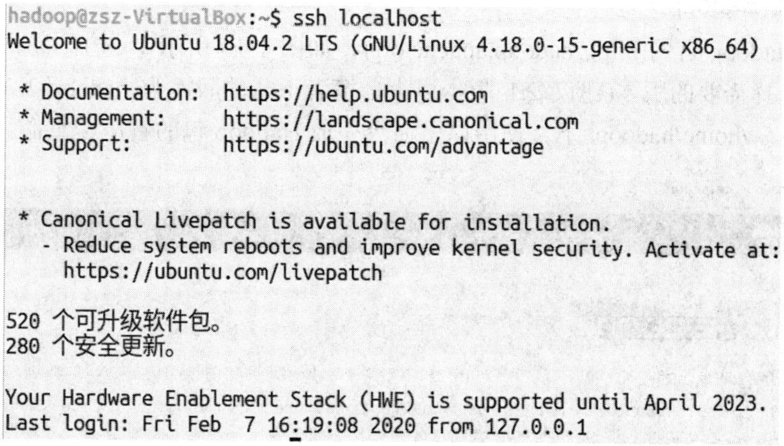

图 1-7　SSH 免密登录

3. 安装 JDK

Hadoop 的运行需要依赖 JDK，因此在安装 Hadoop 前需要安装并配置好 JDK。读者可以在 Java 官网(https://www.java.com/zh_CN/)下载 JDK。笔者下载的 JDK 为 jdk-8u201-linux-x64.

tar.gz(建议 1.8 版本以上)，并保存于"/home/hadoop/下载"目录(该目录为 Ubuntu 自带 Firefox 浏览器下载文件时的默认保存路径，读者也可以使用其他路径，但后续命令需要做相应调整)，使用以下命令完成解压等相关操作：

cd /home/hadoop/	#进入 hadoop 用户主目录
ls	#查看 jdk-8u201-linux-x64.tar.gz 是否存在
sudo tar -zxvf jdk-8u201-linux-x64.tar.gz -C /usr/local	#将 JDK 解压到/usr/local 目录
sudo mv/usr/local/jdk1.8.0_201/usr/local/jkd1.8	#将解压后的文件夹改名，便于后续操作

接下来，继续执行命令"gedit   ~/.bashrc"，设置环境变量，在.bashrc 文件头部添加如图 1-8 所示的信息。

```
export JAVA_HOME=/usr/local/jdk1.8
export JRE_HOME=${JAVA_HOME}/jre
export CLASSPATH=.:${JAVA_HOME}/lib:${JRE_HOME}/lib
export PATH=$PATH:${JAVA_HOME}/bin
```

图 1-8   设置环境变量

保存上述设置后，使用命令"source ~/.bashrc"使配置生效；然后输入命令"java -version"查看安装是否成功。如 JDK 安装配置成功，则显示 Java 版本信息，如图 1-9 所示。

```
hadoop@zsz-VirtualBox:~$ source ~/.bashrc
hadoop@zsz-VirtualBox:~$ java -version
java version "1.8.0_201"
Java(TM) SE Runtime Environment (build 1.8.0_201-b09)
Java HotSpot(TM) 64-Bit Server VM (build 25.201-b09, mixed mode)
```

图 1-9   验证 Java 安装是否成功

4. 安装 Hadoop

进入 Hadoop 官网(http://hadoop.apache.org/，如图 1-10 所示)，选择 Download 进入下载页面，选择需要的版本(建议 2.1 版本以上，笔者下载的版本为 hadoop-2.7.7.tar.gz)，将其下载到目录/home/hadoop 下。使用以下命令完成 Hadoop 包的解压、重命名等工作。

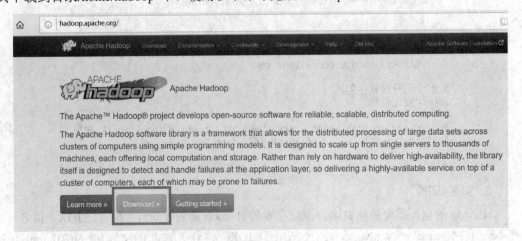

图 1-10   Hadoop 官网

cd /home/hadoop/	#进入 hadoop 用户主目录
ls	#查看 hadoop-2.7.7.tar.gz 是否存在
sudo tar -hadoop-2.7.7.tar.gz　-C/usr/local	#将 Hadoop 包解压到/usr/local 目录
sudo mv/usr/local/hadoop-2.7.7//usr/local/hadoop	#将解压后的文件夹改名，便于后续操作
chown -R hadoop:hadoop/usr/local/hadoop	#将/usr/local/hadoop 的拥有者改为 hadoop 用户
/usr/local/hadoop/bin/hadoop version	#显示 Hadoop 版本，验证 Hadoop 安装是否成功

Hadoop 版本显示如图 1-11 所示。

```
hadoop@zsz-VirtualBox:~$ /usr/local/hadoop/bin/hadoop version
Hadoop 2.7.7
Subversion Unknown -r c1aad84bd27cd79c3d1a7dd58202a8c3ee1ed3ac
Compiled by stevel on 2018-07-18T22:47Z
Compiled with protoc 2.5.0
From source with checksum 792e15d20b12c74bd6f19a1fb886490
```

图 1-11　显示 Hadoop 版本

5. 修改 hadoop 配置文件

在使用 Hadoop 平台前，需修改 Hadoop 的两个配置文件(core-site.xml 和 hdfs-site.xml，位于"/usr/local/hadoop/etc/hadoop/"目录下，如读者 Hadoop 部署在其他目录，则需在相应路径下查找)，Hadoop 的配置文件是 xml 格式，每个配置以声明 property 的 name、value 的方式来实现。使用命令"gedit /usr/local/hadoop/etc/hadoop/core-site.xml"修改 core-site.xml 配置文件的如下部分并保持：

```
<configuration>
</configuration>
```

将 configuration 标签修改为如下内容(指定 HDFS 的临时路径和集群信息)：

```
<configuration>
  <property>
    <name>hadoop.tmp.dir</name>
    <value>file:/usr/local/hadoop/tmp</value>
    <description>Abase for other temporary directories.</description>
  </property>
  <property>
    <name>fs.defaultFS</name>
    <value>hdfs://localhost:9000</value>
  </property>
</configuration>
```

按照同样的方法，修改 hdfs-site.xml 的 configuration(指定 NameNode、DataNode 的路径)：

```
<configuration>
    <property>
        <name>dfs.replication</name>
        <value>1</value>
    </property>
    <property>
        <name>dfs.namenode.name.dir</name>
        <value>file:/usr/local/hadoop/tmp/dfs/name</value>
    </property>
    <property>
        <name>dfs.datanode.data.dir</name>
        <value>file:/usr/local/hadoop/tmp/dfs/data</value>
    </property>
</configuration>
```

使用命令"/usr/local/hadoop/bin/hdfs namenode -format"完成 NameNode 的格式化处理。执行过程中提示是否格式化文件系统，输入 y 即可，如图 1-12 所示。

```
20/02/07 12:08:53 INFO metrics.TopMetrics: NNTop conf: dfs.namenode.top.windows.minutes = 1,5,25
20/02/07 12:08:53 INFO namenode.FSNamesystem: Retry cache on namenode is enabled
20/02/07 12:08:53 INFO namenode.FSNamesystem: Retry cache will use 0.03 of total heap and retry cach
e entry expiry time is 600000 millis
20/02/07 12:08:53 INFO util.GSet: Computing capacity for map NameNodeRetryCache
20/02/07 12:08:53 INFO util.GSet: VM type       = 64-bit
20/02/07 12:08:53 INFO util.GSet: 0.029999999329447746% max memory 966.7 MB = 297.0 KB
20/02/07 12:08:53 INFO util.GSet: capacity      = 2^15 = 32768 entries
Re-format filesystem in Storage Directory /usr/local/hadoop/tmp/dfs/name ? (Y or N) y
20/02/07 12:08:56 INFO namenode.FSImage: Allocated new BlockPoolId: BP-1655916847-127.0.1.1-15810485
```

图 1-12　NameNode 格式化

输入命令"/usr/local/hadoop/sbin/start-dfs.sh"，接着开启 NameNode 和 DataNode 守护进程。启动结束后，继续输入命令"jps"，若成功启动，则会列出如下进程："NameNode""DataNode"和"SecondaryNameNode"，如图 1-13 所示。至此，Hadoop 伪分布配置结束。如果没有 NameNode 或 DataNode，则配置不成功，请仔细检查之前步骤，或通过查看启动日志排查原因。

```
hadoop@zsz-VirtualBox:~$ jps
4452 SecondaryNameNode
4076 NameNode
4591 Jps
```

图 1-13　配置不成功

1.2.3　Hadoop 平台的初步体验

1. Hadoop Web 页面查看相关信息

成功启动 Hadoop NameNode、DataNode 后，在浏览器中输入 http://localhost:50070，可以访问 Hadoop Web 页面(见图 1-14)，查看 NameNode 和 DataNode 的相关信息，还可以

在线查看 HDFS 中的文件(Utilities→Browse the file system)。

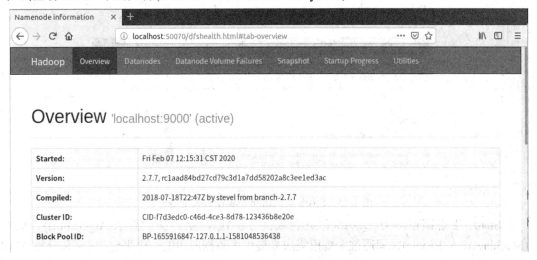

图 1-14　Hadoop Web 页面

2. 使用命令方式体验 Hadoop 平台

Hadoop 环境搭建完毕后,可以通过 Shell 命令方式使用,以下为几个典型的操作,熟悉这几个典型操作后即可无障碍完成后续操作(Hadoop 的其他详细操作可以登录 Hadoop 官网查询或查找相关专业书籍)。

```
cd/usr/local/hadoop/bin                          #进入 hadoop 命令目录
./hdfs dfs -mkdir -p  /user/hadoop               #按照 hadoop 文档要求,创建"/user/用户名"目录
./hdfs dfs -mkdir -p  myhadoop                    #在上述目录下创建 myhadoop 子目录
./hdfs dfs -put /home/hadoop/myfile.txt myhadoop  #将本地文件 myfile.txt 上传到 myhadoop 目录中
./hdfs dfs -get myhadoop  home/hadoop/           #将 myhadoop 目录下载到本地
```

任务 1.3　认　识　Spark

既然已经有了分布式计算框架 Hadoop,为什么还需要 Spark 呢?本任务将带你了解 Spark 的模块构成,以及与 Hadoop MapReduce 相比,Spark 基于内存计算所具有的巨大性能优势。

1.3.1　初识 Spark

Apache Spark™(见图 1-15)是用于大规模数据处理的统一分析引擎,它是由加州大学伯克利分校 AMP 实验室开发的通用内存并行计算框架,用来构建大型、低延迟的数据分析应用程序。Spark 扩展了广泛使用的 MapReduce 计算模型,可高效地支撑更多的计算模式,包括交互式查询和流处理。Spark 的一个主要特点是能够在内存中进行计算,因此 Spark 比 MapReduce 更加高效。

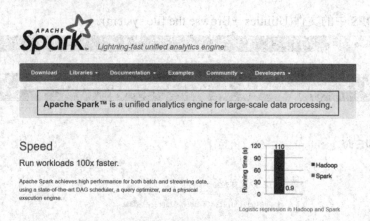

图 1-15　Spark 官网(http://spark.apache.org)

Spark 生态圈也称为 BDAS(伯克利数据分析栈)，是力图在算法(Algorithms)、机器(Machines)、人(People)之间通过大规模集成来展现大数据应用的一个平台。伯克利分校 AMP 实验室运用大数据、云计算、通信等各种资源以及各种灵活的技术方案，对海量不透明的数据进行甄别并转化为有用的信息，以供人们更好地理解世界。该生态圈已经涉及机器学习、数据挖掘、数据库、信息检索、自然语言处理和语音识别等多个领域，如图 1-16 所示。

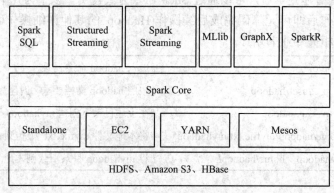

图 1-16　Spark 生态圈

(1) Spark Core：将分布式数据抽象为弹性分布式数据集(RDD)，实现了应用任务调度、RPC(Remote Procedure Call，远程过程调用)、序列化和压缩，并为运行在其上的上层组件提供 API。

(2) Spark SQL：Spark 用来操作结构化数据的程序包，可以让开发人员使用 SQL 语句来查询数据。Spark 支持多种数据源，包含 Hive 表、parquest、JSON 以及数据库表等。

(3) Strudured Streaming 与 Spark Streaming：实现高吞吐量的、具备容错机制的实时流数据的处理。

(4) Spark MLlib：提供常用机器学习算法的实现库。

(5) Spark GraphX：提供一个分布式图计算框架，能高效进行图计算。

Spark 大数据处理引擎具有如下特点：

1. 高效性

如图 1-17 所示，与 Hadoop 相比，Spark 的运行速度提高了 100 倍。Apache Spark 使用

最先进的 DAG 调度程序，查询优化程序和物理执行引擎，实现批量和流式数据的高性能。

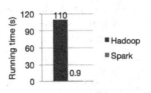

图 1-17　Spark 的高效性(选自 Spark 官网)

2. 易用性

如图 1-18 所示，Spark 支持 Java、Python、Scala、R 等语言，还支持超过 80 种高级算法，使用户可以快速构建不同的应用。而且 Spark 支持交互式的 Python shell 和 Scala shell，可以非常方便地在这些 shell 中使用 Spark 集群来验证解决问题的方法。

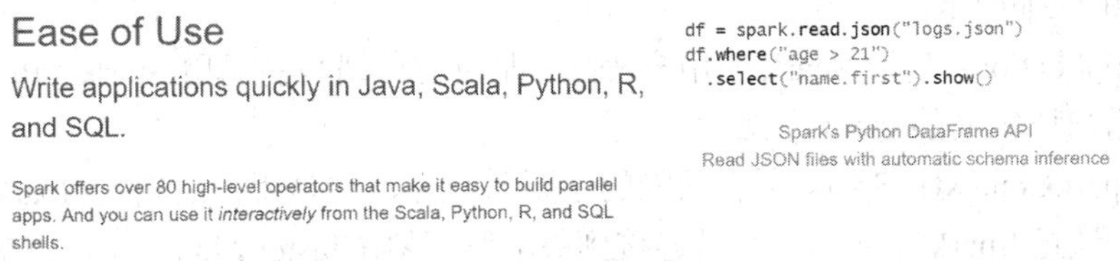

图 1-18　Spark 的易用性(选自 Spark 官网)

3. 通用性

Spark 提供了统一的解决方案。如图 1-19 所示，Spark 可以用于批处理、交互式查询(Spark SQL)、实时流处理(Spark Streaming)、机器学习(Spark MLib)和图计算(GraphX)。这些不同类型的处理都可以在同一个应用中无缝衔接。Spark 统一的解决方案非常具有吸引力，使用统一的平台处理业务，可大幅减少开发和维护的人力成本以及部署平台的物力成本。

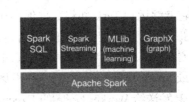

图 1-19　Spark 的通用性(选自 Spark 官网)

4. 兼容性

如图 1-20 所示，Spark 可以非常方便地与其他的开源产品进行融合。比如，Spark 可以使用 Hadoop 的 YARN 和 Apache Mesos 作为它的资源管理和调度器，并且可以处理所有 Hadoop 支持的数据，包括 HDFS、HBase 和 Cassandra 等。这对于已经部署 Hadoop 集群的用户特别重要，因为不需要做任何数据迁移就可以使用 Spark 的强大处理能力。Spark 也可以不依赖第三方的资源管理和调度器，它实现了 Standalone 作为其内置的资源管理和调度框架，这进一步降低了 Spark 的使用门槛，使得所有人都可以非常容易地部署和使用 Spark。此外，Spark 还提供了在 EC2 上部署 Standalone 的 Spark 集群的工具。

Runs Everywhere

Spark runs on Hadoop, Apache Mesos,
Kubernetes, standalone, or in the cloud. It can
access diverse data sources.

You can run Spark using its standalone cluster mode, on EC2, on Hadoop
YARN, on Mesos, or on Kubernetes. Access data in HDFS, Apache
Cassandra, Apache HBase, Apache Hive, and hundreds of other data
sources.

图 1-20　Spark 的兼容性(选自 Spark 官网)

1.3.2　Spark 中的运行框架与过程

在学习 Spark 之前，让我们先了解几个概念，从而更容易理解 Spark 程序运行框架与
过程，如图 1-21 所示。

(1) Application：基于 Spark 的用户程序，即由用户编写的调用 Spark API 的应用程序，
其入口为用户所定义的 main 方法。

(2) SparkContext：Spark 所有功能的主要入口点，它是用户逻辑与 Spark 集群主要的
交互接口。通过 SparkContext，可以连接到集群管理器(Cluster Manager)，能够直接与集群
Master 节点进行交互，并能够向 Master 节点申请计算资源，也能够将应用程序用到的 JAR
包或 Python 文件发送到多个执行器(Executor)节点上。

(3) Cluster Manager：集群管理器，它存在于 Master 进程中，主要用来对应用程序申
请的资源进行管理。

(4) Worker Node：任何能够在集群中运行 Spark 应用程序的节点。

(5) Task：由 SparkContext 发送到 Executor 节点上执行的一个工作单元。

(6) Executor：执行器节点，它是一个在工作节点(Worker Node)上的进程，负责运行任
务；它能够运行 Task 并将数据保存在内存或磁盘中，也能够将结果数据返回给 Driver。

Spark 运行框架如图 1-21 所示，它通过应用程序(Application)的 main 方法创建的
SparkContext 来协调各进程；SparkContext 连接集群管理器(Cluster Manager，可以是 Mesos、
Yarn 或 Spark 自带的管理器)，并由集群管理器分配 Worker Node 上的资源；SparkContext
将 Task 发送给 Worker Node 的 Executor 去执行。

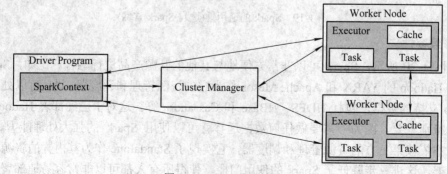

图 1-21　Spark 运行框架

Spark 的运行过程如图 1-22 所示，主要包括四个过程：

(1) 构建 Spark Application 的运行环境，启动 SparkContext，SparkContext 向资源管理器(Cluster Manager)注册，并申请运行 Executor 资源。

(2) Cluster Manager 为 Executor 分配资源并启动 Executor 进程，Executor 运行情况将随着 Heartbeat(心跳)发送到 Cluster Manager 上。

(3) SparkContext 构建 DAG 图，将 DAG 图分解成多个 Stage，并把每个 Stage 的 TaskSet(任务集)发送给 Task Scheduler (任务调度器)。Executor 向 SparkContext 申请 Task，Task Scheduler 将 Task 发放给 Executor，同时，SparkContext 将应用程序代码发放给 Executor。

(4) Task 在 Executor 上运行，把执行结果反馈给 Task Scheduler，然后再反馈给 DAG Scheduler。运行完毕后写入数据，SparkContext 向 Cluster Manager 申请注销并释放所有资源。

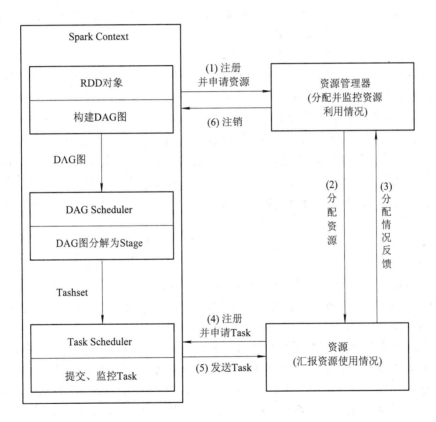

图 1-22 Spark 的运行过程

1.3.3 Spark 与 Hadoop 的比较

Hadoop 已经成了大数据技术的事实标准，Hadoop MapReduce 也大量应用于数据批处理作业中，但其存在延迟过高等明显缺陷，无法胜任实时、快速计算需求。Hadoop 的主要问题表现在：

(1) Hadoop MapRedue 的表达能力有限。所有计算都需要转换成 Map 和 Reduce 两个操作，对于复杂的数据处理过程难以描述，不能适用于所有场景。

(2) 磁盘 I/O 开销大。Hadoop MapReduce 要求每个步骤间的数据序列化到磁盘，所以 I/O 成本很高，从而导致交互分析和迭代算法开销很大，而几乎所有的最优化和机器学习都需要大量迭代，因此 Hadoop MapReduce 不适合于交互分析和机器学习。

(3) 计算延时高。如果想要完成比较复杂的工作，就必须将一系列的 MapReduce 作业串联起来，然后顺序执行这些作业。只有在前一个作业完成之后下一个作业才能开始启动，而且每一个作业都可能是高延时的。因此，Hadoop MapReduce 不能胜任比较复杂的、多阶段的计算任务。

正是由于 Hadoop 存在以上缺陷，新的解决方案才不断提出。Spark 在 2014 年打破了 Hadoop 保持的基准排序(SortBenchmark)记录，使用 206 个节点在 23 分钟的时间里完成了 100 TB 数据的排序，而 Hadoop 则是使用了 2000 个节点在 72 分钟才完成相同数据的排序。也就是说，Spark 只使用了 10%的计算资源，就获得了 3 倍的速度。Spark 之所以取得如此瞩目的成绩，是因为它借鉴了 Hadoop MapReduce 技术，继承了其分布式并行计算的优点并改进了 MapReduce 的缺陷。其优势具体如下：

(1) Spark 提供了内存计算，把中间结果放到内存中，带来了更高的迭代运算效率。通过支持有向无环图(DAG)的分布式并行计算的编程框架，Spark 减少了迭代过程中数据需要写入磁盘的需求，提高了处理效率。

(2) Spark 提供了一个全面、统一的框架，用于满足各种有着不同性质(文本数据、图表数据等)的数据集和数据源(批量数据或实时的流数据)的大数据处理需求。Spark 使用函数式编程范式扩展了 MapReduce 模型，以支持更多计算类型。Spark 使用缓存来提升性能，因此进行交互式分析也足够快速，缓存同时提升了迭代算法的性能，这使得 Spark 非常适合机器学习等任务。

(3) Spark 比 Hadoop 更加通用。Hadoop 只提供了 Map 和 Reduce 两种处理操作，而 Spark 提供的数据集操作类型更加丰富，从而可以支持更多类型的应用。Spark 提供的操作不仅包括 map 和 reduce，还提供了包括 map、filter、flatMap、sample、groupByKey、reduceByKey、union、join、cogroup、mapValues、sort、partionBy 等多种转换操作，以及 count、collect、reduce、take、save 等行动操作。

(4) Spark 基于 DAG 的任务调度执行机制比 Hadoop MapReduce 的迭代执行机制更优越。Spark 各个处理节点之间的通信模型不再像 Hadoop 一样只有 Shuffle 一种，程序开发者可以使用 DAG 开发复杂的多步数据管道，控制中间结果的存储、分区等。

图 1-23 演示了 Hadoop MapReduce、Spark 的执行流程，Hadoop 不适合迭代计算，因为每次迭代都需要从磁盘中读入数据，并向磁盘写中间结果；而且每个任务都需要从磁盘中读入数据，处理的结果也要写入磁盘，磁盘 I/O 开销很大。而 Spark 将数据载入内存后，后面的迭代都可以直接使用内存中的中间结果进行计算，从而避免了从磁盘中频繁读取数据。对于多维度随机查询也是一样，在对 HDFS 同一批数据进行成百或上千维度查询时，Hadoop 每进行一个独立的查询，都要从磁盘中读取这个数据，而 Spark 只需要从磁盘中读取一次后，就可以针对保留在内存中的中间结果进行反复查询。

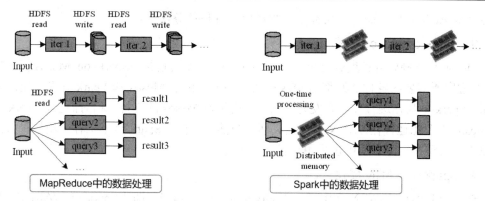

图 1-23　Hadoop MapReduce 与 Spark 执行流程对比图

尽管与 Hadoop 相比,Spark 有较大优势,但目前来看 Spark 并不是为了完全取代 Hadoop 的。因为 Spark 是基于内存进行数据处理的,所以不适合于数据量特别大、对实时性要求特别高的场合。另外,Hadoop 可以使用廉价的通用服务器来搭建集群,而 Spark 对硬件要求比较高,特别是对内存和 CPU 有更高的要求;Hadoop 也提供了 Spark 不具备的高可靠分布式存储以及高性能资源调度器。当前更多的业务场景是将 Spark 与 Hadoop 协同起来,发挥各自优势,协同完成数据存储、资源调度及计算任务。

任务 1.4　搭建 Spark 环境

Spark 环境部署分为单机模式、集群模式两类,其中单机模式对于硬件等资源的要求较低、部署简单,适合初学者入门。本任务首先介绍 Spark 的几种部署模式,然后演示如何搭建 Spark 环境及查看 Spark 的服务监控等。

1.4.1　Spark 部署模式

Spark 部署模式主要有四种:Local 模式(单机模式)、Standalone 模式(使用 Spark 自带的简单集群管理器)、Spark on Mesos 模式(使用 Mesos 作为集群管理器)和 Spark on YARN 模式(使用 YARN 作为集群管理器)。

1. Local 模式(单机模式)

顾名思义,单机模式即不采用集群方式,而仅用一台机器完成相关处理。该模式对计算机硬件环境的要求最低、部署最为简便,尤为适合 Spark 应用开发、测试等工作,对于初学者最为友好,本书后续开发默认采用单机模式;在该模式下开发的应用程序,打包后可以通过命令便捷地部署到分布式环境下。

2. Standalone 模式

与 MapReduce 1.0 框架类似,Spark 框架本身也自带了完整的资源调度管理服务,可以独立部署到一个集群中,而不需要依赖其他系统来为其提供资源管理调度服务。在架构的设计上,Spark 与 MapReduce 1.0 完全一致,都是由一个 Master 和若干个 Slave 构成的,并以槽(Slot)作为资源分配单位。不同的是,Spark 中的槽不再像 MapReduce 1.0 那样分为

Map 槽和 Reduce 槽，而是只设计了一种槽以供各种任务使用。

3. Spark on Mesos 模式

Mesos 是一种资源调度管理框架，可以为 Spark 提供服务。Spark on Mesos 模式中，Spark 程序所需要的各种资源都由 Mesos 负责调度。由于 Mesos 和 Spark 存在一定的血缘关系，Spark 框架在进行设计开发时，充分考虑了对 Mesos 的支持，相对而言，Spark 运行在 Mesos 上要比运行在 YARN 上更加灵活、自然。目前，Spark 官方推荐采用这种模式，所以许多公司在实际应用中也采用该模式。

4. Spark on YARN 模式

Spark 可运行于 YARN 之上，与 Hadoop 进行统一部署，即 "Spark on YARN"，其架构如图 1-24 所示，资源管理和调度依赖 YARN，分布式存储则依赖 HDFS。

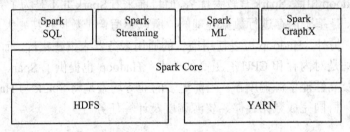

图 1-24　Spark on YARN 架构

1.4.2　Spark 本地模式环境搭建

1. 下载 Spark 安装包

进入 Spark 官网(http://spark.apache.org/)，依据相应提示下载 Spark 安装包；在"Choose a Spark release"后，选择 Spark 版本；因为我们已安装了 Hadoop，所以在"Choose a package type"后面需要选择"Pre-build for Apache Hadoop 2.7(Hadoop 2.7 表示 Hadoop 的版本，因为 Spark 与 Hadoop 版本必须配合使用，读者要根据所安装的 Hadoop 版本作出选择)user-provided Hadoop"，然后点击"Download Spark"后面的"spark-2.4.5-bin-hadoop 2.7.tgz"下载即可，如图 1-25 所示。Ubuntu 环境下，浏览器下载的文件默认会保存在"/home/hadoop/下载"目录下。

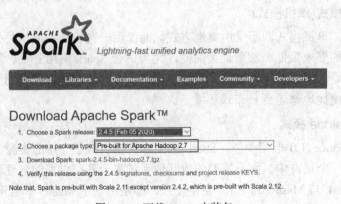

图 1-25　下载 Spark 安装包

2. 解压 Spark 安装包

执行以下命令，解压 Spark 安装包：

sudo tar -zxf ~/下载/spark-2.2.3-bin-without-hadoop.tgz -C /usr/local/	#spark 包解压到/usr/local 目录下
sudo mv/usr/local/spark-2.2.3-bin-without-hadoop/　/usr/local/spark	#重命名
sudo chown -R hadoop:hadoop　/usr/local/spark	#授权给 hadoop 用户及 hadoop 组
cd /usr/local/spark	
cp ./conf/spark-env.sh.template ./conf/spark-env.sh	

3. 编辑 spark-env.sh

使用命令"vim ./conf/spark-env.sh"编辑 spark-env.sh 文件，在第一行添加以下配置信息：

export SPARK_DIST_CLASSPATH=$(/usr/local/hadoop/bin/hadoop classpath);

有了上面的配置信息，Spark 就可以把数据存储到 HDFS 分布式文件系统中，也可以从 HDFS 中读取数据；如果没有配置上面的信息，Spark 就只能读/写本地数据，无法读/写 HDFS 数据。

4. 测试 Spark 本地模式是否成功

使用下面的命令运行 Spark 自带的示例，验证 Spark 是否安装成功。安装成功则显示图 1-26 所示的信息。

cd /usr/local/spark/bin	
./run-example SparkPi	#运行 SparkPi 示例

图 1-26　测试 Spark 本地模式是否成功

1.4.3 Spark 的简单使用

1. Spark-shell 的使用

学习 Spark 程序开发，初始阶段建议通过 Spark-shell 交互式学习，从而加深对 Spark 程序开发的理解。Spark-shell 提供了简单的方式学习 Spark 各类 API，并且提供了交互的方式来分析数据；在 Spark 交互式执行环境(Read-Eval-Print Loop，交互式解释器)下，用户输入一条语句，Spark 会立即执行语句并返回结果，不必等到整个程序运行完毕，因此可即时查看中间结果，并对程序进行修改，可在很大程度上提升开发效率。在 Linux shell 中执行以下命令，进入 Spark-shell 环境。

```
cd /usr/local/spark/bin
./spark-shell                              #启动 Spark-shell
```

如图 1-27 所示,输入第一条命令"println(java.time.LocalDate.now()+":开始奇妙的 Spark 旅程。")", Spark 根据"java.time.LocalDate.now()"获取当前日期,最后返回处理结果 "2020-03-22:开始奇妙的 Spark 旅程。";输入第二条命令"3+5", Spark 返回计算结果"8"。

```
Spark session available as 'spark'.
Welcome to
      ____              __
     / __/__  ___ _____/ /__
    _\ \/ _ \/ _ `/ __/  '_/
   /___/ .__/\_,_/_/ /_/\_\   version 2.2.3
      /_/

Using Scala version 2.11.8 (Java HotSpot(TM) 64-Bit Server VM, Java 1.8.0_201)
Type in expressions to have them evaluated.
Type :help for more information.

scala> println(java.time.LocalDate.now()+":开始奇妙的Spark旅程。")  ❶
2020-03-22:开始奇妙的Spark旅程。

scala> 3+5  ❷
res1: Int = 8
```

图 1-27　Spark-shell 的使用

2. Spark Web UI 监控

与 Hadoop 类似,Spark 也有 Web UI 监控页面。在浏览器中输入 http://localhost:4040/, 可以看到类似图 1-28 所示的页面,在该页面中可以查看若干程序执行信息,包括 Job 列表、调度器 Stage 及环境信息等。

图 1-28　Spark Web UI 监控

1.4.4　Virtual Box 中导入虚拟机

对于部分时间紧迫、环境搭建过程不熟悉或者不成功的读者,他们迫切希望有更加简便的方式迅速开展 Spark 学习。为满足上述需求,最大程度上降低 Spark 的"准入门槛", 笔者提供了配置好环境的 Ubuntu 虚拟机,该虚拟机包含 Hadoop 环境及 Spark 环境,可以在 Virtual Box 中直接导入后使用。

　　Virtual Box 是 Oracle 公司的一款开源虚拟机软件，读者下载 Virtual Box(https://www.virtualbox.org/)并安装后，依次点击"管理""导入虚拟电脑"项，如图 1-29 所示。

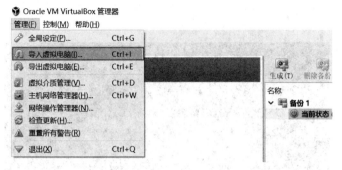

图 1-29　导入虚拟电脑(1)

　　在弹出的"导入虚拟电脑"页面中，选择已经下载好的虚拟机，然后点击"下一步"按钮，如图 1-30 所示；在后续窗口中选择"导入"项，即可完成虚拟机导入工作。

图 1-30　导入虚拟电脑(2)

　　导入成功后，在 Virtual Box 虚拟机列表中可以看到该虚拟机；选择导入的虚拟机，然后点击启动即可进入 Ubuntu 系统，如图 1-31 所示。

图 1-31　启动虚拟机

启动 Ubuntu 后，选择"hadoop"用户，输入密码"123"后进入系统，如图 1-32 所示。本书后续内容均在"hadoop"用户下完成。

图 1-32　选择用户

项 目 小 结

如今，Spark 已经成为主流的大数据计算引擎。本章首先介绍了大数据概念、特征以及处理过程，使读者对大数据有个基本认识；Spark 大数据技术与 Hadoop 密不可分，可以与 Hadoop 协同完成数据存储、数据分析、资源调度等工作。本书也是基于"Spark+Hadoop"模式设计的，后续章节中使用 Hadoop HDFS 存储数据；因此本项目首先介绍了 Hadoop 生态体系，按照伪分布模式完成了 Hadoop 平台的搭建；接下来，重点介绍了 Spark 的基本概念、运行模式及运行原理，并完成了 Spark 环境的搭建，为后续开发奠定基础。

课 后 练 习

一、选择题

1. 下列哪项不属于大数据特征？（　　）

A. 数据量大　　　　　　　　　　B. 数据多样性

C. 数据输入处理等速度快　　　　D. 每个数据都是高价值的

2. 大数据产生源头不包括哪一项？（　　）

A. 运营系统　　　　　　　　　　B. 用户原创内容

C. 网络爬虫　　　　　　　　　　D. 感知系统自动获取数据

3. Hadoop 是当前大数据领域的事实标准，下列哪项不是 Hadoop 生态圈的组成部分？( )

A. HDFS   B. MapReduce

C. HTML   D. YARN

4. Spark 作为大数据处理的框架，下列哪项不是其组成部分？( )

A. Spark SQL   B. Spark Streaming

C. Spark Core   D. MapReduce

5. Spark 中，下列哪项负责结构化文档的处理？( )

A. Spark SQL   B. Spark Streaming

C. Spark Core   D. Spark Mlib

6. 与 Spark 相比，Hadoop MapReduce 的缺点不包括哪一项？( )

A. 磁盘 I/O 开销大   B. 表达能力有限

C. 计算延时高   D. 计算准确性差

二、简答题

1. 为什么 Spark 运算速度要远快于 Hadoop MapReduce？

2. Spark 部署模式有哪些形式？

能力拓展

除了本项目介绍的单机模式外，Spark 的部署模式还有很多种。请登录 Spark 官网，寻找 Spark 集群部署的方法，按照 Spark on YARN 模式尝试完成 3 个节点的 Spark 集群搭建(提示：首先搭建 3 个节点的 Hadoop 集群、1 个 NameNode、2 个 DataNode；在此基础上搭建 Spark 集群)。

项目二　编写 Scala 程序处理 4S 店数据

 **项目概述**

　　某电商平台保存了大量汽车 4S 店信息，现导出部分数据(包括：店铺 ID(shop_id)、所在城市(city_name)、店铺评分(score)、经营品牌(brand))，要求使用 Scala 编程语言对这些数据进行初步分析。数据样式如图 2-1 所示，文件中数据之间用逗号隔开，针对这些数据可以进行大量有价值的分析，比如分析各个城市 4S 店的数量(一定程度上反映了城市的人流、繁荣程度)、各品牌在各城市的布局 4S 店数量(为拓展市场提供依据)、各品牌服务得分(可反映品牌渠道管理水平)等。

```
car - 记事本                   —    □    ×
文件(F) 编辑(E) 格式(O) 查看(V) 帮助(H)
1001,广州,4.5,广汽本田
1002,深圳,4.8,一起大众
1003,广州,4.9,一起大众
1004,珠海,4.6,一起大众
1005,广州,4.7,广汽丰田
```

图 2-1　4S 店数据样式

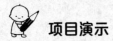 **项目演示**

　　使用 Scala 编程语言，编写独立应用程序 CarShopDataTest.scala。先后使用 scalac、scala 命令编译、解释执行该程序，可以计算出广汽丰田 4S 店的平均得分为 4.73 分，如图 2-2 所示。

```
hadoop@zsz-VirtualBox:~/myscalacode$ gedit CarShopDataTest.scala
hadoop@zsz-VirtualBox:~/myscalacode$  scalac CarShopDataTest.scala
hadoop@zsz-VirtualBox:~/myscalacode$  scala -classpath . CarShopDataTest
广汽丰田4s店平均得分：  4.7333336
hadoop@zsz-VirtualBox:~/myscalacode$
```

图 2-2　广汽丰田 4S 店的平均得分

思维导图

本项目的思维导图如图 2-3 所示。

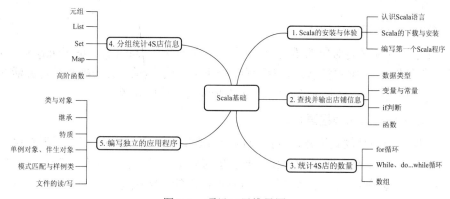

图 2-3 项目二思维导图

任务 2.1 Scala 的安装与体验

Scala 是 Spark 开发的首推语言,本书 Spark 编程所用语言为 Scala。在学习 Scala 之前,首先需要了解 Scala 及其安装方法。本任务主要包括 Scala 简介、Scala 安装及编写第一个 Scala 程序。

Scala 的安装与体验

目前,Spark 支持 Scala、Java、Python、R 四种语言,但 Spark 本身就是用 Scala 编写,因此 Spark 对 Scala 的支持最为优秀,效率最高,是生产环境下 Spark 大数据开发的主要语言。

本单元并非面面俱到地介绍 Scala 语言的各个细节,而是仅仅介绍能够满足 Spark 大数据开发入门所需要的内容(即 Scala 学习的"最小子集"),从而最大限度地降低 Spark 的入门难度。笔者认为语言的学习并非首位,建议读者不要一开始就花费大量精力在语言细节上,而是在后续的 Spark 开发中不断学习、内化 Scala 知识,在使用过程中学习 Scala 语言相关知识点一定会事半功倍!如果读者有 Java、C++等语言基础,那么本单元的学习将非常轻松,如果没有其他语言基础,建议多加强实践练习。下面,我们先从环境的搭建开始学习 Scala。

2.1.1 Scala 简介

Scala 是 Scalable Language 的简写,它是一门多范式的编程语言。Scala 于 2001 年由瑞士洛桑联邦理工学院洛桑(EPFL)编程方法实验室研发,设计的初衷便是集成面向对象编程和函数式编程的特性。因此,Scala 是一种纯粹的面向对象语言,秉承每个值都是对象的理念;同时 Scala 也是一门函数式的编程语言,其函数也可以当做值来使用。

Scala 程序可编译成 Java 字节码文件,而后直接运行于 JVM 之上,因而可以实现 Scala、Java 类的相互调用。这样,Scala 可以利用 Java 生态系统发展自身,目前已有许多公司将原先 Java 开发的关键业务迁移到 Scala 上,以提高程序的可扩展性和可靠性,进而提升开发效率。

2.1.2　Scala 的特性

Scala 设计之初便是集成面向对象和函数编程的各种特性，基于这个设计目标，Scala 具有以下显著特性：

1．Scala 是面向对象的语言

Scala 是一种纯面向对象的语言，每一个值都是对象(与 Java 有 primitive type 不同，Scala 所有东西都是对象)。类的扩展途径有两种：一种途径是继承，另一种途径是灵活的混入机制(类似于 Java 接口)。这两种途径能避免多重继承的种种问题。

2．Scala 是函数式编程语言

Scala 也是一种函数式语言，其函数也能当成值来使用。Scala 提供了轻量级的语法用以定义匿名函数、支持高阶函数、允许嵌套多层函数，并支持柯里化。Scala 的 Case Class 及其内置的模式匹配相当于函数式编程语言中常用的代数类型。

3．Scala 是静态类型的

Scala 通过编译时的检查，保证代码的安全性和一致性，且 Scala 在开发人员不给出类型时，可以"聪明"地猜测数据类型(类型推断)，一定程度上具备动态类型语言的灵活性。

4．Scala 是可扩展的

在实践中，某个领域特定的应用程序开发往往需要特定领域的语言扩展。Scala 提供了许多独特的语言机制，可以以库的形式轻松添加新的功能。

2.1.3　Scala 的下载与安装

目前，Scala 语言可以在 Linux、Windows、Mac OS 等平台上编译运行。由于 Scala 是运行在 JVM(Java 虚拟机)上的，因此在安装 Scala 之前，需要下载并配置好 JDK 环境。本书项目一中已完成 JDK 安装，此处不再重复(如读者尚未安装 JDK，请参照项目一完成)。

安装好 JDK 后，可进入 Scala 官网并下载 Scala。考虑到 Scala 稳定性及与 Spark 的兼容性，笔者下载了 Scala 2.11.12 版，在浏览器中输入 https://www.scala-lang.org/download/2.11.12.html，进入下载页面，选择 scala-2.11.12.tgz 后点击下载即可，如图 2-4 所示。

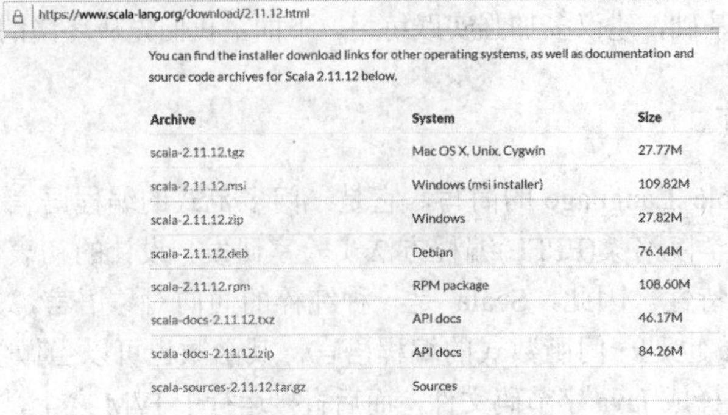

图 2-4　下载 Scala

Ubuntu 环境下，浏览器默认的下载文件存放目录为"/home/hadoop/下载"。打开一个 Linux 终端(同时按"Alt + Ctrl + T"键)，使用如下命令完成解压工作：

cd /home/hadoop/下载	#进入 scala-2.11.12.tgz 所在目录
tar -zxvf scala-2.11.12.tgz -C /usr/local	#解压到/usr/local 目录下

在 Linux 终端，继续执行"gedit ~/.bashrc"命令(也可以使用 vi、vim 等编辑器，但对于 Linux 初学者而言，geidt 更便捷)，把 scala 命令添加到 path 环境变量中；在 gedit 编辑器打开的.bashrc 文件的开头位置，修改 path 环境变量设置，把 scala 命令所在的目录"/usr/local/scala/bin"增加到 path 中，具体如下：

export PATH=$PATH:/usr/local/scala-2.11.12/bin

修改完后，保存退出；接着还需要让该环境变量生效，在 Linux 终端执行代码"source ~/.bashrc"。设置好后检验一下设置是否正确，在 Linux 终端输入 scala 命令"scala"，屏幕上显示 scala 和 Java 版本信息，并进入"scala>"提示符状态，就可以开始使用 Scala 解释器编写程序了。

2.1.4 轻松编写第一个 Scala 程序

Scala 的优势之一便是提供了 REPL(Read-Eval-Print Loop，交互式解释器)，在 Scala REPL 中可进行交互式编程(即计算完成就会输出结果，而不必等到整个程序运行完毕；因此开发人员可及时查看中间结果，并对程序进行调整)，在很大程度上提升了开发效率。

在 Linux 终端，输入命令"scala"后，会进入 scala 命令行提示符状态(即"scala>"，REPL 环境)，可以在后面输入命令。下面介绍三种 Scala 代码的执行方式：

(1) 在 Scala 解释器中直接运行代码。

用户可以在命令提示符后面直接输入代码，回车后便立即得到结果。例如，输入一个表达式"5 * 2 -2"、程序指令"println("hello, welcome to Scala!")"，结果如图 2-5 所示。

图 2-5 在 Scala 解释器中直接运行代码

如果想退出 Scala 解释器，则可以使用命令":quit"退出，如图 2-6 所示。

图 2-6 使用":quit"命令退出 Scala REPL

(2) 在 Scala 解释器中运行多行代码。

如果想在 Scala 解释器中运行多行代码，可以进入 paste 模式(在 Scala 解释器中输入命令 ":paste" 即可)；代码编辑完毕后，按住 "Ctrl + D" 键即可退出 paste 模式，运行结果可在下方显示出来；如图 2-7 所示，我们在 paste 模式下输入了两行代码，按住 "Ctrl + D" 键退出 paste 模式后，产生计算结果。

```
scala> :paste
// Entering paste mode (ctrl-D to finish)

val str="Hello, welcome to Scala!"
println(str)

// Exiting paste mode, now interpreting.

Hello, welcome to Scala!
str: String = Hello, welcome to Scala!
```

图 2-7　paste 模式

(3) 通过控制台编译、执行 Scala 文件。

这里我们以一个完整的 HelloWord 为例，展示通过控制台编译、执行 Scala 文件的过程。打开 Linux 终端，在 "/home/hadoop/" 目录下新建一个 myscalacode 文件夹，用于存放自己的练习代码文件，然后使用 gedit 编辑器编写一个 HelloWord.scala 文件，具体命令如下：

```
cd /home/hadoop
mkdir myscalacode
cd myscalacode
gedit HelloWord.scala
```

进入 gedit 编辑器后，输入程序代码，如图 2-8 所示，保存后退出 gedit。

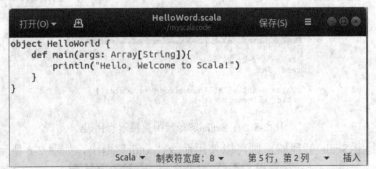

图 2-8　在 gedit 中编写程序

关于上述操作，需要注意以下两点：

(1) 在上面代码中，定义了程序的入口 main( )方法，其写法与 Java 中的 main 方法不同(public static void main(String[ ] args))，scala 中没有静态方法。

(2) Scala 是大小写敏感的。例如初学者容易把小写开头的 object 输成大写开头的 Object，另外文件 HelloWord.scala 与 helloWord.scala 也是不同的。

完成代码编辑后，使用 scalac 命令编译 HelloWord.scala 代码文件，并用 scala 命令执行，命令如下：

scalac HelloWord.scala	//编译的时候使用的是 Scala 文件名称
scala -classpath . HelloWord	//执行的时候使用的是 HelloWord 对象名称

注意，上述命令中一定要加入"-classpath ."用于指定类路径，否则会出现"No such file or class on classpath: HelloWord"。上述命令执行后，会在屏幕上输出"Hello, Welcome to Scala!"，如图 2-9 所示。同时，在目录"/home/hadoop/myscalacode/"下还可以发现编译后的字节码文件 HelloWord.class。

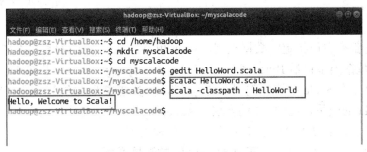

图 2-9   编译 HelloWord.scala

本方法需要编写独立的类文件，执行过程相对复杂。在本单元的学习中，我们主要使用方法 1 和方法 2(即使用 Scala REPL，足以满足初学者需求，也可以最大限度地降低学习门槛)。

2.1.5   在网页上编写 Scala 程序

当本机没有安装 Scala 环境时，也可以在网页上练习编写 Scala 程序，网上有部分免费的在线编辑器，如 https://c.runoob.com/compile/15、https://www.w3xue.com/tools/scala.aspx 等。如图 2-10 所示，首先在代码区输入代码，点击"点击运行"按钮，稍等片刻后在右侧输出区可以看到结果(根据网络情况可能需要等待)。

图 2-10   在线编写 Scala 程序

任务 2.2　查找并输出店铺的相关信息

　　每种编程语言都有自己的一套语法规范，Scala 同样有自己的语法
体系。本任务主要讲解 Scala 最基础的语法；最后综合运用函数、if
语句等知识，根据汽车 4S 店的编号，查找并输出该店铺所在城市及店
铺经营的品牌。

查找并输出店铺的
相关信息

2.2.1　数据类型

　　程序语言都有自己特定的数据类型，Scala 也不例外。Scala 的数据类型与 Java 类型相
似，Scala 的数据类型包括 Byte、Char、Short、Int、Long、Float、Double 和 Boolean。与
Java 不同的是，在 Scala 中这些类型都是"类"，所以这些类型的首字母必须大写；并且它
们都是包 scala 的成员，比如 Int 的全名是 scala.Int。对于字符串，Scala 用 java.lang.String
类来表示字符串。表 2-1 给出了常用的 Scala 数据类型。

表 2-1　Scala 的数据类型

数据类型	描　　述	举　例
Byte	8 位有符号补码整数，数值区间为−128～127	20
Short	16 位有符号补码整数，数值区间为−32 768～32 767	2020
Int	32 位有符号补码整数，数值区间为−2 147 483 648～2 147 483 647	20200224
Long	64 位有符号补码整数，数值区间为−9 223 372 036 854 775 808～9 223 372 036 854 775 807	202002241002
Float	32 位，IEEE 754 标准的单精度浮点数	3.14f
Double	64 位，IEEE 754 标准的双精度浮点数	3.14
Char	16 位无符号 Unicode 字符，区间值为 U+0000～U+FFFF	a
String	字符序列	I like Spark
Boolean	布尔型，true 或 false	true

　　其中，Int 表示整型数值，代表保存一个整数。Float 与 Double 都表示浮点数(有小数
位)，Float 类型数值后面加 f 或 F 后缀，如 3.14f 表示一个 Float 数值；而 Double 不需要加
后缀，如 3.14 表示一个 Double 数值。字符串 String 的用法与 Java 一致，如 "I like Spark"
表示一个字符串(注意加双引号)。Scala 中没有 void 关键字，Scala 使用 Unit 表示无值，等
同于 Java 中的 void。

2.2.2　变量与常量

　　Scala 有两种类型的变量，一种是 val，是不可变的，在声明时就必须被初始化，而且
初始化以后就不能再赋值；另一种是 var，是可变的，声明的时候需要进行初始化，初始

化以后还可以再次对其赋值。

1. 常量

常量是程序运行过程中不能发生变化的量，常量使用 val 关键字来定义；常量一旦确定好其值，就不允许改变(重新赋值)。定义一个常量的语法结构如下：

> val 常量名称:数据类型=初始值

其中，常量名称可以由字母、数字等组成(但不能为 Scala 的保留关键字)，数据类型反映其存储的数据类型。注意，Scala 具有类型推断机制，即可以省略常量定义中数据类型，Scala 会根据初始值推断出该常量的数据类型。具体用法如图 2-11 所示。

```
scala> val age:Int=20      //定义一个整型常量age，其值为20
age: Int = 20

scala> val age=20          //省略数据类型，Scala自动推断出age的数据类型
age: Int = 20

scala> val pi=3.14f        //定义一个Float类型常量pi
pi: Float = 3.14

scala> val pi=3.14         //定义一个Double类型常量pi
pi: Double = 3.14

scala> val name="Tom"      //定义一个字符串常量
name: String = Tom

scala> age=21          //错误，常量的值不允许改变
<console>:12: error: reassignment to val
       age=21          //错误，常量的值不允许改变
          ^
```

图 2-11 常量的使用

2. 变量

顾名思义，变量就是程序运行中可以改变(重新赋值)的量，变量使用关键字 var 来定义。定义变量的语法结构如下：

> var 变量名称:数据类型=初始值

其用法与常量基本一致，需要注意的是，变量的数据类型一旦确定，就不允许重新赋值其他类型，简要用法如图 2-12 所示。

```
scala> var sallary=3500
sallary: Int = 3500

scala> sallary=4000
sallary: Int = 4000

scala> var year=2020
year: Int = 2020

scala> year="new year"
<console>:12: error: type mismatch;
 found    : String("new year")
 required: Int
       year="new year"
           ^
```

图 2-12 变量的使用

3. 变量与常量的命名

变量与常量的命名可以根据实际需求自由确定，推荐使用有意义的名称，一般由字母、数字等组成，但 Scala 保留的关键字不能作为变量(常量)的名字。Scala 的关键字如表 2-2 所示。

表 2-2　Scala 中的关键字

abstract	case	catch	class
def	do	else	extends
false	final	finally	for
forSome	if	implicit	import
lazy	match	new	null
object	override	package	private
protected	return	sealed	super
this	throw	trait	try
true	type	val	var
while	with	yield	
-	:	=	=>
<-	<:	<%	>:
#	@		

2.2.3　Scala 中的运算符

一个运算符是一个符号，用于告诉编译器执行指定的数学运算和逻辑运算。Scala 含有丰富的内置运算符，包括以下几种类型：算术运算符、关系运算符、逻辑运算符、位运算符与赋值运算符。

1. 算术运算符

假定变量 A 为 10(var A=10)，B 为 20(val B=20)，表 2-3 列出了 Scala 支持的算术运算符及运算结果。

表 2-3　Scala 支持的算术运算符

运算符	描述	实　例
+	加号	A + B 运算结果为 30
−	减号	A − B 运算结果为 −10
*	乘号	A * B 运算结果为 200
/	除号	B / A 运算结果为 2
%	取余	B % A 运算结果为 0

2. 关系运算符

关系运算符计算结果为布尔型(true 或者 false)，假定变量 A 为 10，B 为 20，表 2-4 列出了 Scala 支持的关系运算符。

表 2-4 Scala 支持的关系运算符

运算符	描述	实 例
==	等于	(A == B)运算结果为 false
!=	不等于	(A != B)运算结果为 true
>	大于	(A > B)运算结果为 false
<	小于	(A < B)运算结果为 true
>=	大于等于	(A >= B)运算结果为 false
<=	小于等于	(A <= B)运算结果为 true

3. 逻辑运算符

假定变量 A 为 1，B 为 0，表 2-5 列出了 Scala 支持的逻辑运算符。

表 2-5 Scala 支持的逻辑运算符

运算符	描述	实 例
&&	逻辑与	(A && B)运算结果为 false
‖	逻辑或	(A‖B)运算结果为 true
!	逻辑非	!(A && B)运算结果为 true

4. 赋值运算符

表 2-6 给出了 Scala 语言支持的部分赋值运算符。

表 2-6 Scala 赋值运算符

运算符	描 述	实 例
=	简单的赋值运算，指定右边的操作数赋值给左边的操作数	C = A + B 将 A + B 的运算结果赋值给 C
+=	相加后再赋值，将左右两边的操作数相加后再赋值给左边的操作数	C += A 相当于 C = C + A
-=	相减后再赋值，将左右两边的操作数相减后再赋值给左边的操作数	C -= A 相当于 C = C - A
*=	相乘后再赋值，将左右两边的操作数相乘后再赋值给左边的操作数	C *= A 相当于 C = C * A
/=	相除后再赋值，将左右两边的操作数相除后再赋值给左边的操作数	C /= A 相当于 C = C / A
%=	求余后再赋值，将左右两边的操作数求余后再赋值给左边的操作数	C %=相当于 C = C % A

提示：对于上述各类运算并不要求初学者弄清每一个细节，掌握最基本的算术运算、关系运算等即可，在后续实践中可以逐步学习，做到"学以致用"。

2.2.4　if 条件语句

在实际业务中,经常需要对数据进行差异化处理(不同值、类型采取不同的处理方法),或者根据不同逻辑执行不同代码块,这时候可以使用 if 判断语句。Scala 中 if 条件语句的用法与 Java 等基本一致。

1. 单用 if 语句

可以单用 if 语句,其语法格式如下:

```
if(布尔表达式){
      如果布尔表达式为 true,则执行该语句块

   }
```

如果布尔表达式为 true,则执行大括号内的语句块;否则跳过大括号内的语句块,执行大括号之后的语句块。if 语句用法如图 2-13 所示。

```
scala> val age=20
if (age>18) {
    println(" age>18: 成年人 ")    //println是打印输出语句,用于输出后面括号内的信息
}
age: Int = 20

scala>         |      | age>18: 成年人
```

图 2-13　if 语句的使用

2. if...else 语句

if 语句后可以紧跟 else 语句,else 内的语句块可以在布尔表达式为 false 的时候执行。if...else 的语法格式如下:

```
if(布尔表达式){
      如果布尔表达式为 true,则执行该语句块

   }else{
      如果布尔表达式为 false,则执行该语句块

   }
```

if...else 语句示例如图 2-14 所示,代码根据 age 不同,输出结果不同。

```
scala> :paste
// Entering paste mode (ctrl-D to finish)

val age=20
if (age>18) {
    println(" age>18: 成年人 ")
} else {
    println("age<=18: 未成年人")
}

// Exiting paste mode, now interpreting.

age>18: 成年人
```

图 2-14　if...else 语句的使用

3. if...else if...else 语句

if 语句后可以紧跟 else if...else 语句，在多个条件判断语句的情况下比较实用，其语法格式如下：

```
if(布尔表达式 1){
    如果布尔表达式 1 为 true，则执行该语句块
}else if(布尔表达式 2){
    如果布尔表达式 2 为 true，则执行该语句块
}else if(布尔表达式 3){
    如果布尔表达式 3 为 true，则执行该语句块
}else {
    如果以上条件都为 false，则执行该语句块
}
```

if...else if...else 语句用法如图 2-15 所示，代码设置了多个判断条件，根据 age 的值输出不同结果。

```
scala> :paste
// Entering paste mode (ctrl-D to finish)

val age=10
if (age>18) {
    println(" age>18: 成年人 ")
} else if (age>13){
    println("13<age<=18: 未成年人")
} else {
    println("age<=13: 儿童")
}

// Exiting paste mode, now interpreting.

age<=13: 儿童
age: Int = 10
```

图 2-15 if...else if...else 语句的使用

2.2.5 Scala 中的函数

Scala 也是函数式编程语言，函数是 Scala 的重要组成部分，是 Scala 的"头等公民"。声明函数的方法如下：

```
def 函数名(参数列表): [ 返回值的类型 ] = { 函数主体，即函数要完成的任务}
```

用 def 定义一个函数，紧接着是可选的参数列表，之后是冒号和函数返回值，再加"="及函数体。其中，函数的返回值可以是任意的 Scala 类型，如果函数没有返回值，则返回值类型为"Unit"。

1. 普通函数

下面定义一个计算员工总薪水的函数 totalSalary，总薪水由基本工资与奖金相加而得，如图 2-16 所示。

```
scala> :paste
// Entering paste mode (ctrl-D to finish)

def totalSalary( basic:Float, bonus:Float):Float={
    basic + bonus
}

val total=totalSalary(5205.5f, 2358.6f)

println("total salary is: " +total)

// Exiting paste mode, now interpreting.

total salary is: 7564.1
totalSalary: (basic: Float, bonus: Float)Float
total: Float = 7564.1
```

图 2-16　Scala 函数示例

　　Scala 函数中，除个别情况外，一般不加 return 关键字来指明返回值，默认函数体中最后一句话为返回值，如图 2-16 中，返回值为 "basic + bonus"。当然，也可以像 Java 一样，加入 return 关键字，图 2-17 可以实现同样的效果。

```
scala> :paste
// Entering paste mode (ctrl-D to finish)

def totalSalary( basic:Float, bonus:Float):Float={
    val sum=basic + bonus
    return sum
}
val total=totalSalary(5205.5f, 2358.6f)
println("total salary is: " +total)

// Exiting paste mode, now interpreting.

total salary is: 7564.1
totalSalary: (basic: Float, bonus: Float)Float
total: Float = 7564.1
```

图 2-17　函数中使用 return

2. 匿名函数

　　函数是 Scala 中的 "头等公民"，Scala 中关于函数有若干重要概念需要理解。首先介绍匿名函数。所谓匿名函数，就是定义函数时不给出函数名称的函数。匿名函数使用 "=>" 来定义，等号左边为匿名函数参数列表，箭头右边为函数主体(所要实现的功能)；匿名函数格式如下：

　　　　(参数列表及类型) => {　函数体　}

　　例如，定义两个数相加的匿名函数，写法如图 2-18 所示，效果等价。

```
scala> (a:Int,b:Int)

scala> (a:Int,b:Int) => {a+b}   //Scala根据a、b的数据类型推断出返回值类型，因此返回值类型
可省略。
res0: (Int, Int) => Int = <function2>

scala> (a:Int,b:Int) => a+b   //在函数体只有一行代码的情况下，函数体的大括号可以省略。
res1: (Int, Int) => Int = <function2>
```

图 2-18　匿名函数示例

　　开发人员可以把匿名函数赋值给一个常量或变量，然后通过常量或变量名调用该匿名函数，如图 2-19 所示。

```
scala> val total=(a:Int,b:Int)=>a+b   //将匿名函数赋值给total常量
total: (Int, Int) => Int = <function2>

scala> total(20,30)                                //通过total常量调用上述匿名函数
res12: Int = 50
```

图 2-19　将匿名函数赋值给常量

2.2.6　使用函数查询 4S 店信息

　　下面定义一个函数 find，其功能为根据 4S 店的编号 shopID 查询并打印输出店铺所在的城市及经营的品牌。find 函数中，通过 if...else 语句完成判断，代码如图 2-20 所示。

```
scala> :paste
// Entering paste mode (ctrl-D to finish)

def find(shopID:String)={
    if (shopID.equals("1001")) {println("该店铺位于北京，类型为小吃")}
    else if(shopID.equals("1002")){println("该店铺位于上海，经营品牌：东风")}
    else if(shopID.equals("1003")){println("该店铺位于广州，经营品牌：奔驰")}
    else if(shopID.equals("1004")){println("该店铺位于深圳，经营品牌：比亚迪")
}
    else if(shopID.equals("1005")){println("该店铺位于珠海，经营品牌：上汽大众
")}
    else {println("查不到该店铺的信息")}
}

// Exiting paste mode, now interpreting.

find: (shopID: String)Unit

scala> find("1002")
该店铺位于上海，经营品牌：东风

scala> find("1005")
该店铺位于珠海，经营品牌：上汽大众

scala> find("1007")
查不到该店铺的信息
```

图 2-20　使用函数查询 4S 店信息

　　上述代码中，首先定义了一个 find 函数，该函数有一个字符串参数 shopID，find 函数通过 if...else 语句确定店铺所属的城市及类型。函数体中，使用了字符串 String 的 equals 方法，该方法用于判断两个字符串是否相等，如果两个字符串一样，则返回 true，否则返回 false；其功能类似于两个数值类型变量用等号 "=" 来判断是否相等。具体用法如图 2-21 所示。

```
scala> val str1:String="Spark"
str1: String = Spark

scala> val str2:String="Spark"
str2: String = Spark

scala> val str3:String="Hadoop"
str3: String = Hadoop

scala> str1.equals(str2)
res27: Boolean = true

scala> str1.equals(str3)
res28: Boolean = false
```

图 2-21　字符串是否相等的判断方法

任务 2.3　统计广州 4S 店的数量

程序执行过程中，经常需要多次重复执行某个代码块，我们可以通过循环来实现。本任务主要是学习 Scala 中的循环及数组，最后利用数组保存各城市 4S 店的信息，使用循环查找广州 4S 店的数量(某个地区 4S 店的数量、品牌分布等一定程度上反映了该地区的经济发展水平，数量越多说明该地区相对越繁华，相关企业可以开展针对性的商务活动)。

统计广州 4S 店的数量

2.3.1　for 循环

一般情况下，程序中的语句是按顺序执行的：函数中的第一行语句先执行，接着是第二行语句，依此类推。但有时候，我们可能需要多次执行同一行语句或者块代码，而循环语句允许我们多次执行一行语句或语句组。Scala 中的循环包括 for 循环、while 循环和do...while 循环三种。for 循环的语法结构如下：

　　　for(变量 <- 集合)　{ 循环语句 }

例如，循环打印整数 1~5，可以使用如图 2-22 中的写法。

```
for(i <- 1 to 5) {
  println(i)
}

// Exiting paste mode, now interpreting.

1
2
3
4
5
```

图 2-22　for 循环示例

多重循环(循环嵌套)也是一种常用的循环，是指在两个或两个以上区间内反复循环，多个循环条件直接用分号隔开。例如，可以用两层循环打印九九乘法表，代码如图 2-23 所示。

```
scala> :paste
// Entering paste mode (ctrl-D to finish)

for(i<- 1 to 9;  j<- 1 to i){
    print(i+"*"+j+"="+i*j+"  ")
    if (i==j) println()
}

// Exiting paste mode, now interpreting.

1*1=1
2*1=2  2*2=4
3*1=3  3*2=6  3*3=9
4*1=4  4*2=8  4*3=12  4*4=16
5*1=5  5*2=10  5*3=15  5*4=20  5*5=25
6*1=6  6*2=12  6*3=18  6*4=24  6*5=30  6*6=36
7*1=7  7*2=14  7*3=21  7*4=28  7*5=35  7*6=42  7*7=49
8*1=8  8*2=16  8*3=24  8*4=32  8*5=40  8*6=48  8*7=56  8*8=64
9*1=9  9*2=18  9*3=27  9*4=36  9*5=45  9*6=54  9*7=63  9*8=72  9*9=81
```

图 2-23　for 循环打印乘法表

for 循环条件中，还可以加入 if 语句来过滤掉某些不需要的元素，比如循环打印 1～10 内的整数、去掉可以被 3 整除的数，代码如图 2-24 所示。

```scala
scala> for(i <- 1 to 10; if  i %3 !=0) {
     |     println(i)
     | }
1
2
4
5
7
8
10
```

图 2-24 for 循环中加入 if 过滤

使用 yield 与 for 配合，还可以将 for 循环的返回值作为一个变量存储。循环中的 yield 会把当前的元素记下来，保存在集合中，循环结束后将返回该集合，如图 2-25 所示。

```scala
scala> val nums=for{ x<- 1 to 10; if  x %3 !=0 } yield x
nums: scala.collection.immutable.IndexedSeq[Int] = Vector(1, 2, 4, 5, 7, 8, 10)
```

图 2-25 使用 yield 得到集合

2.3.2 while、do...while 循环

只要给定的条件为 true，Scala 中的 while 循环语句会重复执行循环体内的代码块。while 循环的语法结构如下：

while(循环条件) { 循环体 }

图 2-26 演示了使用 while 循环输出 0～4，循环体内"i=i+1"表示每循环一次，i 的数值增加 1。

```scala
scala> var i=0
i: Int = 0

scala> while( i< 5){
     |     println(i)
     |     i=i+1          //每循环一次，i 的数值加1
     | }
0
1
2
3
4
```

图 2-26 while 循环示例

do...while 循环与 while 循环类似，但是 do...while 循环会确保至少执行一次循环，即 do...while 先执行循环体内的语句，然后判断循环条件是否成立(成立则再次执行，否则跳出)，如图 2-27 所示。

```
scala> var i=0
i: Int = 0

scala> do{
    |        println(i)
    |        i=i+1
    | }   while( i<5)
0
1
2
3
4
```

图 2-27　do...while 循环示例

2.3.3　数组

数组是编程语言重要的数据结构，用于存储同类元素。下面就数组的定义、使用、遍历等进行详细介绍。

1. 数组的定义与使用

数组定义形式为

vararrayName:Array[T] = new Array[T](Num)

其中，T 为数据类型，Num 为数组中元素的个数(即数组的长度)。

对于数组，可以使用下标访问其元素或者给数组元素赋值(与 Java 类似，Scala 中数组的下标也是从 0 开始的)，也可以在声明数组的时候直接给数组元素赋值，具体用法如图 2-28 所示。

```
scala> var nums:Array[Int]=new Array[Int](3)      //定义了一个包含3个整型元素的数组
nums: Array[Int] = Array(0, 0, 0)

scala> var nums=new Array[Int](3)                    //去掉nums类型说明，效果与上一行等价
nums: Array[Int] = Array(0, 0, 0)

scala> nums(0)=10    //为数组nums的第0个元素赋值，

scala> nums(1)=20

scala> nums(2)=30

scala> val newnums=Array(50,60,70)    //在声明数组的同时赋值
newnums: Array[Int] = Array(50, 60, 70)

scala> val peoples=Array("Tom","Jerry","Ken")   //定义了一个包含三个字符串元素的数组
peoples: Array[String] = Array(Tom, Jerry, Ken)
```

图 2-28　数组的使用示例

2. 数组的遍历

Scala 中，如果要获取数组中的每一个元素，则需要对数组进行遍历操作。数组的遍历可以使用 for 循环，图 2-29 演示使用 for 循环遍历输出数组的所有元素、计算数组所有元素之和、找出数组中的最大值及最小值。

```
scala> val  nums=Array(1,3,9,7,11,8)
nums: Array[Int] = Array(1, 3, 9, 7, 11, 8)

scala> for(x <- nums) {   print(x+  "  ")  }//增强for循环遍历数组
1 3 9 7 11 8
scala> for(x<- 0 until nums.length)  print(x+"  ") //普通遍历
0  1  2  3  4  5
scala> val length=nums.length    //求出数组的长度，元素个数
length: Int = 6

scala> nums.sum
res71: Int = 39

scala> nums.max
res72: Int = 11

scala> nums.min
res73: Int = 1
```

图 2-29　数组的遍历

2.3.4　使用循环统计广州 4S 店的数量

因尚未学习文件的读取，我们暂时用数组存储店铺的相关信息(假设店铺信息用字符串表示，包含店铺 ID、城市、评分、经营品牌等数据)，图 2-30 所示是综合应用目前所学的知识，统计出广州市内 4S 店的数量。

```
scala> :paste
// Entering paste mode (ctrl-D to finish)

val carShops=Array("1001, 广州, 4.8, 东风日产","1002, 深圳, 4.8, 广汽本田","1003, 深圳,
4.8, 广汽丰田","1004, 广州, 4.8, 上汽大众","1005, 珠海, 4.8, 东风日产","1006, 佛山, 4.8
, 一汽大众","1007, 广州, 4.8, 一汽大众","1008, 深圳, 4.8, 上汽大众","1009, 广州, 4.8, 东
风标致","1010, 深圳, 4.8, 长安福特","1011, 珠海, 4.8, 上汽大众")

var guangzhouNums=0
val length=carShops.length

for(x <- carShops){
    if(x.contains("广州")){            //contains方法用于判断字符串内是否包含广州二字
        guangzhouNums=guangzhouNums+1
    }
}

println("广州市内4S店数量为：   "+ guangzhouNums)
```

图 2-30　使用循环统计广州 4S 店的数量

任务 2.4　分组统计 4S 店信息

除了数组外，Scala 编程还广泛使用元组、列表等集合类。它们拥有更多方法，为我们大数据分析提供了极大的便利。在上一节任务中，我们使用循环、数组完成了广州市 4S 店的数量统计，本节要进一步使用 List 等集合类、分组统计各城市与品牌 4S 店的信息。

分组统计 4S 店信息

2.4.1　元组

与数组不同，Scala 中的元组是对多个不同类型对象的一种简单封装，它将不同类型的值用括号括起来，并用逗号分隔。

1. 创建元组

创建元组可以使用 new TupleN(元素 1，元素 2，…)，其中 N 为元组中元素的数量，N 不能超过 22；也可以直接写作(元素 1，元素 2，…)，如图 2-31 所示。

```
scala> val student=new Tuple4("jerry",18,58.3,"male")
student: (String, Int, Double, String) = (jerry,18,58.3,male)

scala> val person=("tom",20,62.5,"male")
person: (String, Int, Double, String) = (tom,20,62.5,male)
```

图 2-31　创建元组

2. 获取元组的值

在 Scala 中，可以使用 tuple._1 访问第一个元素，tuple._2 访问第二个元素。注意元组的脚注是从 1 开始的，而数组的下标是从 0 开始的，用法如图 2-32 所示。

```
scala> student._1
res0: String = jerry

scala> val age=student._2
age: Int = 18

scala> println("the weight of the student is: "+ student._3)
the weight of the student is: 58.3
```

图 2-32　获取元组的值

3. 遍历元组

Scala 提供了元组的遍历方法，可以使用 Tuple.productIterator( ) 创建迭代器，然后对于迭代器来迭代输出元组的所有元素，如图 2-33 所示。

```
scala> student.productIterator.foreach(println)
jerry
18
58.3
male
```

图 2-33　遍历元组

4. 元组转字符串

可以使用 Tuple.toString( )方法将元组的所有元素组合成一个字符串，注意返回的字符串要带括号，如图 2-34 所示。

```
scala> student.toString
res5: String = (jerry,18,58.3,male)
```

图 2-34　元组转字符串

2.4.2　List

在 Scala 中，集合有三大类，即 List、Set 和 Map，它们都扩展自 Iterable 特质(类似于 Java 的接口，后续会讲解)。Scala 集合分为可变的和不可变的集合。

可变集合可以在适当的地方被更新或扩展，这意味着可以修改、添加、移除一个集合的元素；而不可变集合初始化之后则不可以改变，不过，仍然可以模拟添加、移除或更新操作，但这些操作均返回一个新的集合，同时原集合不发生改变。

其中，列表 List 类似于数组，要求所有元素的类型相同，如图 2-35 所示；但列表是不可变的，值一旦被定义了就不能改变，其次列表具有递归的结构(也就是链接表结构)，而数组没有。

```
scala> val name:List[String]=List("Tom","Jerry","Ken")    //定义了以包含3个字符串元素的列
表。
name: List[String] = List(Tom, Jerry, Ken)

scala> val name=List("Tom","Jerry","Ken")    //省略List类型说明，利用Scala类型推断机制，推
断出name是一个List
name: List[String] = List(Tom, Jerry, Ken)

scala> val empty:List[Nothing]=List()    //构造一个空列表
empty: List[Nothing] = List()
```

图 2-35　List 的创建(1)

构造列表的两个基本单位是"Nil"和"::"，"Nil"也可以表示为一个空列表；"::"为中缀操作，表示列表从前端扩展，遵循右结合。例如图 2-35 中的实例可以改成图 2-36 中的形式。

```
scala> val name="Tom"::"Jerry"::"Ken"::Nil
name: List[String] = List(Tom, Jerry, Ken)

scala> val empty:List[Nothing]=Nil
empty: List[Nothing] = List()
```

图 2-36　List 的创建(2)

List 是 Scala 中应用最为广泛的数据结构，Scala 提供了许多方法用于操作 List，常见的方法如表 2-7 所示。

表 2-7　List 的常用方法

方　　法	功　能　描　述
def ::(x: A): List[A]	在列表开头添加元素
def :::(prefix: List[A]): List[A]	在列表开头添加指定列表的元素
def apply(n: Int): A	通过列表索引获取元素
def contains(elem: Any): Boolean	检测列表中是否包含指定的元素
def distinct: List[A]	去除列表的重复元素，并返回新列表
def drop(n: Int): List[A]	丢弃前 n 个元素，并返回新列表
def dropRight(n: Int): List[A]	丢弃最后 n 个元素，并返回新列表
def head: A	获取列表的第一个元素
def init: List[A]	返回所有元素，除了最后一个
def last: A	返回最后一个元素
def length: Int	返回列表长度
def take(n: Int): List[A]	提取列表的前 n 个元素
def tail: List[A]	返回除了第一个元素外的所有元素

下面演示 head、last、length、take 等操作，如图 2-37 所示。

```
scala> val site=List("baidu","taobao","huawei","google","sina")
site: List[String] = List(baidu, taobao, huawei, google, sina)

scala> site.head    //返回列表的第一个元素
res15: String = baidu

scala> site.last    //返回列表的最后一个元素
res16: String = sina

scala> site.tail    //返回除第一元素外的所有元素组成的新列表
res17: List[String] = List(taobao, huawei, google, sina)

scala> site.init    //返回除最后一元素外的所有元素组成的新列表
res18: List[String] = List(baidu, taobao, huawei, google)

scala> site.length      //返回列表的长度
res19: Int = 5

scala> val site2=site.drop(1)    //返回删掉第一个元素后的新列表
site2: List[String] = List(taobao, huawei, google, sina)

scala> val site3=site.dropRight(1)    //返回删掉最后一个元素后的新列表
site3: List[String] = List(baidu, taobao, huawei, google)

scala> site.contains("xiaomi")    //判断是否含有"xiaomi"
res20: Boolean = false

scala> site.apply(2)    //返回第二个元素
res21: String = huawei
```

图 2-37　List 的常用操作

如果要合并两个列表，可以使用 "::"，但要注意与 ".:::" 的区别。"List1:::List2" 与 "List1.:::(List2)" 返回值是不一样的，前者是 List1 的元素在前面，而后者是 List2 的元素在前面，具体如图 2-38 所示。

```
scala> val site=List("baidu","taobao","huawei")
site: List[String] = List(baidu, taobao, huawei)

scala> val  newSite=List("www.baidu.com","www.taobao.com","www.huawei.com"
)
newSite: List[String] = List(www.baidu.com, www.taobao.com, www.huawei.com
)

scala> site:::newSite
res26: List[String] = List(baidu, taobao, huawei, www.baidu.com, www.taoba
o.com, www.huawei.com)

scala> site.:::(newSite)
res27: List[String] = List(www.baidu.com, www.taobao.com, www.huawei.com,
baidu, taobao, huawei)
```

图 2-38　两个 List 的合并

2.4.3　Set

Set 集合是没有重复的对象集合，所有元素都是唯一的。Scala 集合分为可变的和不可变的。默认情况下，Scala 使用的是不可变集合，如果想使用可变集合，需要引用 scala.collection.mutable.Set 包。对于 Set 的用法与 Map 类似，表 2-8 给出了部分常用用法，具体实例如图 2-39 所示。

表 2-8　Set 的常用方法

方　　法	功　能　描　述
def apply(elem: A)	检测 Set 中是否含有指定元素
def contains(elem: Any): Boolean	检测 Set 中是否包含指定的元素
def head: A	获取 Set 的第一个元素
def init: List[A]	返回所有元素，除了最后一个
def last: A	返回最后一个元素
def take(n: Int): List[A]	提取 Set 的前 n 个元素
def tail: List[A]	返回除了第一个元素外的所有元素

```
scala> val fruit=Set("Apple","Orange","Cherry","Banana")
fruit: scala.collection.immutable.Set[String] = Set(Apple, Orange, Cherry, Banana)

scala> fruit.head     //返回Set的第一个元素
res12: String = Apple

scala> fruit.last     //返回Set的最后一个元素
res13: String = Banana

scala> fruit.tail     //返回除第一元素外的所有元素组成的新Set
res14: scala.collection.immutable.Set[String] = Set(Orange, Cherry, Banana)

scala> fruit.contains("xiaomi")     //判断是否含有"xiaomi"
res15: Boolean = false
```

图 2-39　Set 的常用操作示例

2.4.4　Map

在 Scala 中，Map(映射)是一种可迭代的键值对(key/value)结构，Map 中键是唯一的，所有的值都可以通过键来获取。Map 中所有的键与值构成一种对应关系，这种对应关系即为映射。Map 有两种类型，可变的与不可变的，区别在于可变对象可以修改，而不可变对象不可以。默认情况下，Scala 使用不可变 Map。如果你需要使用可变集合，需要显式地引入 import scala.collection.mutable.Map 类。以下实例演示了不可变 Map 的应用。定义一个 Map 的语法格式如下：

var A:Map[键的类型,值的数据类型] = Map( )

Scala 中提供了若干操作 Map 的方法，部分常见的方法如表 2-9 所示。

表 2-9　Map 的常用操作

方　　法	功　能　描　述
def get(key: A): Option[B]	返回指定 key 的值
def getOrElse(key: A, default: => B1): B1	返回指定 key 的值，不存在时返回 default
def contains(key: A): Boolean	如果 Map 中存在指定 key，返回 true，否则返回 false
def keys: Iterable[A]	返回所有的键
def values: Iterable[A]	返回所有的值
def isEmpty: Boolean	判断是否为空

如图 2-40 所示，Map 的元素可以是"Tom"->20 的形式，也可以是二元组形式
("Tom",20)。

```
scala> val people=Map("Tom"->20,"Jerry"->18,"Ken"->22,"Mark"->19)    //创建一个Map
people: scala.collection.immutable.Map[String,Int] = Map(Tom -> 20, Jerry -> 18, Ken -> 22, Mark -> 19)

scala> val people=Map(("Tom",20),("Jerry",18),("Ken",22),("Mark",19)) //效果与上一行等价
people: scala.collection.immutable.Map[String,Int] = Map(Tom -> 20, Jerry -> 18, Ken -> 22, Mark -> 19)

scala> people("Jerry")  //得到Jerry所对应的值
res81: Int = 18

scala> people.getOrElse("Marry",99)//获取Marry对应值,没有则返回99
res82: Int = 99

scala> people.contains("Ken")      //判断Key中是否含有Ken
res83: Boolean = true

scala> people.keys   //返回所有的键
res84: Iterable[String] = Set(Tom, Jerry, Ken, Mark)

scala> people.values   //返回所有的值
res85: Iterable[Int] = MapLike(20, 18, 22, 19)
```

图 2-40　Map 的使用示例

2.4.5　高阶函数

1. 高阶函数

高阶函数(Higher-Order Function)是操作其他函数的函数。作为函数式编程语言，Scala
中的函数是头等公民(即 First-Class Function，头等函数)，一个函数可以作为其他函数的参
数，也可以作为其他函数的输出结果，这种情况称为高阶函数。

在图 2-41 中，定义了两个普通函数 multiply、add，以及一个高阶函数 calculate。在高
阶函数 calculate 中，其第一个参数仍然为一个函数，注意其中的写法"f: (Int,Int)=>Int"，
(Int,Int)=>Int 是函数 f 的类型(表示 f 有两个整型参数，返回值为一个整型)。当我们调用
calculate 函数时，设定具体的第一个数为 add 或 multiply，从而实现不同的功能。

```
scala> //定义一个两个参数相乘的函数

scala> def multiply(num1:Int, num2:Int):Int={ num1 * num2 }
multiply: (num1: Int, num2: Int)Int

scala> //定义一个两个参数相加的函数

scala> def add(num1:Int, num2:Int):Int={ num1+num2 }
add: (num1: Int, num2: Int)Int

scala> //定义一个函数calculate, calculate第一个参数仍然是一个函数

scala> def calculate(f: (Int,Int)=>Int, a:Int,b:Int):Int={ f(a,b)  }
calculate: (f: (Int, Int) => Int, a: Int, b: Int)Int

scala> //调用calculate, 其第一个参数为add函数

scala> calculate(add,10,20)
res2: Int = 30

scala> //调用calculate, 其第一个参数为multiply函数

scala> calculate(multiply,10,20)
res3: Int = 200
```

图 2-41　高阶函数示例

高阶函数的典型应用便是 List 等集合类提供的组合器函数，运用组合器可以对集合中的每个元素上分别应用一个函数(即组合器的参数为一个函数)。下面介绍常用的组合器。

2. map 操作

map 操作是针对集合的典型变换操作，它将某个函数应用到集合中的每个元素，并返回一个元素数目相同的新集合，该方法的说明如图 2-42 所示。

```
final def map[B](f: (A) => B): List[B]
        Builds a new list by applying a function to all elements of this list.

        B          the element type of the returned list.
        f          the function to apply to each element.
        returns    a new list resulting from applying the given function f to each element of this list and
                   collecting the results.

Definition Classes    List → StrictOptimizedIterableOps → IterableOps → IterableOnceOps
```

图 2-42　map 操作说明

map 方法的参数为"f: (A) => B"，表明该参数是一个函数。图 2-43 为 map 方法示例，可以看出，通过 map 方法可以对 List 的每一个元素施加一个函数，返回一个新的 List。

```
scala> val nums=List(1,2,3,4,5)
nums: List[Int] = List(1, 2, 3, 4, 5)

scala> nums.map(x=>x+5)
res10: List[Int] = List(6, 7, 8, 9, 10)

scala> val strs=List("Tom","Jerry","Ben")
strs: List[String] = List(Tom, Jerry, Ben)

scala> strs.map(x=>"Hello "+x)
res11: List[String] = List(Hello Tom, Hello Jerry, Hello Ben)
```

图 2-43　map 方法应用示例

在 nums.map(x=>x+5)中，map 方法的参数"x=>x+5"也是一个匿名函数(有的语言称之为 Lambda 表达式)。因为 Scala 的数据类型推断机制，nums 内的元素类型为整型，所以nums.map(x=>x+5)实际上为 nums.map(x:Int=>x+5)的简写；进而可以看出，集合类的 map方法的参数为另外一个函数，因此 map 为一个高阶函数。借助类型推断机制，map 方法内部的匿名函数有多种写法，如图 2-44 所示。

```
scala> nums.map((x:Int)=>x*2) //最原始写法，用map操作nums的每一个元素
res92: List[Int] = List(2, 4, 6, 8, 10)

scala> nums.map((x)=>x*2) //x的类型可以省略，推断出x的类型
res93: List[Int] = List(2, 4, 6, 8, 10)

scala> nums.map(x=>x*2) //常规写法，只有一个参数x，省略括号
res94: List[Int] = List(2, 4, 6, 8, 10)

scala> nums.map( _*2) //_为占位符，表示nums的元素；参数仅出现一次时，可以
用_代替；该简写形式在Spark源码中大量使用，需要掌握。
res95: List[Int] = List(2, 4, 6, 8, 10)
```

图 2-44　map 内匿名函数写法

3. flatMap

flatMap 是 map 的一种扩展。在 flatMap 中，传入一个函数作为参数，该函数对每个输入都会返回一个集合(而不是一个元素)；然后，flatMap 把生成的多个集合"拍扁"成为一个集合。如图 2-45 所示，split 方法是字符串 String 常用的方法，其目的是按照某分隔符将字符串切割为单词后，返回一个数组；texts.flatMap(x=>x.split(""))表示对 texts 的每一个元素进行切割，切割后的数组再使用 flat"拍扁"到一起，形成元素为单词的 List。

```
scala> val str="I like Spark"
str: String = I like Spark

scala> str.split(" ")    //split方法将字符串按照分隔符（这里是空格）切割成单词，
组成一个数组
res15: Array[String] = Array(I, like, Spark)

scala> val texts=List("I like Spark","He likes Spark")
texts: List[String] = List(I like Spark, He likes Spark)

scala> texts.flatMap(x=>x.split(" "))     //对nums的每一个元素（字符串类型），按照
空格切分，然后拍扁到一起
res16: List[String] = List(I, like, Spark, He, likes, Spark)
```

图 2-45　flatMap 示例

flatmap 的工作原理如图 2-46 所示。flatMap 可以看做两个过程：① 对 textList 的所有元素(两个字符串)进行 map(x=>x.split(""))执行字符串切割，生成一个新的 List；该 List 含有两个数组元素 Array(I, like, Spark)、Array(He, likes, Spark)；② 对生成的 List 执行 flat"拍扁"操作，将 Array(I like Spark)、Array(He likes Spark)中的单词取出来，形成一个 List(I like Spark He likes Spark)，其元素为 6 个单词。

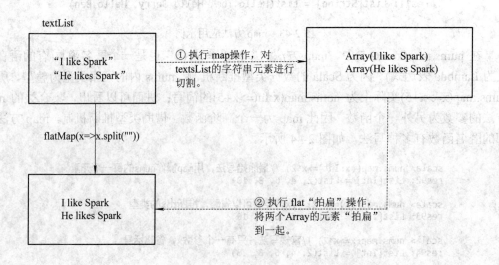

图 2-46　flatMap 工作原理

4. filter

filter 的主要作用是遍历集合的所有元素，然后找出符合条件的元素组成一个新的集

合，是一个筛选的过程。如图 2-47 所示，使用 filter 筛选出 List 中大于 10 的元素。

```
scala> val nums=List(3,5,12,9,20,18,7)
nums: List[Int] = List(3, 5, 12, 9, 20, 18, 7)

scala> nums.filter(x=>x>10)
res17: List[Int] = List(12, 20, 18)
```

图 2-47　filter 示例

5. foreach

与 map 方法类似，foreach 也是对集合的每一个元素进行处理，但 foreach 是没有返回值的，如图 2-48 所示。对 nums 的每一个元素乘以 2 后打印出来。

```
scala> val nums=List(3,5,12,9,20,18,7)
nums: List[Int] = List(3, 5, 12, 9, 20, 18, 7)

scala> nums.filter(x=>x>10)
res17: List[Int] = List(12, 20, 18)

scala> val nums=List(1,2,3,4,5)
nums: List[Int] = List(1, 2, 3, 4, 5)

scala> nums.foreach(x=>println(x*2))
2
4
6
8
10
```

图 2-48　foreach 示例

6. groupBy

groupBy 是一个分组操作，其返回结果是一个 Map 映射。例如对 1～10 内的整数，按照奇数、偶数进行分组，得到包含两个 Map 元素的集合，键值为 true 的为偶数，键值为 false 的为奇数，如图 2-49 所示。

```
scala> val nums=List(1,2,3,4,5,6,7,8,9,10)
nums: List[Int] = List(1, 2, 3, 4, 5, 6, 7, 8, 9, 10)

scala> nums.groupBy(x=> x%2==0 )
res20: scala.collection.immutable.Map[Boolean,List[Int]] = Map(false -> List(1,
3, 5, 7, 9), true -> List(2, 4, 6, 8, 10))
```

图 2-49　groupBy 示例

2.4.6　使用集合分组统计 4S 店的信息

我们把 4S 店信息存放到 List 中，然后使用集合的组合器，按照城市分组统计 4S 店数量，再按照品牌分组统计 4S 店数量，如图 2-50 所示。

```
scala> val carshops=List("1001,广州,4.8,东风日产","1002,深圳,4.8,广汽本田","1003,深圳,4.8,
4.8,上汽大众","1005,珠海,4.8,东风日产","1006,佛山,4.8,一汽大众","1007,广州,4.8,一汽大众","1
,广州,4.8,东风标致","1010,深圳,4.8,长安福特","1011,珠海,4.8,上汽大众")
carshops: List[String] = List(1001,广州,4.8,东风日产, 1002,深圳,4.8,广汽本田, 1003,深圳,4.8
,广汽丰田, 1004,广州,4.8,上汽大众, 1005,珠海,4.8,东风日产, 1006,佛山,4.8,一汽大众, 1007,广
州,4.8,一汽大众, 1008,深圳,4.8,上汽大众, 1009,广州,4.8,东风标致, 1010,深圳,4.8,长安福特, 10
11,珠海,4.8,上汽大众)

scala> carshops.groupBy( x=> x.split(",")(1))    //按照城市进行分组
res13: scala.collection.immutable.Map[String,List[String]] = Map(佛山 -> List(1006,佛山,4.8
,一汽大众), 珠海 -> List(1005,珠海,4.8,东风日产, 1011,珠海,4.8,上汽大众), 广州 -> List(1001
,广州,4.8,东风日产, 1004,广州,4.8,上汽大众, 1007,广州,4.8,一汽大众, 1009,广州,4.8,东风标致)
, 深圳 -> List(1002,深圳,4.8,广汽本田, 1003,深圳,4.8,广汽丰田, 1008,深圳,4.8,上汽大众, 1010
,深圳,4.8,长安福特))

scala> carshops.groupBy( x=> x.split(",")(3))    //按照品牌进行分组
res14: scala.collection.immutable.Map[String,List[String]] = Map(上汽大众 -> List(1004,广州
,4.8,上汽大众, 1008,深圳,4.8,上汽大众, 1011,珠海,4.8,上汽大众), 广汽丰田 -> List(1003,深圳,
4.8,广汽丰田), 一汽大众 -> List(1006,佛山,4.8,一汽大众, 1007,广州,4.8,一汽大众), 广汽本田 -
> List(1002,深圳,4.8,广汽本田), 长安福特 -> List(1010,深圳,4.8,长安福特), 东风日产 -> List(
1001,广州,4.8,东风日产, 1005,珠海,4.8,东风日产), 东风标致 -> List(1009,广州,4.8,东风标致))

scala> val guangzhouShops=carshops.filter(x=>x.contains("广州"))  //过滤出广州4s店组成一个L
ist
guangzhouShops: List[String] = List(1001,广州,4.8,东风日产, 1004,广州,4.8,上汽大众, 1007,广
州,4.8,一汽大众, 1009,广州,4.8,东风标致)

scala> println("广州的4S店数量:   "+guangzhouShops.length)
广州的4S店数量:  4
```

图 2-50　使用集合统计 4S 店信息

代码中的 x=> x.split(",")(1)首先对 carshop 的元素(如"1001，广州，4.8，东风日产")按照逗号进行切割，切割的结果为一个数组 Array("1001", "广州", "4.8", "东风日产")；然后取这个数组的第 1 个元素(即城市)，最终得到 carshop 的元素中的"所属城市"信息；carshops.groupBy(x=> x.split(",")(1))则是根据 carshops 元素中的"所属城市"信息进行分组统计。carshops.filter(x=>x.contains("广州"))是根据 carshops 元素(字符串，如"1001，广州，4.8，东风日产")是否含有"广州"二字进行过滤，找出广州的 4S 店信息组成一个新的列表 guangzhouShops，guangzhouShops.length 得到该列表的长度，即为广州4S 店数量。

任务 2.5　编写独立应用程序对店铺数据进行分析

现有文件 carshop.txt 中保存了 4S 店相关信息：4S 店 ID、所在城市、评分、经营品牌。现要求编写独立的应用程序，计算出"广汽丰田" 4S 店的用户评分平均值。

编写独立应用程序对
店铺数据进行分析

2.5.1　类与对象

所有面向对象的程序设计语言均有类、对象的概念。类是对象的抽象，而对象是类的具体实例。类是抽象的，不占用内存；而对象是具体的，占用存储空

间，类是用于创建对象的蓝图(软件模板)。

Scala 中创建类的语法格式如下：

    class 类名(参数 1：参数类型，参数 2：参数类型，...){ 类主体 }

其中，class 是定义类的关键字，表明创建一个类；类名后面可以加若干个参数(也可以不加)，称之为类参数。创建好一个类之后，可以用 new 关键字创建类的对象。用法示例如图 2-51。

```
scala> class Student(n:String,a:Int,s:String){
     |        var name=n
     |        var age=a
     |        var sex=s
     |     //定义一个类方法addAge，实现age+1
     |      def addAge(){
     |        age=age+1
     |      }
     |     //定义一个类方法output，输出相关信息
     |      def output(){
     |      println("name is " +name)
     |      println("age is "+age)
     |      println("sex is "+sex)
     |      }
     | }
defined class Student

scala>

scala> val tom=new Student("Tom",20,"male")    //生成一个Student类对象tom
tom: Student = Student@1cdeb850

scala> tom.addAge    //调用类的方法addAg

scala> tom.output       //调用类的方法output
name is Tom
age is 21
sex is male
```

图 2-51　Scala 类创建与使用示例

上述代码中，首先创建了一个 Student 类，它有三个类参数(n:String,a:Int,s:String)，内部定义了两个方法 addAge( )、output( )。然后，使用 new 关键字创建了一个 Student 类对象 tom，通过 tom 调用类方法 addAge( )、output( )。

2.5.2　继承

继承(Inheritance)是面向对象程序设计中的一个重要概念。如果一个类别 A "继承自" 另一个类别 B，就把这个 A 称为 B 的子类别，而把 B 称为 A 的父类别(也可以称 B 是 A 的超类)。继承可以使得子类别具有父类别的各种属性和方法，而不需要再次编写相同的代码。子类别继承父类别的同时，可以重新定义某些属性，并重写某些方法，即覆盖父类别的原有属性和方法，使其获得与父类别不同的功能。

Scala 中的继承与 Java 的继承类似，但一个子类只允许继承一个父类。下面创建一个父类 Person 及子类 Employee，图 2-52 演示继承的使用。

```
class Person(n:String,a:Int){
    var name=n
    var age=a
    def outputName(){
        println("Name is "+name)
    }
    def outputAge(){
        println("Age is "+age)
    }
}

class Employee(n:String,a:Int) extends Person(n,a){
    var salary=5000
    override def outputName(){
        println("Name of Employee is :"+name)
    }
    def outputSalary(){
        println("Salary is: "+salary)
    }
}

// Exiting paste mode, now interpreting.

defined class Person
defined class Employee

scala> val tom=new Employee("Tom",20)
tom: Employee = Employee@6e355249

scala> tom.outputName
Name of Employee is :Tom

scala> tom.outputSalary
Salary is: 5000
```

图 2-52　继承示例

在子类 Employee 中，使用 override 关键字重写了父类 Person 的 outputName 方法，这样，Employee 对象 tom 在调用 outputName 方法时，将使用本身重写的方法，输出"Name of Employee is :Tom"。

2.5.3　特质

Java 中提供了接口，允许一个类实现任意数量的接口。在 Scala 中没有接口的概念，而是提供了"特质(trait)"，它不仅实现了接口的功能，还具备了很多其他的特性。Scala 的特质是代码重用的基本单元，可以同时拥有抽象方法和具体方法。Scala 中，一个类只能继承自一个超类，却可以实现多个特质，从而重用特质中的方法和字段。

特质的使用与类声明类似，特质使用"trait"关键字，用法如图 2-53 所示。

```
scala> trait Bird{
    |     var name:String
    |     def canFly()
    | }
defined trait Bird

scala> class Parrot extends Bird{
    |     override var name:String="parrot"
    |     def canFly(){
    |      println("I am a parrot, I can fly!")
    |     }
    | }
defined class Parrot

scala> val polly=new Parrot
polly: Parrot = Parrot@65041141

scala> polly.canFly()
I am a parrot, I can fly!
```

图 2-53　特质的用法示例

上述代码中，定义了一个特质 Bird，在特质中有一个变量 name、一个方法 canFly；然后定义了一个类 Parrot，该类继承(混入)特质 Bird，因而具有了 Bird 中的变量与方法(需要 override)。

2.5.4 单例对象与伴生对象

1. 单例对象

在 Scala 中，没有 static 静态方法或静态字段，所以不能直接使用类名访问类中的方法和字段，而是通过创建类的实例对象访问类中的方法和字段。但是 Scala 提供了 object 关键字来实现单例模式。另外，只有 object 类对象(单例对象)才可以拥有 main 方法，作为程序的入口。

在本单元的任务 1 中，我们创建了一个 HelloWord.scala 类，该类就是用 object 关键字定义的，因此可以包含 main 方法，可以作为独立应用程序的入口。为进一步说明单例对象，我们在 Ubuntu 终端使用 gedit 命令编辑了一个名为 Calculate.scala 的文件，其内容如下：

```
object MyPI{
    val pi=3.14f
    def getPI( ):Float=pi
}
object Calculate{
    def   main(args:Array[String]){
        val radius=10
        val area=radius*radius* MyPI.getPI        //使用类名 MyPI 调用 getPI 方法
        println("圆形的面积是：   "+area)
    }
}
```

使用命令编译、解释上述程序，得到输出结果，如图 2-54 所示。

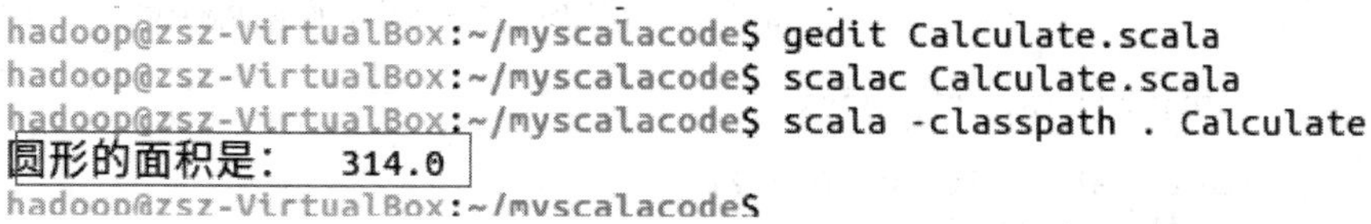

```
hadoop@zsz-VirtualBox:~/myscalacode$ gedit Calculate.scala
hadoop@zsz-VirtualBox:~/myscalacode$ scalac Calculate.scala
hadoop@zsz-VirtualBox:~/myscalacode$ scala -classpath . Calculate
圆形的面积是：   314.0
hadoop@zsz-VirtualBox:~/myscalacode$
```

图 2-54 输出圆形的面积

2. 伴生对象

在同一个 Scala 文件中，当单例对象与某个类具有相同的名称时，被称为这个类的"伴生对象"。注意，类和它的伴生对象必须存在于同一个文件中，而且可以相互访问私有成员(字段和方法)。

创建一个文件 Dog.scala，其内部包含一个类 class Dog，还有一个单例对象 object Dog，则 object Dog 是 class Dog 的伴生对象；在 object Dog 中可以访问 class Dog 的私有成员，代码如下：

```
class Dog{
    private var name=""
    private def outputName( ){    println(name) }
}
//生成一个伴生对象
object Dog{
    def main(args: Array[String]): Unit = {
        val dog=new Dog
        //调用 Dog 的私有成员变量
        dog.name="Binngo"
        //调用 Dog 的私有成员方法
        dog.outputName
    }
}
```

2.5.5　模式匹配与样例类

1. 模式匹配

Java 中的 switch-case 语句可以实现根据不同的情景执行不同的代码段，但 switch-case 语句只能按顺序匹配简单的数据类型和表达式。相对而言，Scala 中的模式匹配的功能则要强大得多，可以应用到 switch 语句、类型检查、"解构"等多种场合。一个模式匹配包含了一系列备选项，每个都开始于关键字 case。每个备选项都包含了一个模式及一到多个表达式，箭头符号 => 隔开了模式和表达式。图 2-55 演示了模式匹配的用法。

```
scala>    def matchTest(x: Int): String = x match {
     |        case 1 => "one"      //如果x值为1，则返回one
     |        case 2 => "two"      //如果x值为2，则返回two
     |        case _ => "many"     //如果x为其他值，则返回many
     |    }
matchTest: (x: Int)String

scala> val result=matchTest(2)
result: String = two

scala> val result=matchTest(10)
result: String = many
```

图 2-55　模式匹配用法示例

模式匹配除了上述基本用法外，还可以对表达式的类型进行匹配，体现了强大的灵活性。在图 2-56 所示代码中，构造一个含有不同类型元素的 myList；然后遍历该 myList，使用 match 模式匹配，根据 myList 的不同元素类型，打印出不同的语句。

```
scala> val myList=List(2020,3.14f,"Spark","Hadoop",5.0)
myList: List[Any] = List(2020, 3.14, Spark, Hadoop, 5.0)

scala> for (elem <- myList ){
     |          elem match{
     |          case i: Int =>println(elem+" 该元素为一个整数")
     |          case d: Float=> println(elem+" 该元素为一个Float")
     |          case "Spark"=> println(elem+"该元素为字符串Spark")
     |          case s: String => println(elem+"该元素为其他字符串")
     |          case _ =>  println(elem+"该元素为尚未匹配到的其他类型")
     |      }
     | }
2020 该元素为一个整数
3.14 该元素为一个Float
Spark该元素为字符串Spark
Hadoop该元素为其他字符串
5.0该元素为尚未匹配到的其他类型
```

图 2-56　根据表达式的类型进行匹配

2. 样例类

在 Scala 中，使用了 case 关键字的类定义就是样例类(case classes)。样例类是种特殊的类，经过优化以用于模式匹配。样例类用法示例如图 2-57 所示。

```
scala> case class Person(name: String, age: Int)    //定义一个样例类
defined class Person

scala> val tom = new Person("Tom", 25)
tom: Person = Person(Tom,25)

scala> val jerry = new Person("Jerry", 22)
jerry: Person = Person(Jerry,22)

scala> val ben = new Person("Ben", 23)
ben: Person = Person(Ben,23)

scala>
     |      for (person <- List(tom, jerry, ben)) {
     |          person match {
     |            case Person("Tom", 25) => println("Hi, Tom!")
     |            case Person("Jerry", 22) => println("Hi, Jerry!")
     |            case Person(name, age) =>
     |              println("Age: " + age + " year, name: " + name + "?")
     |          }
     |      }
Hi, Tom!
Hi, Jerry!
Age: 23 year, name: Ben?
```

图 2-57　样例类示例

2.5.6　文件的读/写

1. 写文件

因为 Scala 是运行在 JVM 上的，所以 Scala 进行文件写操作时，可以直接用 java 中的 I/O 类 java.io.File。在 Linux 终端，用 gedit 编辑(或使用 Vi、Vim 等)一个文件 ScalaWriteFile.scala，其代码如下：

```
import java.io._       //需要导入 java IO 包
object Test {
```

```
        def main(args: Array[String]) {
        //定义一个 PrintWrite 对象，准备将内容写入 test.txt
        val writer = new PrintWriter(new File("test.txt" ))
        //使用 write 方法，写入相关内容
        writer.write("Spark 大数据分析")
        //写入完毕后，关闭 writer
        writer.close( )
    }
}
```

编辑完毕保存后，在 Linux 终端输入以下命令，即可看到输出结果。

```
scalac ScalaWriteFile.scala

scala -classpath . ScalaWriteFile

ls                                        #可以看到当前目录下有个 test.txt 文件

cat test.txt                              #打印输出 test.txt 文件的内容
```

2. 读文件

从文件中读取内容非常简单。我们可以使用 Scala 的 Source 类及伴生对象来读取文件。以下实例演示了从 test.txt(之前已创建过)文件中读取内容，代码如下：

```
import scala.io.Source
object ScalaReadFile{
    def main(args: Array[String]) {
        println("文件内容为:" )
        Source.fromFile("test.txt" ).foreach{
            print
        }
    }
}
```

编辑完毕保存后，在 Linux 终端输入以下命令即可看到输出结果。

```
scalac ScalaReadFile.scala
scala -classpath . ScalaReadFile
```

2.5.7　读取数据文件对 4S 店数据进行分析

大数据分析中，数据通常并不像本单元前几项任务一样手工生成，数据一般保存在各类文件中。这里我们假设有个 carshop.txt 文件，该文件中保存了 4S 店相关信息：4S 店 ID、所在城市、评分、经营品牌，如图 2-1 所示。现在综合运用所学知识，编写独立的应用程序，并计算出"广汽丰田" 4S 店的用户评分平均值。

在 Linux 终端使用 gedit 编辑文件 CarShopDataTest.scala，代码如下：

```scala
import scala.io.Source
object CarShopDataTest{
    def main(args: Array[String]) {
        //文件位置根据情况修改
        val input=Source.fromFile("/home/hadoop/myscalacode/carshop.txt" )
        //将文件 carshop.txt 中的每一行转为 lines 列表的一个元素
        val lines=input.getLines.toList
        //将 lines 中的元素(字符串)切割为单词
        val carshop=lines.map(x=>x.split(","))
        //过滤出广汽丰田 4S 店数据，组成新的 List
        val guangfeng=carshop.filter(x=>x(3).trim.equals("广汽丰田"))
        //num_guangfeng 为广汽丰田 4S 店的数量
        val num_guangfeng=guangfeng.length
        //score 为广汽丰田 4S 店的初始得分
        var score=0.0f
        //通过循环计算广汽丰田 4S 店的总得分
        for(x<- guangfeng){
            score=score+x(2).trim.toFloat
        }
        println("广汽丰田 4S 店平均得分："+score/num_guangfeng)
    }
}
```

文件 CarShopDataTest.scala 被保存后，在 Linux 终端使用命令完成编译等工作，最终产生结果如图 2-58 所示。

```
hadoop@zsz-VirtualBox:~/myscalacode$ gedit CarShopDataTest.scala
hadoop@zsz-VirtualBox:~/myscalacode$  scalac CarShopDataTest.scala
hadoop@zsz-VirtualBox:~/myscalacode$  scala -classpath . CarShopDataTest
广汽丰田4s店平均得分：  4.7333336
hadoop@zsz-VirtualBox:~/myscalacode$ ▌
```

图 2-58　输出 4S 店的平均得分

项 目 小 结

Scala 是 Spark 开发首推语言，它既是一种面向对象的语言，又是一种函数式语言。本项目本着学习 Scala "最小子集"的原则，以任务为驱动，介绍了 Scala 的基础语法、Scala 的数据结构、Scala 函数以及面向对象的相关特征；根据编程语言学习的规律，对于 Scala 的学习建议"学以致用"，在实际应用中不断提升。

课 后 练 习

一、判断题

1. 安装 Scala 之前，必须安装 JDK。（　　　）

2. Scala 是一种面向对象的语言。（　　　）

3. 在 Scala 中，使用 val 定义的变量，其值是可以根据需要改变的。（　　　）

4. 在 Scala 中，可以定义匿名函数，并将其赋值给某变量。（　　　）

5. 在 Map 中，key 只能是字符串，value 只能是数值。（　　　）

二、选择题

1. 关于 Scala，下列说法哪项是错误的？（　　　）

A. Scala 是面向对象的语言　　　　　　　B. Scala 是函数式语言

C. Scala 可以运行在 JVM 上　　　　　　D. Scala 扩展性差

2. 下列哪项不属于 Scala 的关键字？（　　　）

A. if　　　　　　　B. for　　　　　　C. def　　　　　　D. void

3. Scala 中，下列哪项说法正确的？（　　　）

A. 数组可以存储不同类型的元素　　　　B. 元组可以包含不同类型的元素

C. 函数不可以作为其他函数的参数　　　　D. List 不可以包含重复元素

4. 下列哪个方法可以得到一个数组的长度？（　　　）

A. count　　　　　　B. take　　　　　　C. collect　　　　　　D. length

5. 关于 List 的定义，下列哪项是错误的？（　　　）

A. val list=List(1,2,3)　　　　　　　B. val list=List("spark","hadoop")

C. val list:String=List(1,2,3)　　　　D. val list=List[Int](1,2,3)

能力拓展

1. 根据汽车 4S 店数据文件 carshop.txt(4S 店 ID、所在城市、评分、经营品牌)，求出各城市 4S 店平均得分。

2. 创建一个 List(名称为 list1)，其元素包括整数 1、5、3、9、8、7、10。

(1) 将 list1 中的每个元素加 5，生成一个新的 List；

(2) 打印输出 list1 中的所有偶数；

(3) 求出 list1 中的所有元素之和。

项目三 Spark RDD 分析交通违章记录

 项目概述

当前，机动车保有量持续上升，机动车已成为居民出行、物流运输的主力军。某市部署了数百组交通监控设备，用于采集本辖区内的各类交通违法行为，抽取其中部分数据，得到了 3 张表格，分别为：违章记录表用于记录违章详情，包括违章日期、监控设备编号、车牌号、违法类型代码；车主信息表记录车主信息，包括车牌号、车主姓名、手机号；违章条目对照表记录交通违法条目信息，包括违法类型代码、扣分数、罚款金额、违法信息名称。现要求使用 Spark RDD 完成交通违法数据分析，并为相关部门提供各类有用信息，如图 3-1 所示。

违章记录				车主信息			违章条目			
2020-1-05	A301	CZ8463	X04	PW2306	王小舜	138880001	X01	2	200	超速10%-20%
2020-1-08	A301	MU0066	X01	NR4542	郝国明	138880012	X02	6	300	超速20%-50%
2020-1-08	A301	CZ8463	X01	MU0066	耿莉莉	138880303	X03	12	500	超速50%以上
2020-1-08	C047	CZ8463	X02	MR3328	吴花	138880054	X04	6	200	不按信号灯行驶（
2020-1-08	A301	CZ8463	X08	MK4875	张自明	138880076				闯红灯）
2020-1-10	C047	PW2306	X03	CZ8463	陈菲	138880085	X05	3	200	不按交通标识行驶

图 3-1 项目三所用的数据信息示例

 项目演示

使用 Spark RDD 对交通违法数据进行分析，可得到如下有价值的信息：

(1) 单次扣分最多的交通违法行为(违章代码、扣分数、罚款金额、违章名称)，如图 3-2 所示。

```
scala> sort_violation.take(3)
res0: Array[(String, Int, String, String)] = Array((X03,12,500,超速50%以上), (X0
9,12,2000,交通事故逃逸，尚不构成犯罪), (X10,12,1000,驾驶与驾驶证载明的准驾车型不
相符合的车辆))
```

图 3-2 单次扣分最多的交通违法行为

(2) 某车辆的 3 次违章记录(日期、监控设备号、车牌号、违章代码)，如图 3-3 所示。

```
scala> tupleAll.filter(x=> x._3.equals("AK0803")).collect
res58: Array[(String, String, String, String)] = Array((2020-1-13,B068,AK0803,X02), (2020-1-13,B068,
AK0803,X04), (2020-1-15,6123,AK0803,X02))
```

图 3-3 某车辆的 3 次违章记录

(3) 累计扣 12 分以上的车主信息(车牌号、车主姓名、手机号)，如图 3-4 所示。

```
scala> infor.collect
res128: Array[(String, Int, String, String)] = Array((MK4875,12,张自明,138880076), (CZ8463,44,陈菲,138880085), (NR4542,12,
郁国明,138880012), (MU1134,12,赵孟轲,138880325), (PW2306,12,王小舜,138880001), (AK0803,12,李刚强,138880235), (MU0066,23,耿
莉莉,138880303))
```

图 3-4 累计扣 12 分以上车主信息

 思维导图

本项目的思维导图如图 3-5 所示。

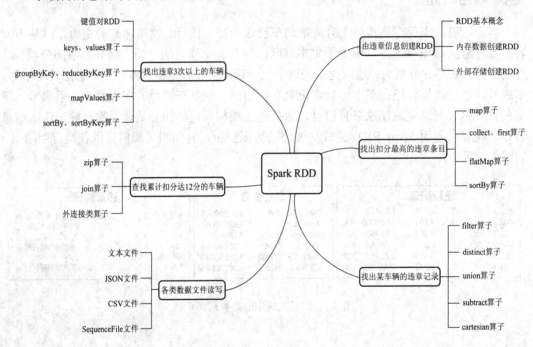

图 3-5 项目三思维导图

任务 3.1 根据交通违章数据创建 RDD

RDD 是 Spark 的核心数据抽象，是学习 Spark 编程的基础，在使用 Spark RDD 进行数据分析时，首先面临的问题是如何创建 RDD。本小节将介绍 RDD 的概念以及 Spark RDD 创建方法。

根据交通违章数据
创建 RDD

3.1.1 认识 RDD

弹性分布式数据集(Resilient Distributed Dataset，RDD)是 Spark

中最基本的数据抽象，它代表一个不可变、可分区、所含元素可并行计算的集合。RDD 具有数据流模型的特点，即自动容错、位置感知性调度和可伸缩性。

作为一个容错且可以执行并行操作的元素的集合，Spark RDD 屏蔽了复杂的底层分布式计算，为用户提供了一组方便的数据转换与求值方法。Spark 中的计算过程可以简单抽象为对 RDD 的创建、转换和行动(返回操作结果)的过程，如图 3-6 所示。

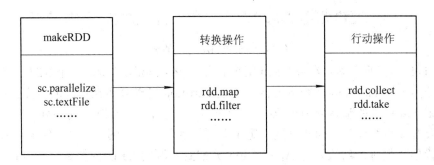

图 3-6　Spark RDD 计算过程

1. makeRDD(创建 RDD)操作

可以通过调用 SparkContext 的 textFile()方法来读取文件(本地文件或 HDFS 文件等)并创建一个 RDD，也可以对输入数据集合通过调用 SparkContext 的 parallelize( )方法来创建一个 RDD。RDD 被创建后不可被改变，只可以对 RDD 执行 Transformation 及 Action 操作。

2. Transformation(转换)操作

对已有的 RDD 中的数据执行转换，并产生新的 RDD，在这个过程中有时会产生中间 RDD。Spark 对于 Transformation 采用惰性计算机制，即在 Transformation 过程并不会立即计算结果，而是在 Action 才会执行计算过程。如 map、filter、groupByKey、cache 等方法，只记录 Transformation 操作，而不计算结果。

3. Action(行动)操作

对已有的 RDD 中的数据执行计算并产生结果，将结果返回 Driver 程序或写入到外部物理存储(如 HDFS)；如 reduce、collect、count、saveAsTextFile 等方法，会对 RDD 中的数据执行计算。

3.1.2　从 Seq 集合创建 RDD

使用 Spark RDD 技术进行分布式数据处理，首先要创建 RDD。RDD 的创建方法主要有三类：① 从 Seq 集合中创建 RDD；② 从外部存储创建 RDD；③ 从其他 RDD 创建。而从集合中创建 RDD，Spark 主要提供了两种方法：parallelize 和 makeRDD。这两种方法都是利用内存中已有的数据，复制集合中的元素后创建一个可用于并行计算的分布式数据集 RDD。

1. parallelize 方法

parallelize 方法适用于作简单的 Spark 测试、Spark 学习，其定义如图 3-7 所示。

```
def parallelize[T](seq: Seq[T], numSlices: Int = defaultParallelism)(implicit arg0: ClassTag[T]): RDD[T]
    Distribute a local Scala collection to form an RDD.

    seq          Scala collection to distribute
    numSlices    number of partitions to divide the collection into
    returns      RDD representing distributed collection

    Note         avoid using parallelize(Seq()) to create an empty RDD. Consider emptyRDD for an RDD with no partitions, or parallelize(Seq[T]
                 ()) for an RDD of T with empty partitions.

                 Parallelize acts lazily. If seq is a mutable collection and is altered after the call to parallelize and before the first action on the RDD, the
                 resultant RDD will reflect the modified collection. Pass a copy of the argument to avoid this.
```

图 3-7   parallelize 方法的定义

  parallelize 有两个输入参数：Seq 集合和分区(Partitions)数量。一个 RDD 在物理上可以被切分为多个 Partition(即数据分区)，这些 Partition 可以分布在不同的节点上；Partition 是 Spark 计算任务的基本处理单位(每一个分区，都会被一个 Task 任务处理)，有多少个分区就会有多少个任务，因此分区决定了并行计算的粒度。图 3-7 中，分区数为可选项，当不设置分区数时，默认为该 Application 分配到资源的 CPU 内核数量，具体用法示例如图 3-8、图 3-9 所示。

```
scala> val  num=Array(1,2,3,4,5)
num: Array[Int] = Array(1, 2, 3, 4, 5)

scala> val  numRDD=sc.parallelize(num)      //生成一个RDD
numRDD: org.apache.spark.rdd.RDD[Int] = ParallelCollectionRDD[0] at parallelize
at <console>:26

scala> numRDD.partitions.size          //numRDD的分区数
res0: Int = 1

scala> val people=List("Tom","Jerry","Ken")
people: List[String] = List(Tom, Jerry, Ken)

scala> val peopleRDD=sc.parallelize(people,3)   //生成一个RDD，含3个分区
peopleRDD: org.apache.spark.rdd.RDD[String] = ParallelCollectionRDD[1] at parall
elize at <console>:26
```

图 3-8   parallelize 方法的使用

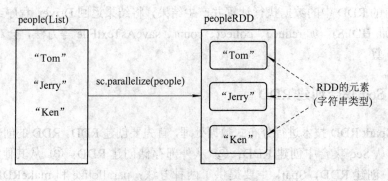

图 3-9   parallelize 方法示意图

  Spark-shell 本身就是一个 Driver(驱动节点)，它会初始化一个 SparkContext 对象 sc 作为 Spark 程序的入口，用户可以直接调用。例如图 3-8 中，由 sc 调用 parallelize(people,3) 方法，创建了一个含有 3 个分区的 RDD。一般情况下，需要为 RDD 设置合理的分区数量；

如果 Partition 数量太少，则直接影响是计算资源不能被充分利用。例如分配 8 个 CPU 内核，但 Partition 数量为 4，则将有一半的核没有利用到。如果 Partition 数量太多，计算资源能够充分利用，但会导致 task 数量过多，而 task 数量过多也会影响执行效率(task 在序列化和网络传输过程带来较大的时间开销)。根据 Spark RDD Programming Guide 上的建议，集群节点的每个核分配 2～4 个 Partitions 比较合理。

2. makeRDDR 方法

makeRDD 的使用方法跟 parallelize 类似，也有两个参数，即 Seq 集合和分区数量，如图 3-10 所示，其具体用法如图 3-11 所示。

```
def makeRDD[T](seq: Seq[T], numSlices: Int = defaultParallelism)(implicit arg0: ClassTag[T]): RDD[T]
    Distribute a local Scala collection to form an RDD.

    This method is identical to parallelize.

    seq         Scala collection to distribute
    numSlices   number of partitions to divide the collection into
    returns     RDD representing distributed collection
```

图 3-10　makeRDDR 方法的定义

```
scala> val people=List("Tom","Jerry","Ken")
people: List[String] = List(Tom, Jerry, Ken)

scala> val peopleRDD=sc.makeRDD(people)
peopleRDD: org.apache.spark.rdd.RDD[String] = ParallelCollectionRDD[8] at makeRDD at <console>:26

scala> peopleRDD.partitions.size
res6: Int = 1

scala> val peopleRDD=sc.parallelize(num,3)
peopleRDD: org.apache.spark.rdd.RDD[Int] = ParallelCollectionRDD[9] at parallelize at <console>:26

scala> peopleRDD.partitions.size
res7: Int = 3
```

图 3-11　makeRDDR 方法的使用

3.1.3　从外部存储创建 RDD

在实际操作中，常需由数据文件创建 RDD。SparkContext 采用 textFile()方法从文件系统中加载数据创建 RDD，该方法以文件的 URI 作为参数。该方法支持多种数据源，参数 URI 可以是本地文件系统的地址，也可以是分布式文件系统 HDFS 的地址，或者是 Amazon S3 的地址等。

1. 从 Linux 本地文件创建 RDD

由文件创建 RDD，则采用 sc.textFile("文件路径")方式，路径前面需加入"file://"以表示本地文件。在 IntelliJ IDEA 开发环境中可以直接读取本地文件，但在 Spark-shell 环境下，要求所有节点的相同位置均保存该文件。图 3-12 演示的是由本地文件"/home/hadoop/textfile.txt"创建 RDD，并计算 textfile.txt 的行数(即 RDD 的元素数)；由图 3-13 可知，文件 myfile.txt 的每一行都变成了 textFileRDD 的一个元素。

```
scala> val textFileRDD=sc.textFile("file:///home/hadoop/myfile.txt")
textFileRDD: org.apache.spark.rdd.RDD[String] = file:///home/hadoop/myfile.txt MapPartitionsRDD[13]
at textFile at <console>:24

scala> textFileRDD.count
res8: Long = 8
```

图 3-12　文件生成 RDD

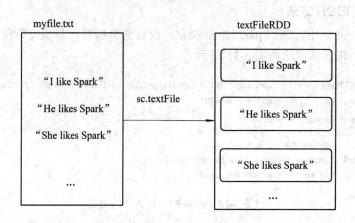

图 3-13　文件生成 RDD 的示意图

2. 从 Hadoop HDFS 文件创建 RDD

从 HDFS 文件创建 RDD 是大数据开发中最为常用的方法,直接通过 textFile 读取 HDFS 文件位置即可。为了演示该方法，使用如下命令将本地文件 myfile.txt 上传到 hdfs 文件系统中。

```
cd /usr/local/hadoop/sbin

./start-all.sh                                        #启动 HDFS 服务

cd /usr/local/hadoop/bin

./hdfs dfs -put   /home/hadoop/myfile.txt   /user/hadoop/        #上传到 HDFS 文件系统
```

接下来由 HDFS 文件 myfile 创建 RDD，如图 3-14 所示(图中 4 种写法效果一样)。

```
scala> val hdfsFileRDD=sc.textFile("file:///home/hadoop/myfile.txt")
hdfsFileRDD: org.apache.spark.rdd.RDD[String] = file:///home/hadoop/myfile.txt MapPartitionsRDD[15]
at textFile at <console>:24

scala> val hdfsFileRDD= sc.textFile("hdfs://localhost:9000/user/hadoop/myfile.txt")
hdfsFileRDD: org.apache.spark.rdd.RDD[String] = hdfs://localhost:9000/user/hadoop/myfile.txt MapPart
itionsRDD[17] at textFile at <console>:24

scala> val hdfsFileRDD= sc.textFile("/user/hadoop/myfile.txt")
hdfsFileRDD: org.apache.spark.rdd.RDD[String] = /user/hadoop/myfile.txt MapPartitionsRDD[19] at text
File at <console>:24

scala> val hdfsFileRDD= sc.textFile("myfile.txt")
hdfsFileRDD: org.apache.spark.rdd.RDD[String] = myfile.txt MapPartitionsRDD[21] at textFile at <cons
ole>:24

scala> hdfsFileRDD.count
res9: Long = 8
```

图 3-14　HDFS 文件创建 RDD

（1）如果使用了本地文件系统的路径，必须保证所有的工作节点在相同的路径下能够访问该文件，可以将文件复制到所有工作节点的相同目录下，或者也可以使用网络挂载共享文件系统。

（2）textFile( )方法的输入参数可以是文件名，也可以是目录，也可以是压缩文件等。比如 textFile("/my/directory")、textFile("/my/directory/*.txt")和 textFile("/my/directory/*.gz")。

（3）textFile()方法也可以接受第 2 个输入参数(可选)，用于指定分区的数目。默认情况下，Spark 会为 HDFS 的每个数据块(block，每个 block 大小默认值为 128 MB)创建一个分区，用户也可以提供一个比 block 数量更大的值作为分区数目。

3.1.4　从交通违法数据文件创建 RDD

实际业务中交通违章数据量较大，适合由 HDFS 文件创建 RDD；这里首先将交通违法数据文件上传到 HDFS 文件系统的/user/hadoop 目录下。

```
./hdfs dfs -mkdir -p traffic

./hdfs dfs -put /home/hadoop/records.txt        /user/hadoop/traffic

./hdfs dfs -put /home/hadoop/owner.txt          /user/hadoop/traffic

./hdfs dfs -put /home/hadoop/violation.txt      /user/hadoop/traffic
```

然后，分别读取 HDFS 上的 records.txt、owner.txt、violation.txt 三个文件，创建 RDD，如图 3-15 所示。

```
scala> val records=sc.textFile("/user/hadoop/traffic/records.txt")
records: org.apache.spark.rdd.RDD[String] = /user/hadoop/traffic/records.txt MapPartitionsRDD[23] at
 textFile at <console>:24

scala> val owner=sc.textFile("/user/hadoop/traffic/owner.txt")
owner: org.apache.spark.rdd.RDD[String] = /user/hadoop/traffic/owner.txt MapPartitionsRDD[25] at tex
tFile at <console>:24

scala> val violation=sc.textFile("/user/hadoop/traffic/violation.txt")
violation: org.apache.spark.rdd.RDD[String] = /user/hadoop/traffic/violation.txt MapPartitionsRDD[27
] at textFile at <console>:24
```

图 3-15　从交通违法数据创建 RDD

任务 3.2　找出扣分最高的交通违法条目

上一项任务已经创建了 RDD，接下来使用 RDD 相关操作对违章数据进行分析，找出单项扣分最多的交通违法条目。

RDD 支持两种类型的操作：转换(Transformation)和行动(Action)。转换操作是基于现有的 RDD 创建一个新的 RDD，但实际计算并没有立即执行，仅仅是记录该过程。也就是说，整个转换过程只是记录了转换的轨迹，并不会发生真正的计算，只有遇到行动操作时，才会发生真正的计算。行动操作是真正触发计算，Spark 程序执行到行动操作时，才会执行真正的计算；例如从文件中加载数据、完成一次又一次转换操作，最终行动操作时完成所有计算并得到结果。

找出扣分最高的交通
违法条目

Spark 2.X 版本中，RDD 操作(算子)有 100 多个，读者无须全部掌握，本单元仅仅介绍

最常用的部分算子。当读者需要了解某个算子的用法时，查询 Spark 官网的 API 文档即可
(http://spark.apache.org/docs/latest/)，如图 3-16 所示。

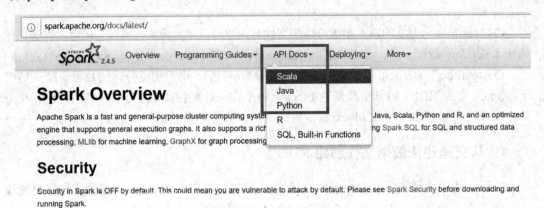

图 3-16　Spark 官网的 API 文档

3.2.1　map 操作

　　map 操作是最常用的转换操作，该操作将 RDD 中的每个元素传入自定义函数后获取
一个新的元素，然后用新的元素组成新的 RDD，其目的是将现有的 RDD 中的每一个元素
通过某种函数进行转换并返回一个新的 RDD。因为 RDD 是不可变的数据集(val)，所以要
对其数据做任何改变，必然产生一个新的 RDD。操作示例如图 3-17 所示。

```
scala> val data=List(1,2,3,4,5,6)
data: List[Int] = List(1, 2, 3, 4, 5, 6)

scala> val dataRDD=sc.parallelize(data)
dataRDD: org.apache.spark.rdd.RDD[Int] = ParallelCollectionRDD[32] at parallelize at <console>:26

scala> val newDataRDD=dataRDD.map(x=>x*2)
newDataRDD: org.apache.spark.rdd.RDD[Int] = MapPartitionsRDD[33] at map at <console>:28

scala> val newDataRDD2=dataRDD.map(x=>x+10)
newDataRDD2: org.apache.spark.rdd.RDD[Int] = MapPartitionsRDD[34] at map at <console>:28

scala> val people=List("Tom","Jerry","Ken")
people: List[String] = List(Tom, Jerry, Ken)

scala> val peopleRDD=sc.parallelize(people)
peopleRDD: org.apache.spark.rdd.RDD[String] = ParallelCollectionRDD[35] at parallelize at <console>:
26

scala> val newPeopleRDD=peopleRDD.map(x=>x.toUpperCase)
newPeopleRDD: org.apache.spark.rdd.RDD[String] = MapPartitionsRDD[36] at map at <console>:28
```

图 3-17　map 操作的用法

　　上述代码的第一行"val data=List(1,2,3,4,5,6)"，创建了一个包含 6 个 Int 类型元素的列
表 data；第二行"val dataRDD=sc.parallelize(data)"，由列表 data 生成数据集 dataRDD，它
包含 6 个 Int 类型的元素(1、2、3、4、5、6)；第三行"val newDataRDD=dataRDD.map(x=>x*2)"，
逐个取出 dataData 的元素，并将其交匿名函数"x=>x*2"处理，返回的结果作为一个元素
放到新 RDD(即 newDataRDD)中。最终生成的 newDataRDD 同样包含 6 个元素，分别为 2、
4、6、8、10、12，其执行过程如图 3-18 所示。RDD 的 map 算子与 Scala 集合的 map 操作
非常相似，但 Scala 的 map 是处理单机数据的，而 RDD 的 map 算子是处理分布式数据的。

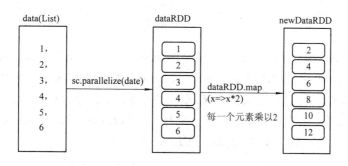

图 3-18　map 操作示意图

3.2.2　使用 collect 查看元素

collect 是一个行动操作，在测试代码时经常使用该算子查看 RDD 内元素的值；collect 操作把 RDD 的所有元素转换成数组并返回给 Driver 端，适合小规模数据处理后的返回。该过程需要从集群各个节点收集数据，而后经过网络传输，并加载到 Driver 内存中。因此如数据量过大，将会给网络传输带来压力，同时可能带来内存溢出风险。操作示例如图 3-19 所示。

```
scala> val dataRDD=sc.parallelize( List(1,2,3,4,5,6) )
dataRDD: org.apache.spark.rdd.RDD[Int] = ParallelCollectionRDD[0] at parallelize
 at <console>:24

scala> dataRDD.collect
res0: Array[Int] = Array(1, 2, 3, 4, 5, 6)
```

图 3-19　collect 操作的用法

3.2.3　使用 take(N)方法查询 RDD 中的 N 个值

take 方法与 collect 方法原理类似，collect 方法返回 RDD 中所有元素，而 take 方法则返回指定的前 N 个数据。操作示例如图 3-20 所示。

```
scala> dataRDD.take(3)
res23: Array[Int] = Array(1, 2, 3)

scala> peopleRDD.take(2)
res24: Array[String] = Array(Tom, Jerry)
```

图 3-20　take 操作的用法

3.2.4　使用 first 操作得到第一个元素值

first 操作用于返回 RDD 的第一个元素值，与 take(1)返回结果相同，但返回的数据类型为元素类型。操作示例如图 3-21 所示。

```
scala> dataRDD.first
res25: Int = 1

scala> peopleRDD.first
res26: String = Tom
```

图 3-21　first 操作的用法

3.2.5 flatMap 操作

flatMap 与 map 操作类似，它也是一个转换操作。如前所述，map 是将函数用于 RDD 中的每个元素，用返回值构成新的 RDD；而 flatmap 是将函数应用于 RDD 中的每个元素，将返回的迭代器的所有内容构成新的 RDD，它常用于分割字符串、切分单词。图 3-22 中的示例展示了二者的区别：如果使用 map 操作，则 wordArrayRDD 的元素为 Array[String]；而使用 flatMap 操作，则 wordArrayRDD 的元素为 String。

```
scala> val text=List("I like Spark","He likes Spark","She likes Spark and Hadoop")
text: List[String] = List(I like Spark, He likes Spark, She likes Spark and Hadoop)

scala> val textRDD=sc.parallelize(text)
textRDD: org.apache.spark.rdd.RDD[String] = ParallelCollectionRDD[2] at parallelize at <console>:26

scala> val wordArrayRDD=textRDD.map(x=>x.split(" "))
wordArrayRDD: org.apache.spark.rdd.RDD[Array[String]] = MapPartitionsRDD[3] at map at <console>:28

scala> wordArrayRDD.collect
res1: Array[Array[String]] = Array(Array(I, like, Spark), Array(He, likes, Spark), Array(She, likes, Spark, and, Hadoop))

scala> val wordsRDD=textRDD.flatMap(x=>x.split(" "))
wordsRDD: org.apache.spark.rdd.RDD[String] = MapPartitionsRDD[4] at flatMap at <console>:28

scala> wordsRDD.collect
res2: Array[String] = Array(I, like, Spark, He, likes, Spark, She, likes, Spark, and, Hadoop)
```

图 3-22　flatMap 用法

flatMap 操作的执行如图 3-23 所示，可以将该过程看成两步：首先对 textRDD 元素(字符串类型)进行切分，每个字符串变为一个数组(由若干单词组成)；然后对得到的两个数组进行"flat 拍扁"，将两个 Array 的元素"拍扁"到一起后组成新的 RDD。

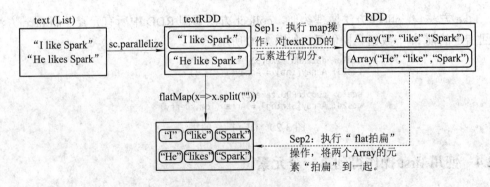

图 3-23　flatMap 示意图

3.2.6 使用 sortBy 操作对 RDD 的元素进行排序

sortBy 是对 RDD 元素进行排序，并返回排好序的新 RDD，其定义如图 3-24 所示，它有 3 个参数：

参数 1：f: (T) ⇒ K，左边为要排序的 RDD 的每一个元素，右边返回要进行排序的值。

参数 2：ascending(可选项)，升序或降序排列标识，默认为 true、升序排列，若要降序排列则需写 false。

参数 3：numPartitions(可选项)，排序后新 RDD 的分区数量，默认分区数量与原 RDD 相同。

```
def sortBy[K](f: (T) ⇒ K, ascending: Boolean = true, numPartitions: Int = this.partitions.length)(implicit ord: Ordering[K], ctag:
ClassTag[K]): RDD[T]
    Return this RDD sorted by the given key function.
```

图 3-24　sortBy 操作的定义

sortBy 操作的使用方法见图 3-25。dataRDD.sortBy(x=>x,false)是将 dataRDD 的元素按照元素值降序排列，从而得到一个新 RDD(newDataRDD)；peopleRDD.sortBy(x=>x._2, true,2)是按照二元组(peopleRDD 元素为二元组)的第二个元素的值进行升序排列，返回一个新的 RDD(newPeopleRDD)，且这个新的 RDD 分区数为 2。

```
scala> val dataRDD=sc.parallelize( List(3,8,6,7,10,2,0,8)  )
dataRDD: org.apache.spark.rdd.RDD[Int] = ParallelCollectionRDD[5] at parallelize at <
console>:24

scala> val newDataRDD=dataRDD.sortBy(x=>x,false)
newDataRDD: org.apache.spark.rdd.RDD[Int] = MapPartitionsRDD[8] at sortBy at <console
>:26

scala> newDataRDD.collect
res4: Array[Int] = Array(10, 8, 8, 7, 6, 3, 2, 0)

scala> val peopleRDD=sc.parallelize(  List(("tom",20),("jerry",18),("ken",22))  )
peopleRDD: org.apache.spark.rdd.RDD[(String, Int)] = ParallelCollectionRDD[9] at para
llelize at <console>:24

scala> val newPeopleRDD=peopleRDD.sortBy(x=>x._2,true,2)
newPeopleRDD: org.apache.spark.rdd.RDD[(String, Int)] = MapPartitionsRDD[14] at sortB
y at <console>:26
```

图 3-25　sortBy 操作的用法

3.2.7　找出扣分最多的三种交通违法条目

文件 "violation.txt" 为违章条目对照表，内含违章代码、扣分数、罚款金额、违法内容等，其样式如图 3-26 所示。

X01	2	200	超速10%-20%
X02	6	300	超速20%-50%
X03	12	500	超速50%以上
X04	6	200	不按信号灯行驶（闯红灯）
X05	3	200	不按交通标识行驶
X06	3	150	逆向行驶
X07	1	150	接打电话
X08	1	150	斑马线不礼让行人
X09	12	2000	交通事故逃逸，尚不构成犯罪

图 3-26　violation.txt 文件数据

(1) 由 violation.txt 文件生成 RDD。要想获取扣分最多的交通违法条目，需要对 RDD 的每一个元素进行字符串切割：按照 tab("/t")分割为违章代码、扣分数、罚款金额、违法内容 4 项，将其存储为四元组。要找出扣分最多的三种条目，需要将 "扣分数" 转换为 Int 类型(字符串切割后，数据类型仍为字符串，可以使用 toInt 方法进行强制转换)，如图 3-27 所示。

```
scala> val violation=sc.textFile("/user/hadoop/traffic/violation.txt")
violation: org.apache.spark.rdd.RDD[String] = /user/hadoop/traffic/violation.txt MapPartitionsRDD[74
] at textFile at <console>:24

scala> val split_violation=violation.map(x=>x.split("\t"))
split_violation: org.apache.spark.rdd.RDD[Array[String]] = MapPartitionsRDD[75] at map at <console>:
26

scala> val puple_violation=split_violation.map(x=>(x(0),x(1).trim.toInt,x(2),x(3)))
puple_violation: org.apache.spark.rdd.RDD[(String, Int, String, String)] = MapPartitionsRDD[76] at m
ap at <console>:28
```

图 3-27　使用 map 操作进行转换

(2) 使用 sortBy 方法进行排序，排序位置是元组的第 2 位的"扣分数"，从而得到排序后的 RDD(sort_violation)，如图 3-28 所示。

```
scala> val sort_violation=puple_violation.sortBy(x=>x._2,false)
sort_violation: org.apache.spark.rdd.RDD[(String, Int, String, String)] = MapPartitionsRDD[79] at so
rtBy at <console>:30
```

图 3-28　使用 sortBy 操作进行排序

(3) 对于排序后的 RDD(sort_violation)，使用 take 方法获取扣分最多的三种交通违法行为。如图 3-29 所示，X03、X09、X12 三种行为扣分最多。

```
scala> sort_violation.take(3)
res0: Array[(String, Int, String, String)] = Array((X03,12,500,超速50%以上), (X0
9,12,2000,交通事故逃逸，尚不构成犯罪), (X10,12,1000,驾驶与驾驶证载明的准驾车型不
相符合的车辆))
```

图 3-29　获取扣分最多的三种违章行为

任务 3.3　查找某车辆的违章记录

records.txt 文件记录了本市车辆违章信息(日期、监控设备编号、车牌号、违章类型代码)，recordsCityB.txt 记录相邻的 B 城市车辆的违章信息(日期、监控设备编号、车牌号、违章类型代码)。根据有关部门需要，需要找出某车辆(车牌号 AK0803)在两个城市的所有违章记录。

查找某车辆的违章记录

3.3.1　filter 操作过滤 RDD 的元素

filter 操作的定义如图 3-30 所示。

```
def filter(f: (T) ⇒ Boolean): RDD[T]
    Return a new RDD containing only the elements that satisfy a predicate.
```

图 3-30　filter 操作的定义

filter 是一个转换操作，可用于筛选出满足特定条件的元素，返回一个新的 RDD。该

RDD 由经过 f 函数计算后值为 true 的输入元素组成，即返回符合条件的所有元素构成。图 3-31 演示了 filter 操作过滤出 dataRDD 中的偶数元素，并返回一个新 RDD(newDataRDD)。

```
scala> val data=List(3,8,6,7,10,2,0,8)
data: List[Int] = List(3, 8, 6, 7, 10, 2, 0, 8)

scala> val dataRDD=sc.parallelize(data)
dataRDD: org.apache.spark.rdd.RDD[Int] = ParallelCollectionRDD[86] at parallelize at <console>:26

scala> val newDataRDD=dataRDD.filter(x=>x % 2==0)
newDataRDD: org.apache.spark.rdd.RDD[Int] = MapPartitionsRDD[87] at filter at <console>:28

scala> newDataRDD.collect
res47: Array[Int] = Array(8, 6, 10, 2, 0, 8)
```

图 3-31　filter 操作过滤出 dataRDD 中的偶数

图 3-32 演示了 filter 操作过滤出含有 "Spark" 字符串的元素后，通过 collect 操作检查结果。

```
scala> val text=List("I like Spark","He likes Spark","She likes Hadoop")
text: List[String] = List(I like Spark, He likes Spark, She likes Hadoop)

scala> val textRDD=sc.parallelize(text)
textRDD: org.apache.spark.rdd.RDD[String] = ParallelCollectionRDD[88] at parallelize at <console>:26

scala> textRDD.filter(x=>x.contains("Spark")).collect
res48: Array[String] = Array(I like Spark, He likes Spark)
```

图 3-32　filter 过滤出含有 "Spark" 字符串的元素

3.3.2　distinct 操作进行元素去重

distinct 是一个转换操作，用于 RDD 的元素去重(去除重复的元素后，返回一个新 RDD)。如图 3-33 所示，创建一个带有重复元素的 RDD(dataRDD)，使用 distinct 方法去重后，得到一个不含重复元素的新 RDD(newDataRDD)。

```
scala> val dataRDD=sc.parallelize( List(3,5,7,9,3,5) )
dataRDD: org.apache.spark.rdd.RDD[Int] = ParallelCollectionRDD[90] at parallelize at <console>:24

scala> val newDataRDD=dataRDD.distinct
newDataRDD: org.apache.spark.rdd.RDD[Int] = MapPartitionsRDD[93] at distinct at <console>:26

scala> newDataRDD.collect
res49: Array[Int] = Array(3, 7, 9, 5)

scala> val PersonRDD=sc.parallelize( List(("tom",20),("jerr",18),("tom",20)) )
PersonRDD: org.apache.spark.rdd.RDD[(String, Int)] = ParallelCollectionRDD[94] at parallelize at <console>:24

scala> PersonRDD.distinct.collect
res50: Array[(String, Int)] = Array((jerr,18), (tom,20))
```

图 3-33　distinct 操作的用法

3.3.3　union 操作进行 RDD 合并

union 是一个转换操作，可将两个 RDD 的元素合并为一个新的 RDD，但该操作不进行去重。如图 3-34 所示，dataRDD1、dataRDD2 通过 union 操作得到一个新的 RDD(该 RDD 有重复元素 "3")。

```
scala> val dataRDD1=sc.parallelize(List(1,2,3))
dataRDD1: org.apache.spark.rdd.RDD[Int] = ParallelCollectionRDD[103] at parallelize at <console>:24

scala> val dataRDD2=sc.parallelize(List(3,4,5))
dataRDD2: org.apache.spark.rdd.RDD[Int] = ParallelCollectionRDD[104] at parallelize at <console>:24

scala> dataRDD1.union(dataRDD2).collect
res55: Array[Int] = Array(1, 2, 3, 3, 4, 5)
```

图 3-34 union 操作的用法

需要注意的是，要合并的两个 RDD，其结构(元素的类型、元素值的数目)必须相同，否则会报错。如图 3-35 所示，strRDD1、strRDD2 则不能完成 union 操作，因为 strRDD1 元素为(String，Int)类型的二元组，而 strRDD2 元素为(String，Int，Int)类型的三元组，两个 RDD 结构不同。

```
scala> val strRDD1=sc.parallelize( List(("tom",20),("jerry",22)) )
strRDD1: org.apache.spark.rdd.RDD[(String, Int)] = ParallelCollectionRDD[106] at parallelize at <con
sole>:24

scala> val strRDD2=sc.parallelize( List(("ken",21,185),("jerry",22,176)) )
strRDD2: org.apache.spark.rdd.RDD[(String, Int, Int)] = ParallelCollectionRDD[107] at parallelize at
 <console>:24

scala> strRDD1.union(strRDD2).collect
<console>:29: error: type mismatch;
 found   : org.apache.spark.rdd.RDD[(String, Int, Int)]
 required: org.apache.spark.rdd.RDD[(String, Int)]
        strRDD1.union(strRDD2).collect
                      ^
```

图 3-35 union 操作要求两 RDD 结构相同

3.3.4 intersection 操作求两个 RDD 的共同元素

intersection 是两个 RDD 求交集后返回一个新的 RDD，即 intersection 返回两个 RDD 的共同元素。如图 3-36 所示，data1、data2 有共同元素 6、8，经过 intersection 操作后返回一个新 RDD(interRDD，含有元素 6、8)；people1、people2 有共同元素("tom",20)，经过 intersection 操作后返回一个新 RDD，其元素为("tom",20)。

```
scala> val data1=sc.parallelize(List(3,5,6,8) )
data1: org.apache.spark.rdd.RDD[Int] = ParallelCollectionRDD[124] at parallelize at <console>:24

scala> val data2=sc.parallelize(List(6,7,8,9) )
data2: org.apache.spark.rdd.RDD[Int] = ParallelCollectionRDD[125] at parallelize at <console>:24

scala> val interRDD=data1.intersection(data2)
interRDD: org.apache.spark.rdd.RDD[Int] = MapPartitionsRDD[131] at intersection at <console>:28

scala> interRDD.collect
res59: Array[Int] = Array(6, 8)

scala> val people1=sc.parallelize(List( ("tom",20), ("ken",22), ("Jone", 17)))
people1: org.apache.spark.rdd.RDD[(String, Int)] = ParallelCollectionRDD[132] at parallelize at <con
sole>:24

scala> val people2=sc.parallelize(List( ("apple",20), ("orange",22), ("tom", 20)))
people2: org.apache.spark.rdd.RDD[(String, Int)] = ParallelCollectionRDD[133] at parallelize at <con
sole>:24

scala> people1.intersection(people2).collect
res60: Array[(String, Int)] = Array((tom,20))
```

图 3-36 intersection 操作的用法

3.3.5 subtract 操作求两个 RDD 的补

subtract 的参数为一个 RDD，用于返回不在参数 RDD 中的元素，可以看做集合的求补操作，如图 3-37 所示。对于 rdd1.subtract(rdd2)，返回 rdd1 中除去与 rdd2 相同元素后剩余元素组成的 RDD。注意，其结果与 rdd2.subtract(rdd1)不一样。

```
scala> val rdd1=sc.parallelize( List(1,3,5,7,10,12) )
rdd1: org.apache.spark.rdd.RDD[Int] = ParallelCollectionRDD[142] at parallelize at <console>:24

scala> val rdd2=sc.parallelize( List(2,4,6,8,10,12) )
rdd2: org.apache.spark.rdd.RDD[Int] = ParallelCollectionRDD[143] at parallelize at <console>:24

scala> rdd1.subtract(rdd2).collect
res63: Array[Int] = Array(1, 3, 5, 7)

scala> rdd2.subtract(rdd1).collect
res64: Array[Int] = Array(2, 4, 6, 8)
```

图 3-37 subtract 操作的用法

3.3.6 cartesian 操作求两个 RDD 的笛卡尔积

cartesian 用于求两个 RDD 的笛卡尔积，将两个集合元素组合成一个新的 RDD。如图 3-38 所示，rdd1 元素为 1、3、5、7，rdd2 元素为 apple、orange、banana，rdd1.cartesian(rdd2) 返回的新 RDD 共有 12 个元素。

```
scala> val rdd1=sc.parallelize( List(1,3,5,7) )
rdd1: org.apache.spark.rdd.RDD[Int] = ParallelCollectionRDD[152] at parallelize at <console>:24

scala> val rdd2=sc.parallelize( List("apple","orange","banana") )
rdd2: org.apache.spark.rdd.RDD[String] = ParallelCollectionRDD[153] at parallelize at <console>:24

scala> rdd1.cartesian(rdd2).collect
res65: Array[(Int, String)] = Array((1,apple), (1,orange), (1,banana), (3,apple), (3,orange), (3,banana), (5,apple), (5,orange), (5,banana), (7,apple), (7,orange), (7,banana))
```

图 3-38 cartesian 操作的用法

3.3.7 查找车辆 AK0803 的违章记录

按照要求，需要查找车辆 AK0803 在本市及临市 B 的交通违章记录，因此首先由 records.txt(本市违章记录)、recordsCityB.txt(临市 B 违章记录)生成 RDD。分析发现，两个 RDD 包含的信息结构相同(均为日期+监控设备编号+车牌号+违章类型码，均以 "\t" 作为分隔符)，因此可以将上述两个 RDD 合并(union 操作)成一个 RDD，如图 3-39 所示。

```
scala> val records=sc.textFile("/user/hadoop/traffic/records.txt")
records: org.apache.spark.rdd.RDD[String] = /user/hadoop/traffic/records.txt MapPartitionsRDD[117] at textFile at <console>:24

scala> val recordsCityB=sc.textFile("/user/hadoop/traffic/recordsCityB.txt")
recordsCityB: org.apache.spark.rdd.RDD[String] = /user/hadoop/traffic/recordsCityB.txt MapPartitionsRDD[119] at textFile at <console>:24

scala> val all=records.union(recordsCityB)
all: org.apache.spark.rdd.RDD[String] = UnionRDD[120] at union at <console>:28
```

图 3-39 两个 RDD 的合并

合并后的新 RDD 元素为字符串(例如"2020-1-05 A301 CZ8463 X04"),接下来对其元素进行字符串切分;应用 filter 方法,过滤出车牌号为"AK0803"的违章记录,可以发现该车辆违章记录共有 3 条,如图 3-40 所示。

```
scala> val tupleAll=all.map(x=>x.split("\t")).map(x=>(x(0),x(1),x(2),x(3)))
tupleAll: org.apache.spark.rdd.RDD[(String, String, String, String)] = MapPartitionsRDD[122] at map
at <console>:30

scala> tupleAll.filter(x=> x._3.equals("AK0803")).collect
res58: Array[(String, String, String, String)] = Array((2020-1-13,B068,AK0803,X02), (2020-1-13,B068,
AK0803,X04), (2020-1-15,6123,AK0803,X02))
```

图 3-40　filter 过滤出某车辆违章记录

任务3.4　查找违章 3 次以上车辆

本节将介绍键值对 RDD 的 reduceByKey、mapValues、groupByKey 等操作,借以完成以下任务:根据交通安全检查工作需要,查找本市违章记录数据(records.txt)中,1 月份违章次数 3 次以上车辆予以重点关注。

查找违章次数 3 次
以上车辆

3.4.1　键值对 RDD

"键值对"是一种比较常见的 RDD 元素类型,在分组和聚合操作中经常会用到。所谓键值对 RDD(Pair RDD),是指每个 RDD 元素都是(Key,Value)键值类型。普通 RDD 里面存储的数据类型是 Int、String 等,而键值对 RDD 里面存储的数据类型是"键值对"。

键值对 RDD 的生成主要有两种方法:一种是通过 map 方法将普通 RDD 转为 Pair RDD,另一种是直接通过 List 创建 Pair RDD。

1. 将普通 RDD 通过 map 转换为 Pair RDD

将普通 RDD 通过 map 转换为 Pair RDD 具体操作过程见图 3-41。

```
scala> val linesRDD=sc.parallelize( List("I like Spark","He likes Spark") )
linesRDD: org.apache.spark.rdd.RDD[String] = ParallelCollectionRDD[15] at parallelize
 at <console>:24

scala> val pairRDD1=linesRDD.flatMap(x=>x.split(" ")).map(x=>(x, 1))
pairRDD1: org.apache.spark.rdd.RDD[(String, Int)] = MapPartitionsRDD[17] at map at <c
onsole>:26

scala> pairRDD1.collect
res6: Array[(String, Int)] = Array((I,1), (like,1), (Spark,1), (He,1), (likes,1), (Sp
ark,1))

scala> val peopleRDD=sc.parallelize( List("tom","jerry","ken") )
peopleRDD: org.apache.spark.rdd.RDD[String] = ParallelCollectionRDD[18] at paralleliz
e at <console>:24

scala> val pairRDD2=peopleRDD.map(x=>(x, x.toUpperCase))
pairRDD2: org.apache.spark.rdd.RDD[(String, String)] = MapPartitionsRDD[19] at map at
 <console>:26

scala> pairRDD2.collect
res7: Array[(String, String)] = Array((tom,TOM), (jerry,JERRY), (ken,KEN))
```

图 3-41　普通 RDD 转换为 Pair RDD

2. 通过 List 直接创建 PairRDD

通过 List 直接创建 PairRDD 具体操作过程见图 3-42。

```
scala> val students=List(("张三丰",100),("张无忌",98),("张翠山",95))
students: List[(String, Int)] = List((张三丰,100), (张无忌,98), (张翠山,95))

scala> val studentsPairRDD=sc.parallelize(students)
studentsPairRDD: org.apache.spark.rdd.RDD[(String, Int)] = ParallelCollectionRDD[20]
at parallelize at <console>:26

scala> studentsPairRDD.collect
res8: Array[(String, Int)] = Array((张三丰,100), (张无忌,98), (张翠山,95))
```

图 3-42　List 直接创建 PairRDD

3.4.2　keys 操作得到一个新 RDD

keys 操作会把键值对 RDD 中的所有 key 返回，形成一个新的 RDD。如图 3-43 所示，图中，由四个键值对("spark",1)、("hadoop",2)、("flink",3)和("storm",4)构成的 RDD，采用 keys 后得到的结果是一个 RDD[String]，其内容是"spark","hadoop","flink","storm"。

```
scala> val  data=List(("spark",1),("hadoop",2),("flink",3),("storm",4))
data: List[(String, Int)] = List((spark,1), (hadoop,2), (flink,3), (storm,4))

scala> val dataRDD=sc.parallelize(data)
dataRDD: org.apache.spark.rdd.RDD[(String, Int)] = ParallelCollectionRDD[161] at parallelize at <con
sole>:26

scala> val keysRDD=dataRDD.keys
keysRDD: org.apache.spark.rdd.RDD[String] = MapPartitionsRDD[162] at keys at <console>:28

scala> keysRDD.collect
res70: Array[String] = Array(spark, hadoop, flink, storm)
```

图 3-43　keys 操作的用法

3.4.3　values 操作得到一个新 RDD

values 会将键值对 RDD 中的所有 value 返回，形成一个新的 RDD。如图 3-44 所示，由四个键值对("spark",1)、("hadoop",2)、("flink",3)和("storm",4)构成的 RDD，采用 keys 后得到的结果是一个 RDD[Int]，其元素为 1、2、3、4。

```
scala> val  data=List(("spark",1),("hadoop",2),("flink",3),("storm",4))
data: List[(String, Int)] = List((spark,1), (hadoop,2), (flink,3), (storm,4))

scala> val dataRDD=sc.parallelize(data)
dataRDD: org.apache.spark.rdd.RDD[(String, Int)] = ParallelCollectionRDD[21] at paral
lelize at <console>:26

scala> val valuesRDD=dataRDD.values
valuesRDD: org.apache.spark.rdd.RDD[Int] = MapPartitionsRDD[22] at values at <console
>:28

scala> valuesRDD.collect
res9: Array[Int] = Array(1, 2, 3, 4)
```

图 3-44　values 操作的用法

3.4.4　lookup 查找 value

lookup 用于查找指定 key 的所有 value 值。如图 3-45 所示，对于 people，people.lookup ("tom")可以查找键为"tom"的所有 value 值，并返回一个数组。

```
scala> val people=sc.parallelize (List(("tom",4),("jerry",6),("ken",8),("tom",10)) )
people: org.apache.spark.rdd.RDD[(String, Int)] = ParallelCollectionRDD[23] at parall
elize at <console>:24

scala> people.lookup("tom")
res10: Seq[Int] = WrappedArray(4, 10)
```

图 3-45　lookup 操作的用法

3.4.5　groupByKey

groupByKey 的功能是对具有相同键的值进行分组。如图 3-46 所示，对 5 个键值对 ("apple",5.5)、("orange",3.0)、("apple",8.2)、("banana",2.7)、("orange",4.2)，采用 groupByKey 后得到的新 RDD(gruped)，其元素为(banana,CompactBuffer(2.7))、(orange,CompactBuffer (3.0, 4.2))、(apple,CompactBuffer(5.5, 8.2))。

```
scala> val fruits=List(("apple",5.5),("orange",3.0),("apple",8.2),("banana",2.7),("orange",4.2))
fruits: List[(String, Double)] = List((apple,5.5), (orange,3.0), (apple,8.2), (banana,2.7), (orange,
4.2))

scala> val fruitsRDD=sc.parallelize(fruits)
fruitsRDD: org.apache.spark.rdd.RDD[(String, Double)] = ParallelCollectionRDD[165] at parallelize at
 <console>:26

scala> val gruped=fruitsRDD.groupByKey
gruped: org.apache.spark.rdd.RDD[(String, Iterable[Double])] = ShuffledRDD[166] at groupByKey at <co
nsole>:28

scala> gruped.collect
res72: Array[(String, Iterable[Double])] = Array((banana,CompactBuffer(2.7)), (orange,CompactBuffer(
3.0, 4.2)), (apple,CompactBuffer(5.5, 8.2)))
```

图 3-46　groupByKey 操作的用法

3.4.6　reduceByKey

reduceByKey(func)的功能是使用 func 函数合并具有相同键的值。如图 3-47 所示，furitsRDD 有 5 个元素：("apple", 5.5)、("orange", 3.0)、("apple", 8.2)、("banana", 2.7)、("orange", 4.2)，调用 reduceByKey((a,b) => a+b)方法后，对具有相同 key 的键值对进行合并后的结果为("banana", 2.7)、("orange", 7.2)、("apple", 13.7)。可以看出，(a,b) => a+b 这个匿名函数中，a 和 b 都是指 value，其作用即是将 key 相同的所有 value 累加。

```
scala> val fruits=List(("apple",5.5),("orange",3.0),("apple",8.2),("banana",2.7),("orange",4.2))
fruits: List[(String, Double)] = List((apple,5.5), (orange,3.0), (apple,8.2), (banana,2.7), (orange,
4.2))

scala> val fruitsRDD=sc.parallelize(fruits)
fruitsRDD: org.apache.spark.rdd.RDD[(String, Double)] = ParallelCollectionRDD[167] at parallelize at
 <console>:26

scala> val reduced=fruitsRDD.reduceByKey((a,b)=>a+b)
reduced: org.apache.spark.rdd.RDD[(String, Double)] = ShuffledRDD[168] at reduceByKey at <console>:3
4

scala> reduced.collect
res73: Array[(String, Double)] = Array((banana,2.7), (orange,7.2), (apple,13.7))
```

图 3-47　reduceByKey 操作的用法

3.4.7 mapValues 对键值对 RDD 的 value 进行处理

实际业务中，可能遇到只想对键值对 RDD 的 value 部分进行处理，但不对 key 进行处理的情况。这时，我们可以使用 mapValues(func)，它的功能是对键值对 RDD 中的每个 value 都应用一个函数，完成相应的处理，但 key 不做任何改变。例如对 5 个键值对("apple", 5.5)、("orange", 3.0)、("apple", 8.2)、("banana", 2.7)、("orange", 4.2)构成的键值对 RDD，如果执行 mapValues(x => x+5)，就会得到一个新的键值对 RDD，它包含下面 5 个键值对("apple", 10.5)、("orange", 8.0)、("apple", 13.2)、("banana", 7.7)、("orange", 9.2)，可以看出原有的 key 部分不变，但 value 加了 5，如图 3-48 所示。

```
scala> val fruits=List(("apple",5.5),("orange",3.0),("apple",8.2),("banana",2.7),("orange",4.2))
fruits: List[(String, Double)] = List((apple,5.5), (orange,3.0), (apple,8.2), (banana,2.7), (orange,
4.2))

scala> val fruitsRDD=sc.parallelize(fruits)
fruitsRDD: org.apache.spark.rdd.RDD[(String, Double)] = ParallelCollectionRDD[169] at parallelize at
 <console>:26

scala> val mapedValues=fruitsRDD.mapValues(x=>x+5)
mapedValues: org.apache.spark.rdd.RDD[(String, Double)] = MapPartitionsRDD[170] at mapValues at <con
sole>:28

scala> mapedValues.collect
res74: Array[(String, Double)] = Array((apple,10.5), (orange,8.0), (apple,13.2), (banana,7.7), (oran
ge,9.2))
```
图 3-48 mapValues 操作的用法

3.4.8 sortByKey 排序

sortByKey 是根据 key 进行排序，即返回一个根据键排序的 RDD。图 3-49 中，对 5 个键值对(5.5, "apple")、(3.0, "orange")、(8.2, "apple")、(2.7, "banana")、(4.2, "orange")构成的键值对 RDD 执行 sortByKey 操作，返回排序后的 RDD。

```
scala> val fruits=List((5.5,"apple"),(3.0,"orange"),(8.2,"apple"),(2.7,"banana"),(4.2,"orange"))
fruits: List[(Double, String)] = List((5.5,apple), (3.0,orange), (8.2,apple), (2.7,banana), (4.2,ora
nge))

scala> val fruitsRDD=sc.parallelize(fruits)
fruitsRDD: org.apache.spark.rdd.RDD[(Double, String)] = ParallelCollectionRDD[172] at parallelize at
 <console>:26

scala> val sortedFruits=fruitsRDD.sortByKey()
sortedFruits: org.apache.spark.rdd.RDD[(Double, String)] = ShuffledRDD[173] at sortByKey at <console
>:28

scala> sortedFruits.collect
res76: Array[(Double, String)] = Array((2.7,banana), (3.0,orange), (4.2,orange), (5.5,apple), (8.2,a
pple))
```
图 3-49 sortByKey 操作的用法(1)

sortByKey 可以加入布尔型参数，默认值为 true，标识升序排列；若要降序排列，则 sortByKey(false)，如图 3-50 所示。

```
scala> val sortedFruits=fruitsRDD.sortByKey(false)
sortedFruits: org.apache.spark.rdd.RDD[(Double, String)] = ShuffledRDD[174] at sortByKey at <console
>:28

scala> sortedFruits.collect
res77: Array[(Double, String)] = Array((8.2,apple), (5.5,apple), (4.2,orange), (3.0,orange), (2.7,ba
nana))
```
图 3-50 sortByKey 操作的用法(2)

3.4.9　查找违章 3 次以上车辆

违章记录(records.txt)每一行代表一个违章记录，因此只要找出车牌号出现 3 次以上的车辆即可。首先由 records.txt 创建 RDD，而后将其转换为包含车牌号的键值对，键值对格式：(车牌号, 1)，如图 3-51 所示。

```
scala> val records=sc.textFile("/user/hadoop/traffic/records.txt")
records: org.apache.spark.rdd.RDD[String] = /user/hadoop/traffic/records.txt MapPartitionsRDD[180] a
t textFile at <console>:24

scala> val split_records=records.map(x=>x.split("\t"))
split_records: org.apache.spark.rdd.RDD[Array[String]] = MapPartitionsRDD[181] at map at <console>:2
6

scala> val kv_records=split_records.map(x=>(x(2),1))
kv_records: org.apache.spark.rdd.RDD[(String, Int)] = MapPartitionsRDD[182] at map at <console>:28

scala> kv_records.collect
res78: Array[(String, Int)] = Array((CZ8463,1), (MU0066,1), (CZ8463,1), (CZ8463,1), (CZ8463,1), (PW2
306,1), (NR4542,1), (NR4542,1), (MU00GG,1), (MU0066,1), (MU0066,1), (MR3328,1), (C78463,1), (CZ8463,
1), (CQ9901,1), (MU1134,1), (MU0066,1), (MU0066,1), (AK0803,1), (AK0803,1), (CZ8463,1), (MU1237,1),
(MK4875,1), (CZ8463,1), (CZ8463,1))
```

图 3-51　创建违章记录 RDD 并转换元素格式

然后使用 redueByKey 操作统计各车牌出现的次数；最后过滤出违章 3 次以上的车辆，车牌号为 CZ8463、MU0066，如图 3-52 所示。

```
scala> val reduce_records=kv_records.reduceByKey((a,b)=>a+b)
reduce_records: org.apache.spark.rdd.RDD[(String, Int)] = ShuffledRDD[183] at reduceByKey at <consol
e>:36

scala> reduce_records.filter(x=>x._2>3).collect
res79: Array[(String, Int)] = Array((CZ8463,9), (MU0066,6))
```

图 3-52　查找违章 3 次以上车辆(1)

实际业务中，解决问题的方法有很多。本项任务也可以采用 groupByKey 等其他方法，达到同样的效果，如图 3-53 所示。

```
scala> val gr_records=kv_records.groupByKey
gr_records: org.apache.spark.rdd.RDD[(String, Iterable[Int])] = ShuffledRDD[202] at groupByKey at <c
onsole>:30

scala> val ma_records=gr_records.mapValues(x=>x.size)
ma_records: org.apache.spark.rdd.RDD[(String, Int)] = MapPartitionsRDD[203] at mapValues at <console
>:32

scala> ma_records.filter(x=>x._2>3).collect
res90: Array[(String, Int)] = Array((CZ8463,9), (MU0066,6))
```

图 3-53　查找违章 3 次以上车辆(2)

任务 3.5　查找累计扣 12 分以上车辆信息

累计扣 12 分以上车辆为重点检查、治理车辆。现需要从本市违章记录数据(records.txt)中，使用 join 等操作找出相关车辆，输出相关信息：车牌号、车主姓名、车主电话；根据车主预留电话，模拟发一条短信(打印一句话)，提醒其到交管部门协助调查。

查找累计扣 12 分
以上车辆信息

3.5.1　zip 操作将两个 RDD 组合成键值对 RDD

zip 是一个转换操作，可以将两个元素数量相同、分区数相同的 RDD 组合成一个键值对 RDD。图 3-54 展示两个非键值对 RDD，通过 zip 操作，生成了一个新的键值对 RDD。

```
scala> val rdd1=sc.parallelize(List("tom","jerry","ken"))
rdd1: org.apache.spark.rdd.RDD[String] = ParallelCollectionRDD[229] at parallelize at <console>:24

scala> val rdd2=sc.parallelize(List(1,2,3))
rdd2: org.apache.spark.rdd.RDD[Int] = ParallelCollectionRDD[230] at parallelize at <console>:24

scala> rdd1.zip(rdd2).collect
res102: Array[(String, Int)] = Array((tom,1), (jerry,2), (ken,3))

scala> rdd2.zip(rdd1).collect
res103: Array[(Int, String)] = Array((1,tom), (2,jerry), (3,ken))
```

图 3-54　zip 操作的用法(1)

需要注意的是，如果两个 RDD 元素数量、分区数量不同，进行 zip 操作则会抛出异常，如图 3-55 所示。

```
scala> val rdd3=sc.parallelize(List(1,2,3,4))
rdd3: org.apache.spark.rdd.RDD[Int] = ParallelCollectionRDD[233] at parallelize at <console>:24

scala> rdd3.zip(rdd1).collect      //错误，两个键值对元素数量不一致
20/02/09 12:05:55 ERROR executor.Executor: Exception in task 0.0 in stage 113.0 (TID 115)
org.apache.spark.SparkException: Can only zip RDDs with same number of elements in each partition
        at org.apache.spark.rdd.RDD$$anonfun$zip$1$$anonfun$apply$27$$anon$2.hasNext(RDD.scala:868)
        at scala.collection.Iterator$class.foreach(Iterator.scala:893)
        at org.apache.spark.rdd.RDD$$anonfun$zip$1$$anonfun$apply$27$$anon$2.foreach(RDD.scala:864)
        at scala.collection.generic.Growable$class.$plus$plus$eq(Growable.scala:59)
```

图 3-55　zip 操作的用法(2)

3.5.2　join 连接两个 RDD

join 概念来自于关系数据库领域，Spark RDD 中 join 的类型也和关系数据库中 join 的类型一样，包括内连接(join)、左外连接(leftOuterJoin)、右外连接(rightOuterJoin)等。

Spark 中，join 表示内连接，对于给定的两个输入数据集(K,V1)和(K,V2)，只有在两个数据集中都存在的 key 才会被输出，最终得到一个(K,(V1,V2))类型的数据集。图 3-56 给出了 rdd1 键值对集合{("tom",1),("jerry",2),("ken",3)}，rdd2 键值对集合{("tom",4),("jerry",5),("apple",6)}，rdd1.join(rdd2)得到新 RDD，其元素为("tom",(1,4)), ("jerry",(2,5))。

```
scala> val rdd1=sc.parallelize(List( ("tom",1),("jerry",2),("ken",3)   ))
rdd1: org.apache.spark.rdd.RDD[(String, Int)] = ParallelCollectionRDD[235] at parallelize at <consol
e>:24

scala> val rdd2=sc.parallelize(List( ("tom",4),("jerry",5),("apple",6)    ))
rdd2: org.apache.spark.rdd.RDD[(String, Int)] = ParallelCollectionRDD[236] at parallelize at <consol
e>:24

scala> rdd1.join(rdd2).collect
res105: Array[(String, (Int, Int))] = Array((tom,(1,4)), (jerry,(2,5)))
```

图 3-56　join 操作的用法

3.5.3　rightOuterJoin

rightOuterJoin 为根据两个 RDD 的键进行右连接，rightOuterJoin 类似于 SQL 中的右外关联 right outer join，返回结果以右面(第二个)的 RDD 为主，关联不上的记录为空(None 值)。rightOuterJoin 只能用于两个 RDD 之间的关联，如果要多个 RDD 关联，多关联几次即可。如图 3-57 所示，rdd1、rdd2 右连接，则以 rdd2 为主，如 rdd1 中没有对应的键，显示 None 值；如 rdd1 中有相应的键，则显示 Some 类型。

```
scala> val rdd1=sc.parallelize(List( ("tom",1),("jerry",2),("ken",3)    ))
rdd1: org.apache.spark.rdd.RDD[(String, Int)] = ParallelCollectionRDD[240] at parallelize at <consol
e>:24

scala> val rdd2=sc.parallelize(List( ("tom",4),("jerry",5),("apple",6)    ))
rdd2: org.apache.spark.rdd.RDD[(String, Int)] = ParallelCollectionRDD[241] at parallelize at <consol
e>:24

scala> rdd1.rightOuterJoin(rdd2).collect
res106: Array[(String, (Option[Int], Int))] = Array((tom,(Some(1),4)), (apple,(None,6)), (jerry,(Som
e(2),5)))
```

图 3-57　rightOuterJoin 操作的用法

3.5.4　leftOuterJoin

leftOuterJoin 为根据两个 RDD 的键进行左连接，leftOuterJoin 类似于 SQL 中的左外关联 left outer join，返回结果以左面(第一个)的 RDD 为主，关联不上的记录为空(None 值)。leftOuterJoin 只能用于两个 RDD 之间的关联，如果要多个 RDD 关联，多关联几次即可。如图 3-58 所示，rdd1、rdd2 进行左连接，则以 rdd1 为主，如 rdd2 中没有对应的键，显示 None 值；如 rdd2 中有相应的键，则显示 Some 类型。

```
scala> val rdd1=sc.parallelize(List( ("tom",1),("jerry",2),("ken",3)    ))
rdd1: org.apache.spark.rdd.RDD[(String, Int)] = ParallelCollectionRDD[245] at parallelize at <consol
e>:24

scala> val rdd2=sc.parallelize(List( ("tom",4),("jerry",5),("apple",6)    ))
rdd2: org.apache.spark.rdd.RDD[(String, Int)] = ParallelCollectionRDD[246] at parallelize at <consol
e>:24

scala> rdd1.leftOuterJoin(rdd2).collect
res107: Array[(String, (Int, Option[Int]))] = Array((tom,(1,Some(4))), (ken,(3,None)), (jerry,(2,Som
e(5))))
```

图 3-58　leftOuterJoin 操作的用法

3.5.5　fullOuterJoin

fullOuterJoin 是全连接，它会保留两个 RDD 的所有键连接结果，示例如图 3-59 所示。

```
scala> val rdd1=sc.parallelize(List( ("tom",1),("jerry",2),("ken",3)    ))
rdd1: org.apache.spark.rdd.RDD[(String, Int)] = ParallelCollectionRDD[250] at parallelize at <consol
e>:24

scala> val rdd2=sc.parallelize(List( ("tom",4),("jerry",5),("apple",6)    ))
rdd2: org.apache.spark.rdd.RDD[(String, Int)] = ParallelCollectionRDD[251] at parallelize at <consol
e>:24

scala> rdd1.fullOuterJoin(rdd2).collect
res108: Array[(String, (Option[Int], Option[Int]))] = Array((tom,(Some(1),Some(4))), (apple,(None,So
me(6))), (ken,(Some(3),None)), (jerry,(Some(2),Some(5))))
```

图 3-59　fullOuterJoin 操作的用法

3.5.6　查找累计扣 12 分以上车辆信息

针对车辆违章数据，要想找出累计扣 12 分以上车辆，并输出车牌号、车主姓名、车主电话等相关信息，则需要用到 records.txt、violation.txt、owner.txt 3 个文件。具体步骤如下。

1. 生成 RDD

生成 RDD 的具体操作如图 3-60 所示。

```
scala> val records=sc.textFile("/user/hadoop/traffic/records.txt")
records: org.apache.spark.rdd.RDD[String] = /user/hadoop/traffic/records.txt MapPartitionsRDD[262] a
t textFile at <console>:24

scala> val owner=sc.textFile("/user/hadoop/traffic/owner.txt")
owner: org.apache.spark.rdd.RDD[String] = /user/hadoop/traffic/owner.txt MapPartitionsRDD[264] at te
xtFile at <console>:24

scala> val violation=sc.textFile("/user/hadoop/traffic/violation.txt")
violation: org.apache.spark.rdd.RDD[String] = /user/hadoop/traffic/violation.txt MapPartitionsRDD[26
6] at textFile at <console>:24
```

图 3-60　违章数据生成 RDD

2. records 信息与 violation 信息内连接

reeords 信息与 violation 信息内连接的具体操作如图 3-61 所示。

```
scala> val kv_records=records.map(x=>x.split("\t")).map(x=>(x(3),x(2)) )
kv_records: org.apache.spark.rdd.RDD[(String, String)] = MapPartitionsRDD[11] at
 map at <console>:26

scala> val kv_violation=violation.map(x=>x.split("\t")).map(x=>(x(0),x(1)) )
kv_violation: org.apache.spark.rdd.RDD[(String, String)] = MapPartitionsRDD[13]
at map at <console>:26

scala> val join_records_violation= kv_records.join(kv_violation)
join_records_violation: org.apache.spark.rdd.RDD[(String, (String, String))] = M
apPartitionsRDD[16] at join at <console>:32

scala> val records_violation=join_records_violation.map(x=>(x._2._1,x._2._2.trim
.toInt))
records_violation: org.apache.spark.rdd.RDD[(String, Int)] = MapPartitionsRDD[17
] at map at <console>:34

scala> records_violation.collect
res0: Array[(String, Int)] = Array((CZ8463,3), (MU0066,2), (CZ8463,2), (MR3328,2
), (CQ9901,2), (MU0066,2), (CZ8463,2), (CZ8463,6), (NR4542,6), (NR4542,6), (AK08
03,6), (MU1237,6), (CZ8463,6), (MU0066,3), (MU0066,3), (CZ8463,6), (CZ8463,6), (
AK0803,6), (PW2306,12), (MU0066,12), (CZ8463,12), (MU1134,12), (MK4875,12), (CZ8
463,1), (MU0066,1))
```

图 3-61　records 与 violation 内连接

3. 找出累计扣 12 分以上的车牌号

找出累计扣 12 分以上的车牌号，如图 3-62 所示。

```
scala> val penalize=records_violation.reduceByKey((a,b)=>a+b)
penalize: org.apache.spark.rdd.RDD[(String, Int)] = ShuffledRDD[18] at reduceByK
ey at <console>:36

scala> val penalize_over12=penalize.filter(x=>x._2 >= 12)
penalize_over12: org.apache.spark.rdd.RDD[(String, Int)] = MapPartitionsRDD[19]
at filter at <console>:38

scala> penalize_over12.collect
res1: Array[(String, Int)] = Array((MK4875,12), (CZ8463,44), (NR4542,12), (MU113
4,12), (PW2306,12), (AK0803,12), (MU0066,23))
```

图 3-62　找出累计扣 12 分以上的车牌号

4. 与 owner 信息内连接，找出车主姓名、车主电话

将车主信息 RDD 转为键值对形式，如图 3-63 所示。

```
scala> val kv_owner=owner.map(x=>x.split("\t")).map(x=>(x(0),(x(1),x(2))))
kv_owner: org.apache.spark.rdd.RDD[(String, (String, String))] = MapPartitionsRD
D[21] at map at <console>:26

scala> kv_owner.collect
res2: Array[(String, (String, String))] = Array((PW2306,(王小舜,138880001)), (NR
4542,(郝国明,138880012)), (MU0066,(耿莉莉,138880303)), (MR3328,(吴花,138880054))
, (MK4875,(张自明,138880076)), (CZ8463,(陈菲,138880085)), (MU1134,(赵孟轲,138880
325)), (CQ9901,(孙刚,138888065)), (AK0803,(李刚强,138880235)), (MU1237,(周秦顺,1
38880369)))
```

图 3-63　车主信息生成 RDD

如图 3-64 所示，车主信息与 penalize_over12 内连接，确定扣分超过 12 分的车主姓名、电话等，输出格式为：车牌号、总扣分、车主姓名、车主电话。

```
scala> val infor=penalize_over12.join(kv_owner).map(x=>(x._1,x._2._1,x._2._2._1,
x._2._2._2))
infor: org.apache.spark.rdd.RDD[(String, Int, String, String)] = MapPartitionsRD
D[25] at map at <console>:44

scala> infor.collect
res3: Array[(String, Int, String, String)] = Array((MK4875,12,张自明,138880076),
 (CZ8463,44,陈菲,138880085), (NR4542,12,郝国明,138880012), (MU1134,12,赵孟轲,138
880325), (PW2306,12,王小舜,138880001), (AK0803,12,李刚强,138880235), (MU0066,23,
耿莉莉,138880303))
```

图 3-64　超过 12 分的车主信息

5. 给车主发短信提示

模拟给车主发信息短信提示的具体操作如图 3-65 所示。

```
scala> infor.foreach(x=>println(x._3+ ": 您好! 您的车牌号"+x._1+"违章扣分达"+x._2+", 请及时处理! "))
张自明： 您好! 您的车牌号MK4875违章扣分达12, 请及时处理!
陈菲： 您好! 您的车牌号CZ8463违章扣分达44, 请及时处理!
郝国明： 您好! 您的车牌号NR4542违章扣分达12, 请及时处理!
赵孟轲： 您好! 您的车牌号MU1134违章扣分达12, 请及时处理!
王小舜： 您好! 您的车牌号PW2306违章扣分达12, 请及时处理!
李刚强： 您好! 您的车牌号AK0803违章扣分达12, 请及时处理!
耿莉莉： 您好! 您的车牌号MU0066违章扣分达23, 请及时处理!
```

图 3-65　模拟给车主发短信

任务 3.6　各类文件的读/写操作

Spark 支持许多常见的文件格式(如文本文件、JSON、CSV、SequenceFile 等)、文件系统(如本地文件、HDFS、Amazon S3 等)和数据库(如 MySQL、HBase、Hive 等)。本节将介绍各类文件的读取并生成 RDD 及保存为相应格式文件。

各类文件的读写操作

3.6.1　读/写文本文件

文本文件生成 RDD，可以直接使用 SparkContext 类的 textFile("文件位置")方法；新建一个文本文件 myfile.txt，内容如下：

```
I like spark and bigdata!
He likes spark.
She likes spark,too.
```

myfile.txt 文件置于/home/hadoop/data 目录下，图 3-66 演示读取 myfile.txt 并生成 RDD。

```
scala> val filePath="file:///home/hadoop/myfile.txt"
filePath: String = file:///home/hadoop/myfile.txt

scala> val fileRDD=sc.textFile(filePath)
fileRDD: org.apache.spark.rdd.RDD[String] = file:///home/hadoop/myfile.txt MapPa
rtitionsRDD[27] at textFile at <console>:26

scala> fileRDD.foreach(println)
I like spark and bigdata!
He likes spark.
She likes spark,too.
```

图 3-66　读取 myfile.txt 并生成 RDD

在 Spark 中，可以通过 saveAsTextFile 方法将 RDD 中的数据保存成普通文本文件；saveAsTextFile 接收一个存储路径，该路径可以是 HDFS，也可以是本地文件系统(Linux、Windows 等)；图 3-67 演示将 RDD 保存为文本文件的操作。

```
scala> val fruits=List(("apple",5.5),("orange",3.0),("apple",8.2),("banana",2.7)
,("orange",4.2))
fruits: List[(String, Double)] = List((apple,5.5), (orange,3.0), (apple,8.2), (b
anana,2.7), (orange,4.2))

scala> val fruitsRDD=sc.parallelize(fruits)
fruitsRDD: org.apache.spark.rdd.RDD[(String, Double)] = ParallelCollectionRDD[30
] at parallelize at <console>:26

scala> val path="file:///home/hadoop/out"
path: String = file:///home/hadoop/out

scala> fruitsRDD.saveAsTextFile(path)
```

图 3-67　将 RDD 保存为文本文件的操作

执行完毕后，我们发现/home/hadoop 目录下生成了一个 out 文件夹，打开该文件夹，发现有两个文件 part-00000、_SUCCESS，如图 3-68 所示，其中 part_00000 存储了 fruitsRDD 的内容数据。

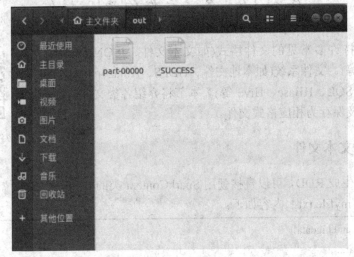

图 3-68　Linux 下生成的两个文件

3.6.2　读/写 JSON 格式的数据

对于 JSON 格式的文件，可以使用 Spark 自带的 Json 解析工具读取其数据并生成 RDD，也可以使用其他解析包。新建一个 JSON 文件 employees.json，文件中每一行都是一个完整 JSON 字符串，内容如下：

```
{"name":"Michael", "salary":3000}
{"name":"Andy", "salary":4500}
{"name":"Justin", "salary":3500}
{"name":"Berta", "salary":4000}
```

employees.json 文件置于/home/hadoop 目录下，图 3-69 演示使用 Spark 自带的 scala.util.parsing.json 包读取 employees.json 并生成 RDD。

```
scala> import scala.util.parsing.json.JSON
import scala.util.parsing.json.JSON

scala> val inputJson=sc.textFile("file:///home/hadoop/employees.json")
inputJson: org.apache.spark.rdd.RDD[String] = file:///home/hadoop/employee
s.json MapPartitionsRDD[39] at textFile at <console>:27

scala> val content=inputJson.map(JSON.parseFull)
content: org.apache.spark.rdd.RDD[Option[Any]] = MapPartitionsRDD[40] at m
ap at <console>:29

scala> content.collect
res15: Array[Option[Any]] = Array(Some(Map(name -> Michael, salary -> 3000
.0)), Some(Map(name -> Andy, salary -> 4500.0)), Some(Map(name -> Justin,
salary -> 3500.0)), Some(Map(name -> Berta, salary -> 4000.0)))
```

图 3-69　JSON 生成 RDD

　　注意： content 的元素类型为"Option[Any]"，Scala Option(选项)类型用来表示一个值是可选的(有值或无值)。Option[T]是一个类型为 T 的可选值的容器：如果值存在，则 Option[T]就是一个 Some[T]；如果不存在，则 Option[T] 就是对象 None；我们可以使用 getOrElse( )方法来获取元组中存在的元素或者使用其默认的值，如图 3-70 所示。

```
scala> content.map(x=>x.getOrElse("JSON解析错误")).collect
res22: Array[Any] = Array(Map(name -> Michael, salary -> 3000.0), Map(name
 -> Andy, salary -> 4500.0), Map(name -> Justin, salary -> 3500.0), Map(na
me -> Berta, salary -> 4000.0))
```

图 3-70　getOrElse 方法的使用

　　将 RDD 数据保存为 JSON 文件，其操作与保存为普通文件类似，仅多了一个步骤，即数据写入文件前将数据格式化为 JSON 格式。假设要输出图 3-71 所示内容的 JSON 数据。

```
{"name":"Michael", "salary":3000,"adress":["地址 1","地址 2"]}
{"name":"Andy", "salary":4500,"adress":["地址 3","地址 4","地址 5"]}
{"name":"Justin", "salary":3500,"adress":["地址 6","地址 7"]}
```

```
scala> import scala.util.parsing.json._
import scala.util.parsing.json._

scala> val map1=Map("name"->"Michael","salary"->3000,"adress"->JSONArray(List("地址1","地址2") ))
map1: scala.collection.immutable.Map[String,Any] = Map(name -> Michael, salary -> 3000, adress -> ["地址
1", "地址2"])

scala> val map2=Map("name"->"Andy","salary"->4500,"adress"->JSONArray(List("地址3","地址4","地址5") ))
map2: scala.collection.immutable.Map[String,Any] = Map(name -> Andy, salary -> 4500, adress -> ["地址3",
 "地址4", "地址5"])

scala> val map3=Map("name"->"Justin","salary"->3500,"adress"->JSONArray(List("地址6","地址7") ))
map3: scala.collection.immutable.Map[String,Any] = Map(name -> Justin, salary -> 3500, adress -> ["地址6
", "地址7"])

scala> val data=List( JSONObject(map1),JSONObject(map2),JSONObject(map3) )
data: List[scala.util.parsing.json.JSONObject] = List({"name" : "Michael", "salary" : 3000, "adress" : [
"地址1", "地址2"]}, {"name" : "Andy", "salary" : 4500, "adress" : ["地址3", "地址4", "地址5"]}, {"name"
 : "Justin", "salary" : 3500, "adress" : ["地址6", "地址7"]})

scala> val dataRDD=sc.makeRDD(data)
dataRDD: org.apache.spark.rdd.RDD[scala.util.parsing.json.JSONObject] = ParallelCollectionRDD[18] at mak
eRDD at <console>:52

scala> val path="file:///home/hadoop/outjson"
path: String = file:///home/hadoop/outjson

scala> dataRDD.saveAsTextFile(path)
```

图 3-71　RDD 数据保存为 JSON 文件

　　执行完上述代码后，可以发现/home/hadoop 目录下生成了一个 outjson 文件夹；打开该文件夹，发现有两个文件 part-00000、_SUCCESS，其中 part_00000 存储了 dataRDD 的内容数据，如图 3-72 所示。

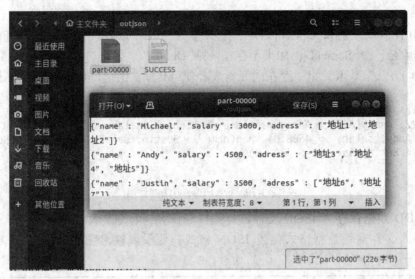

图 3-72　查看保存的 JSON 文件

3.6.3　读/写 CSV、TSV 格式文件

　　CSV(Comma Separated Values，逗号分隔值)、TSV(Tab Separated Values，制表符分割值)文件是常用的文件格式，其读取方式与普通文本文件基本一致。逗号分割值每行数据以英文","分割，现有 CSV 文件 author.csv(/home/hadoop/author.csv)，数据格式如下：

李清照,女,宋,词人,68

陆游,男,宋,词人,73

孟浩然,男,唐,诗人,58

　　图 3-73 中，由文件 author.csv 生成 RDD，为做进一步数据分析，使用匿名函数 x=>x.split(",")对其元素进行切割。

```scala
scala> val csvpath="file:///home/hadoop/author.csv"
csvpath: String = file:///home/hadoop/author.csv

scala> val csvRDD=sc.textFile(csvpath)
csvRDD: org.apache.spark.rdd.RDD[String] = file:///home/hadoop/author.csv MapPartitionsRDD[27] at textFile at <console>:46

scala> csvRDD.foreach(println)
李清照,女,宋,词人,68
陆游,男,宋,词人,73
孟浩然,男,唐,诗人,58

scala> val split_csv=csvRDD.map(x=>x.split(","))
split_csv: org.apache.spark.rdd.RDD[Array[String]] = MapPartitionsRDD[28] at map at <console>:48

scala> split_csv.collect
res26: Array[Array[String]] = Array(Array(李清照, 女, 宋, 词人, 68), Array(陆游, 男, 宋, 词人, 73), Array(孟浩然, 男, 唐, 诗人, 58))
```

图 3-73　CSV 文件生成 RDD

　　制表符分割值每行数据以"\t"(即键盘上的 Tab 键)分割，现有 TSV 文件 author.tsv

(/home/hadoop/author.tsv)，数据格式如下：

王勃	男	唐	诗人	60
卢照邻	男	唐	诗人	65
辛弃疾	男	宋	词人	64

图 3-74 中，由文件 author.tsv 生成 RDD，为做进一步数据分析，使用匿名函数 x=>x.split(",")对其元素进行切割。

```
scala> val tsvpath="file:///home/hadoop/author.tsv"
tsvpath: String = file:///home/hadoop/author.tsv

scala> val tsvRDD=sc.textFile(tsvpath)
tsvRDD: org.apache.spark.rdd.RDD[String] = file:///home/hadoop/author.tsv MapPartiti
onsRDD[1] at textFile at <console>:26

scala> tsvRDD.foreach(println)
王勃      男      唐      诗人    60
卢照邻    男      唐      诗人    65
辛弃疾    男      宋      词人    64

scala> val split_tsv=tsvRDD.map(x=>x.split("\t"))
split_tsv: org.apache.spark.rdd.RDD[Array[String]] = MapPartitionsRDD[2] at map at <
console>:28

scala> split_tsv.collect
res1: Array[Array[String]] = Array(Array(王勃, 男, 唐, 诗人, 60), Array(卢照邻, 男,
唐, 诗人, 65), Array(辛弃疾, 男, 宋, 词人, 64))
```

图 3-74　TSV 文件生成 RDD

把 RDD 保存为 CSV 文件、TSV 文件，如图 3-75 所示。

```
scala> //模拟个人信息

scala> val arr=Array("李白","唐朝","诗人","60kg")
arr: Array[String] = Array(李白, 唐朝, 诗人, 60kg)

scala> val csvRDD=sc.parallelize( Array( arr.mkString(",")))
csvRDD: org.apache.spark.rdd.RDD[String] = ParallelCollectionRDD[35] at parallelize at <console>:46

scala> val csvPath="file:///home/hadoop/csvout"
csvPath: String = file:///home/hadoop/csvout

scala> csvRDD.saveAsTextFile(csvPath)

scala> val tsvRDD=sc.parallelize( Array( arr.mkString("\t")))
tsvRDD: org.apache.spark.rdd.RDD[String] = ParallelCollectionRDD[37] at parallelize at <console>:46

scala> val tsvPath="file:///home/hadoop/tsvout"
tsvPath: String = file:///home/hadoop/tsvout

scala> tsvRDD.saveAsTextFile(tsvPath)
```

图 3-75　RDD 保存为 CSV、TSV 文件

执行完毕上述代码后，在/home/hadoop 目录下可以看到生成的文件夹，内有保存的 CSV、TSV 格式文件，如图 3-76 所示。

图 3-76　查看保存结果

3.6.4　读/写 SequenceFile 文件

SequenceFile 格式较为特殊，只有键值对形式的数据才可以保存为 SequenceFile 格式。SequenceFile 可以对数据进行压缩(可以逐条压缩，也可以压缩整个数据块)，默认情况下不启用压缩。SequenceFile 格式数据是无法直接人工阅读的，例如如下数据：

(广东，广州)
(浙江，杭州)
(山东，济南)

用代码将以上数据保存为 SequenceFile 格式，如图 3-77 所示。

```
scala> val data=List(("广东","广州"),("浙江","杭州"),("山东","济南"))
data: List[(String, String)] = List((广东,广州), (浙江,杭州), (山东,济南))

scala> val rdd=sc.parallelize(data)
rdd: org.apache.spark.rdd.RDD[(String, String)] = ParallelCollectionRDD[42] at parallelize at <console>:
46

scala> val path="file:///home/hadoop/sequence"
path: String = file:///home/hadoop/sequence

scala> rdd.saveAsSequenceFile(path)
```

图 3-77　RDD 保存为 SequenceFile

接下来用代码读取 Sequence 文件，如图 3-78 所示。其中，sc.sequenceFile[String, String] 用于约束读取的数据封装成何种数据类型，这里 Key、Value 均为 String。

```
scala> val sequenPath="file:///home/hadoop/sequence"
sequenPath: String = file:///home/hadoop/sequence

scala> val sequenRDD=sc.sequenceFile[String,String](sequenPath)
sequenRDD: org.apache.spark.rdd.RDD[(String, String)] = MapPartitionsRDD[53] at sequenceFile at <console
>:46

scala> sequenRDD.foreach(println)
(广东,广州)
(浙江,杭州)
(山东,济南)
```

图 3-78　读取 Sequence 文件

3.6.5　读取文件进行词频统计并存储结果

有一文本文件 wordcount.txt，其内容如图 3-79 所示，现要求读取该文件内容，进行单词词频统计，统计结果降序排列后存储到文本文件中。

图 3-79　wordcount.txt 文件的内容

代码如图 3-80 所示，首先由 wordcount.txt 文件生成 input(RDD)，然后使用 flatMap 方法对其元素(字符串)按照空格进行切分，得到 splited(RDD)；进而使用 map、reduceByKey 方法完成各个单词的词频统计；最后，使用 sortBy、saveAsTextFile 操作完成排序及保存为文本文件。

```
scala> val input=sc.textFile("file:///home/hadoop/wordcount.txt")
input: org.apache.spark.rdd.RDD[String] = file:///home/hadoop/wordcount.txt MapP
artitionsRDD[11] at textFile at <console>:24

scala> val splited=input.flatMap(line=>line.split(" "))
splited: org.apache.spark.rdd.RDD[String] = MapPartitionsRDD[12] at flatMap at <
console>:26

scala> val wordPair=splited.map(word=>(word,1))
wordPair: org.apache.spark.rdd.RDD[(String, Int)] = MapPartitionsRDD[13] at map
at <console>:28

scala> val reduced=wordPair.reduceByKey((a,b)=>a+b)
reduced: org.apache.spark.rdd.RDD[(String, Int)] = ShuffledRDD[14] at reduceByKe
y at <console>:30

scala> val sorted=reduced.sortBy(x=>x._2,false)
sorted: org.apache.spark.rdd.RDD[(String, Int)] = MapPartitionsRDD[17] at sortBy
 at <console>:32

scala> sorted.saveAsTextFile("file:///home/hadoop/wordcount")
```

图 3-80　词频统计代码

执行完毕后，可以发现/home/hadoop 目录下生成了一个 wordcount 文件夹，打开该文件夹，发现有两个文件 part-00000、_SUCCESS，其中 part-00000 存储了词频统计的结果，如图 3-81 所示。

图 3-81　词频统计结果

3.6.6　将违章信息保存为 TSV 格式文件

根据业务需要，计划将 records.txt、violation.txt 中信息整合后，写入 TSV 格式文件，其格式为"日期　车牌号　扣分数　罚款金额　　违章项目名称"。

1. 生成 RDD，转换为键值对 RDD

如图 3-82 所示，由 records.txt、violation.txt 两个文本文件生成 RDD。使用 map 操作将它们分别转为键值对 RDD，格式分别为：(违章代码，(日期，车牌号))和(违章代码，(扣分数，罚款数，违章名称))，为后续两个 RDD 的 join 操作做好准备。

```
scala> val records=sc.textFile("/user/hadoop/traffic/records.txt")
records: org.apache.spark.rdd.RDD[String] = /user/hadoop/traffic/records.txt MapPartitionsRDD[262] a
t textFile at <console>:24

scala> val violation=sc.textFile("/user/hadoop/traffic/violation.txt")
violation: org.apache.spark.rdd.RDD[String] = /user/hadoop/traffic/violation.txt Map
PartitionsRDD[14] at textFile at <console>:24

scala> val kv_records=records.map(x=>x.split("\t")).map(x=>(x(3), (x(0),x(2))      )
 )
kv_records: org.apache.spark.rdd.RDD[(String, (String, String))] = MapPartitionsRDD[
16] at map at <console>:26

scala> val kv_violation=violation.map(x=>x.split("\t")).map(x=>(x(0), (x(1),x(2),x(3
)) ) )
kv_violation: org.apache.spark.rdd.RDD[(String, (String, String, String))] = MapPart
itionsRDD[18] at map at <console>:26

scala> kv_violation.collect
res3: Array[(String, (String, String, String))] = Array((X01,(2,200,超速10%-20%)), (
X02,(6,300,超速20%-50%)), (X03,(12,500,超速50%以上)), (X04,(6,200,不按信号灯行驶（闯
红灯）)), (X05,(3,200,不按交通标识行驶)), (X06,(3,150,逆向行驶)), (X07,(1,150,接打电
话)), (X08,(1,150,斑马线不礼让行人)), (X09,(12,2000,交通事故逃逸，尚不构成犯罪)), (X
10,(12,1000,驾驶与驾驶证载明的准驾车型不相符合的车辆)), (X11,(6,300,公路客运车辆违反
规定载货的)), (X12,(2,500,公路客运车辆载客超过核定载客人数未达20%的)), (X13,(6,800,
公路客运车辆载客，超过额定乘员20%以上不足50%的)), (X14,(6,1500,公路客运车辆载客超过
额定乘员50%以上不足100%)))
```

图 3-82　数据文件生成 RDD

2. join 操作

使用 join 操作将 kv_records、kv_violation 两个 RDD 连接，连接后生成 RDD 元素样式为(违章代码,((日期,车牌号),(扣分数,罚款金额,违章名称)))，如图 3-83 所示。

```
scala> val join_records_violation= kv_records.join(kv_violation)
join_records_violation: org.apache.spark.rdd.RDD[(String, ((String, String), (String, String, String)))]
 = MapPartitionsRDD[86] at join at <console>:52

scala> join_records_violation.collect
res61: Array[(String, ((String, String), (String, String, String)))] = Array((X06,((2020-1-18,CZ8463),(3
,150,逆向行驶))), (X01,((2020-1-08,MU0066),(2,200,超速10%-20%))), (X01,((2020-1-08,CZ8463),(2,200,超速10
%-20%))), (X01,((2020-1-10,MR3328),(2,200,超速10%-20%))), (X01,((2020-1-10,CQ9901),(2,200,超速10%-20%))
), (X01,((2020-1-11,MU0066),(2,200,超速10%-20%))), (X01,((2020-1-15,CZ8463),(2,200,超速10%-20%))), (X02,(
(2020-1-08,CZ8463),(6,300,超速20%-50%))), (X02,((2020-1-10,NR4542),(6,300,超速20%-50%))), (X02,((2020-1-
10,NR4542),(6,300,超速20%-50%))), (X02,((2020-1-13,AK0803),(6,300,超速20%-50%))), (X02,((2020-1-18,MU123
7),(6,300,超速20%-50%))), (X02,((2020-1-18,CZ8463),(6,300,超速20%-50%))), (X05,((2020-1-10,MU0066),(3,20
0,不按交通标识行驶))), (X05,((2020-1-13,MU0066),(3,200,不按交通标识行驶))), (X04,((2020-1-05,CZ8463),(6,
200,不按信号灯...
```

图 3-83　join 操作进行 RDD 连接

3. 格式转换

将 RDD 格式转为需要的"日期 车牌号 扣分数　罚款金额　违章内容名称"样式字符串(数据之间 Tab 键隔离)，如图 3-84 所示。

```
scala> val infor=join_records_violation.map(x=>Array( x._2._1._1, x._2._1._2, x._2._2._1, x._2._2._2,x
._2._2._3 ))
infor: org.apache.spark.rdd.RDD[Array[String]] = MapPartitionsRDD[89] at map at <console>:54

scala> val out=infor.map(x=>x.mkString("\t"))
out: org.apache.spark.rdd.RDD[String] = MapPartitionsRDD[90] at map at <console>:56

scala> out.collect
res64: Array[String] = Array(2020-1-18  CZ8463  3       150     逆向行驶, 2020-1-08    MU0066  2       2
00      超速10%-20%, 2020-1-08  CZ8463  2       200     超速10%-20%, 2020-1-10  MR3328  2       200     超速10%-
20%, 2020-1-15  CZ8463  2       200     超速10%-20%, 2020-1-08  CZ8463  6       300     超速20%-50%, 202
0-1-10  NR4542  6       300     超速20%-50%, 2020-1-10  NR4542  6       300     超速20%-50%, 2020-1-13  A
K0803  6       300     超速20%-50%, 2020-1-18  MU1237  6       300     超速20%-50%, 2020-1-18  CZ8463  6
300     超速20%-50%, 2020-1-10  MU0066  3       200     不按交通标识行驶, 2020-1-13  MU0066  3       2
00      不按交通标识行驶, 2020-1-05  CZ8463  6       200     不按信号灯行驶（闯红灯）, 2020-1-10    C
Z8463  6       200     不按信号灯行驶（闯红灯）, 2020-1-13  AK0803  6       200     不按信号灯行驶（
闯红灯）, 2020-1-10  PW2306  12      500     超速50%以上, 2020-1-10  MU0066  12      500     超速50%
以上, 2020-1-10  CZ8463  12      500     超速50%以上, 2020-1-11  MU1134  12      500     超速50%以上, 202
0-1-18  MK4875  12      50...
```

图 3-84　RDD 元素格式转换

4. 保存为 TSV 格式文件

最后，使用 saveAsTextFile 方法，将结果保存为 TSV 文件，如图 3-85 所示。

```
scala> val outPath="file:///home/hadoop/csvInfor"
outPath: String = file:///home/hadoop/csvInfor

scala> out.saveAsTextFile(outPath)
```

图 3-85　保存为 TSV 格式文件

完成上述操作后，打开/home/hadoop/csvinfor 目录下的 part-00000，可以看到保存的信息如图 3-86 所示。

图 3-86　查看保存结果

项 目 小 结

　　Spark 的核心数据抽象是 RDD(弹性分布式数据集)，Spark 为 RDD 提供了丰富的操作 (算子)。Spark RDD 可以由内存数据生成，也可以读取文本文件、JSON 文件、CSV 文件 或者 HBASE 数据库等生成。Spark RDD 的操作包括转换操作和行动操作两大类，其中转换操作主要有一个 RDD 生成一个新的 RDD(包括 map、flatMap、filter、join 等)，而行动操作则是向驱动器程序返回结果或把结果写入外部系统的操作，会触发实际的计算(报告 count、first、collect 等)；通过组合使用 RDD 算子，可以完成大数据分析的工作。

课 后 练 习

一、判断题

1. RDD 一旦生成，不允许修改其元素的值。(　　)

2. map 方法与 flatMap 方法的作用是一样的，都是对 RDD 的元素进行处理。(　　)

3. distinct 方法可以过滤出 RDD 中的不同元素。(　　)

4. Spark RDD 只有在执行行动操作时，才真正触发实际计算，因此仅靠行动操作即可完成绝大多数数据分析任务。(　　)

5. 对于 JSON 文件，只有转换为 txt 文件后，方可生成 RDD。(　　)

二、选择题

1. 创建 RDD 的方法不包括哪个？(　　)

A. makeRDD　　　　　　　　　　　　　　B. parallelize

C. textFile　　　　　　　　　　　　　　　　D. fromFile

2. 现有一个 RDD，其元素为整数，找出其中的偶数组成一个新的 RDD，可以使用下列哪个方法？（　　　）

A. filter(x=>x%2==0)　　　　　　　　　　B. filter(x=>x%2=0)

C. map(x=>x%2==0)　　　　　　　　　　　D. map(x=>x%2=0)

3. 下列哪项操作后，得到的仍是一个 RDD？（　　　）

A. take　　　　　　　　　　　　　　　　　B. reduceByKey

C. collect　　　　　　　　　　　　　　　　D. first

4. 对于 union 操作，下列说法哪项是错误的？（　　　）

A. 用于合并两个 RDD

B. 两个 RDD 的元素数量需相同

C. 两个 RDD 的元素类型可以不同

D. 返回的仍然是一个 RDD

能力拓展

现有一组新浪微博数据 post.csv(样式如图 3-87 所示)，数据记录了某段时间内新浪微博发帖情况，各字段含义如下：

　　-post_id: 帖子的 ID

　　-post_time: 发帖时间

　　-content: 帖子内容

　　-poster_id: 发帖者 ID

　　-poster_url: 帖子的地址

　　-repost_num: 被转载数量

　　-comment_num: 评论数量

　　-repost_post_id: 转帖的 ID

post_id	post_time	content	poster_id	poster_url	repost_num	comment_num	repost_post_id
1	2014-8-17 21:00	置顶#代理须知#扩	2364770064	http://weibo.com/2	0	0	
2	2014-11-16 16:45	爆美来袭独家实扩	2364770064	http://weibo.com/2	0	0	
3	2014-11-16 16:29	爆美来袭独家实扩	2364770064	http://weibo.com/2	0	0	
4	2014-11-16 16:19	爆美来袭独家实扩	2364770064	http://weibo.com/2	0	0	
5	2014-11-16 16:11	独家实拍招微信们	2364770064	http://weibo.com/2	0	0	
6	2014-11-16 16:07	本人诚招代理不需	2364770064	http://weibo.com/2	0	0	
7	2014-11-16 15:51	本人还招收代理？	2364770064	http://weibo.com/2	0	0	
8	2014-11-16 15:39	爆美来袭实拍颜色	2364770064	http://weibo.com/2	0	0	
9	2014-11-16 15:31	爆美来袭实拍颜色	2364770064	http://weibo.com/2	0	1	
10	2014-11-14 14:02	独家实招微信们	2364770064	http://weibo.com/2	0	1	
11	2014-11-14 13:53	独家实招微信们	2364770064	http://weibo.com/2	0	0	
12	2014-11-14 13:37	独家实招微信们	2364770064	http://weibo.com/2	0	0	
13	2014-11-14 13:22	独家实招微信们	2364770064	http://weibo.com/2	0	0	
14	2014-11-14 13:15	独家实拍招微信们	2364770064	http://weibo.com/2	0	0	
15	2014-11-14 12:42	独家实拍招微信们	2364770064	http://weibo.com/2	0	0	

图 3-87　post.csv 数据文件

(1) 找出被转载数量最多的 5 个帖子。

(2) 找出评论数量最多的 5 个帖子。

(3) 按照月份统计各月发帖数量并排序。

(4) 定义一个帖子影响力参考因子 rat=repost_num + comment_num*0.5；找出平均发帖影响因子最大的微博用户。

项目四　Spark SQL 处理结构化学生数据

 项目概述

　　Spark SQL 是 Spark 生态中用于处理结构化数据的一个模块，开发人员可以轻松地借助 API、SQL 语句完成数据分析工作。本项目从 DataFrame 的创建入手，介绍不同的 DataFrame 的创建方法及 DataFrame 的各种操作；针对某校的学生信息文件(含学院、姓名、性别、年龄等)，使用 Spark SQL 进行分析，获取分析结果；Spark SQL 支持多种数据源，实际开发中经常要读/写 MySQL 数据库及 Hive 数据仓库；本项目中的任务也包括了 Spark SQL 与 MySQL、Hive 的交互示例。

 项目演示

　　使用 Spark SQL 可以完成学生信息的分析，提取有价值的信息，例如分学院、性别统计年龄最大、最小值，如图 4-1 所示。

```
+---------+---+--------+--------+
|institute|sex|max(age)|min(age)|
+---------+---+--------+--------+
|   信息学院|  男|      23|      20|
|   机械学院|  女|      20|      19|
|   人文学院|  女|      21|      19|
|   人文学院|  男|      22|      20|
|   信息学院|  女|      25|      17|
|   机械学院|  男|      20|      18|
+---------+---+--------+--------+
```

图 4-1　学生信息统计示例

　　除此之外，还可以实现 Spark SQL 与 MySQL、Hive 的连接；利用 Spark SQL 技术完成数据分析后，结果可再次写入 MySQL、Hive 中，如图 4-2 所示。

```
mysql> select * from people;
+------+-------+--------+------+---------------------+
| id   | name  | sex    | age  | address             |
+------+-------+--------+------+---------------------+
| 101  | Tom   | male   | 20   | Zhuhai, Guangdong   |
| 102  | Merry | female | 21   | Shenzhen, Guangdong |
| 103  | Ken   | male   | 19   | Shenzhen, Guangdong |
```

图 4-2　Spark 结果写入 MySQL 数据库

思维导图

本项目的思维导图如图 4-3 所示。

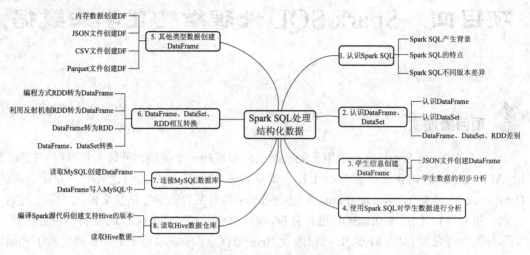

图 4-3　项目四思维导图

任务 4.1　初识结构化数据处理工具 Spark SQL

大数据处理中经常涉及结构化数据(如 CSV 数据、JSON 数据、关系型数据库表、Hive 分布式数据等)的处理问题，Spark SQL 是 Spark 体系中处理结构化数据的有力工具。本任务带领读者初步认识 Spark SQL，了解其演化历程、特点，并体验其使用过程。

4.1.1　Spark SQL 的产生

早期的 Hadoop 生态体系中，数据处理主要使用 MapReduce 组件，但 MapReduce 学习成本较高，需要较多的 Java 编程等知识，因此产生了 Hive 分布式数据仓库，它允许用户使用类似于 SQL 的语法(HQL)处理结构化数据，极大降低了使用门槛；Hive 与 Hadoop 高度集成，将 HQL 自动转换成 MapReduce 操作，可使用 YARN 完成资源调度，最终完成结构化数据的处理任务。Hive 因其便捷性而逐渐流行起来，成为搭建分布式数据仓库的主流方案之一。但是 Hive 也有致命的缺陷,其底层基于 MapReduce(HQL 最终转换为 MapReduce 操作)，而 MapReduce 的 shuffle 需要大量的磁盘 I/O，从而导致 Hive 性能低下，比较复杂的操作可能得运行数小时，甚至数十小时。

为此，伯克利 AMP 实验室开发了基于 Hive 的结构化数据处理组件 Shark(Spark SQL 的前身)。Shark 是 Spark 上的数据仓库，最初设计成与 Hive 兼容。Shark 在 HiveQL 方面重用了 Hive 中的 HiveQL 解析、逻辑执行计划翻译、执行计划优化等逻辑，但在执行层面将 MapReduce 作业替换成了 Spark 作业(把 HiveQL 翻译成 Spark 上的 RDD 操作)。因此，与 Hive 相比，因其使用 Spark 基于内存的计算模型，其性能也得到了极大的提升。

Shark 的上述设计导致了两个问题: 一是执行优化完全依赖于 Hive, 对于其性能进一步提升造成了约束; 二是 Spark 是线程级并行, 而 MapReduce 是进程级并行, Spark 在兼容 Hive 的实现上存在线程安全问题。

此外, Shark 继承了大量的 Hive 代码, 因此后续优化、维护较为麻烦, 特别是基于 MapReduce 设计的部分, 已成为整个项目的瓶颈。因此, 2014 年 Shark 项目被中止, 并转向 Spark SQL 的开发。

4.1.2 Spark SQL 的特点

早期, Spark SQL 引入了 SchemaRDD(即带有 Schema 模式信息的 RDD), 用户可以在 Spark SQL 中执行 SQL 语句, 数据既可来自 RDD, 也可来自 Hive、HDFS、Cassandra 等外部数据源, 还可以是 JSON、Parquet、CSV 等格式的数据, 如图 4-4 所示。开发语言方面, Spark SQL 支持 Scala、Java、Python 等语言, 也支持 SQL-92 规范。从 Spark1.2 升级到 Spark1.3 以后, Spark SQL 中的 SchemaRDD 改为 DataFrame, DataFrame 相对于 SchemaRDD 有了较大改变, 同时提供了更多便捷的 API。

图 4-4 Spark SQL 支持的部分数据格式(数据源)

Spark SQL 可以使用 JDBC、ODBC 等标准数据库连接器, 友好地支持各种 SQL 查询。这样, 其他第三方工具, 如部分商业智能工具(PowerBI、Tableau 等)可以接入 Spark, 借助 Spark 的强大计算能力完成大规模数据的处理(见图 4-5)。

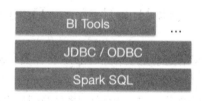

图 4-5 SparkSQL 支持 BI 工具

4.1.3 体验 Spark SQL 不同版本的操作差异

在早期的 Spark 1.X 版本中, Spark 结构化数据处理的入口为 SQLContext 和 HiveContext; 其中, SQLContext 仅支持 SQL 语法解析器, 而 HiveContext 继承了 SQLContext, HiveContext 既支持 SQL 语法解析器, 又支持 HiveQL 语法解析器。Spark 2.0 版本之前, 使用 Spark 必须先创建 SparkContext, SparkContext 是程序入口和程序执行的"调度者"。下面代码演示 Spark 1.X 版本下, 依次创建 SparkConf、SparkContext、SQLContext 实例:

```
//创建 SparkConf 实例
val sparkConf = new SparkConf( )
.setAppName("SparkSessionZipsExample")
.setMaster("local")
//创建 SparkContext 实例
val sc = new SparkContext(sparkConf)
//创建 SQLContext 实例
val sqlContext = new org.apache.spark.sql.SQLContext(sc)
```

在 Spark 2.0 以后版本中，只要创建一个 SparkSession 实例就够了，SparkConf、SparkContext 和 SQLContext 都已经被封装在 SparkSession 中(SparkSession 是程序入口、Spark SQL 的上下文环境)；而 HiveContext 类已经被移除，其功能迁移到 SparkSession 类中。下面代码演示 Spark 2.X 版下，通过 SparkSession 实例访问 SparkContext 实例和 SQLContext 实例。

```
//创建 SparkSession 实例
val spark = SparkSession
.builder( )
.appName("SparkSQLExample")
.getOrCreate( )
//由 SparkSession 创建 SparkContext、SQLContext 实例
val sc=spark.sparkContext
val sqlContext=spark.sqlcontext
```

注意，在 Spark Shell 环境下，已经建好了一个 SparkSession 对象 spark，可以直接使用，但在独立应用程序中，需要手工建立。

任务 4.2　认识 DataFrame、Dataset 数据类型

在 Spark SQL 之前，数据处理主要依靠 RDD 的各类行动操作、转换操作完成；而部分开发者更希望通过 SQL 类似的语法来处理数据，Spark 可将 RDD 封装为 DataFrame、DataSet，从而支持 SQL 类的操作，进一步降低学习的门槛并提升结构化数据处理效率。本节将初步介绍 DataFrame、Dataset 数据类型，认识 RDD、DataFrame、Dataset 三者的区别。

4.2.1　认识 DataFrame

Spark SQL 中，DataFrame 是其核心数据抽象，其前身是 SchemaRDD(Spark 1.3 中首次引入 DataFrame 的概念)。DataFrame 借助 Schema(模式信息)将数据组织到一个二维表格中(类似于关系型数据库的表)，每一列数据都有列名。基于 RDD 进行数据分析时，因为 RDD 的不可修改性，为了得到最终结果，需要进行若干次转换，生成若干 RDD；而用 DataFrame 进行分析时，一条 SQL 语句也可能包含多次转换，但转换操作在其内部发生，并不会频繁产生新的 RDD，从而获得更高的计算性能。

　　DataFrame 与 RDD 的主要区别在于，前者带有 schema 信息，即 DataFrame 所表示的二维表数据集的每一列都带有名称和数据类型。这使得 Spark SQL 得以洞察更多的结构信息，从而对藏于 DataFrame 背后的数据源以及作用于 DataFrame 之上的变换进行了针对性的优化，最终达到大幅提升运行效率的目的。反观 RDD，由于无法得知其元素的具体内部结构，Spark Core 只能在 stage 层面进行简单、通用的流水线优化。如图 4-6 所示，假设有若干人员 Person 数据，包含 name、age 两项信息。若用 RDD 进行处理，则需要定义一个 Person 类，将用户数据封装到 Person 类型对象中，RDD 的每一个元素都是 Person 类型，而 Spark 并不清楚其内部结构。如果要把数据存放到 DataFrame 中，则每一个元素都会被封装为 Row 类型，DataFrame 提供了详细的结构信息，Spark SQL 可以清楚地知道该数据集中包含多少列、每列的名称和数据类型，如图 4-6 所示。

			name:String	age:Int
Person		Row	Tom	20
Person		Row	Jerry	18
Person		Row	Ken	19
RDD中的数据形态			DataFrame中的数据形态	

图 4-6　RDD 与 DataFrame 数据形态差异

4.2.2　认识 Dataset

　　Dataset 是 DataFrame API 的一个扩展，是 Spark 1.6 版本加入的新的数据抽象，也是 Spark 2.0 之后管理结构化数据的主要数据抽象。DataFrame 是 Dataset 的特例，DataFrame=Dataset[Row]，Row 是一个类型，跟 Car、Person 这些用户定义类型一样，所有的表结构信息都用 Row 来表示。Dataset 是强类型的，可以有 Dataset[Car]、Dataset[Person]等，而 DataFrame 的每一行数据则只能为 Row 类型。除此之外，DataFrame 只是知道具体的字段，但不知道字段的类型，所以在执行这些操作的时候是没办法在编译的时候检查是否类型失败的。比如对一个 String 进行减法操作，编译时不会报错，在执行的时候才报错；而 Dataset 不仅仅知道具体的字段，而且知道字段类型，所以有更严格的错误检查。

　　图 4-7 所示，对于人员 Person 数据，可以自行创建一个 Person 样例类(case class Person(name:String,age:Int))，而后将每个人的数据封装为一个 Person 对象，最后放入 Dataset 中，即 Dataset 的每一行都是一个 Person 类实例。这种形式更加符合面向对象编程的思路，更加贴合业务场景，便于处理业务中的数据关系。

	name:String	age:Int
Person	Tom	20
Person	Jerry	18
Person	Ken	19

图 4-7　Dataset 中的数据形态

4.2.3　RDD、DataFrame、Dataset 三者的区别

RDD 中，明确知道每个元素的具体类型，但不知道元素的具体属性，需要加以判别。

DataFrame 中，每一个元素(每一行)均为 Row 类型，可以知道每个元素有多少列，每列的名称是什么。

Dataset 集成了 RDD 和 DataFrame 的优点，可以明确知道每一个元素(每一行)的具体类型(预先定义的类)，进而知道每列数据的名称，也知道其数据类型；在 Spark 2.X 版本中，Dataset、DataFrame 的 API 已做了统一。

任务 4.3　由学生信息创建 DataFrame

要使用 Spark SQL 进行数据分析，首先要创建 DataFrame。本项任务将由 JSON 数据文件(存储了学生相关信息，结构如图 4-8 所示)构建 DataFrame 以供后续处理，同时演示 DataFrame 的相关数据输出、打印等方法。

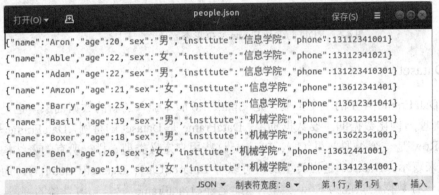

由学生信息创建 DataFrame 代码

图 4-8　学生信息 JSON 文件

4.3.1　由学生信息 JSON 文件创建 DataFrame

结构化文件(JSON、CSV、Parquet 等)、数据库(Mysql、Oracle 等)、分布式数据库等均可以生成 DataFrame，从而进行数据处理。下面演示由 JSON 文件创建 DataFrame，其他生成方式将在后面陆续讲解。

首先在 Linux 终端使用以下命令将 people.json 文件上传到 hadoop 文件系统：

```
./hdfs dfs -put /home/hadoop/people.json   /user/hadoop
```

然后使用 spark.read.json（“文件路径”）或 spark.read.format("json").load（“文件路径”)创建 DataFrame，如图 4-9 所示(代码中 spark 为 Spark Shell 自动生成的 SparkSession 对象)：

```
scala> val path="hdfs://localhost:9000/user/hadoop/people.json"
path: String = hdfs://localhost:9000/user/hadoop/people.json

scala> val df=spark.read.json(path)
df: org.apache.spark.sql.DataFrame = [age: bigint, institute: string ... 3 more
fields]

scala> val df=spark.read.format("json").load(path)
df: org.apache.spark.sql.DataFrame = [age: bigint, institute: string ... 3 more
fields]
```

图 4-9　JSON 文件创建 DataFrame

4.3.2　printSchema 打印 DataFrame 的数据模式

Spark DataFrame 类派生于 RDD 类，因此与 RDD 类似，DataFrame 的操作也分为转换操作和行动操作，同时 DataFrame 也具有惰性操作特点(只有提交行动操作时才真正执行计算)。Spark RDD 经常用 take、collect 等行动操作查看数据，DataFrame 同样提供了若干类似方法，常用的方法如表 4-1 所示。

表 4-1　DataFrame 常用的数据查看操作

方 法 名 称	方 法 说 明
printSchema	打印 DataFrame 的数据模式
show	显示 DataFrame 中的数据
first，head	显示 DataFrame 的第一个元素(第一行)
take，takeAsList	获取 DataFrame 的若干行数据，两个函数返回值类型不同
collect，collectAsList	获取 DataFrame 的所有数据，两个函数返回值类型不同

图 4-10 中，使用 printSchema 打印 DataFrame 的数据模式，可以看到 df 的列名称、数据类型以及是否可以为空。

```
scala> df.printSchema
root
 |-- age: long (nullable = true)
 |-- institute: string (nullable = true)
 |-- name: string (nullable = true)
 |-- phone: long (nullable = true)
 |-- sex: string (nullable = true)
```

图 4-10　打印 DataFrame 模式信息

4.3.3　show 方法显示 DataFrame 中的数据

show 相关方法有多个，常用的如表 4-2 所示。

表 4-2　DataFrame 的 show 方法

方 法 名 称	方 法 说 明
show( )	不带参数，默认最多显示 DataFrame 的前 20 行
show(numRows: Int)	显示 DataFrame 中的 numRows 行
show(truncate: Boolean)	对于长字符串，只显示 20 个字符；默认 true
show(numRows: Int，truncate: Boolean)	显示 DataFrame 中的 numRows 行，对长字符串设置是否仅显示 20 个字符

(1) 使用 show 方法默认显示前 20 行的操作见图 4-11。

```
scala> df.show
+---+---------+-------+------------+---+
|age|institute|   name|       phone|sex|
+---+---------+-------+------------+---+
| 20|   信息学院|   Aron| 13112341001| 男|
| 22|   信息学院|   Able| 13112341021| 女|
| 22|   信息学院|   Adam|131223410301| 男|
| 21|   信息学院|   Amzon| 13612341401| 女|
| 25|   信息学院|  Barry| 13612341041| 女|
| 19|   机械学院|  Basil| 13612341501| 男|
| 18|   机械学院|  Boxer| 13622341001| 男|
| 20|   机械学院|    Ben| 13612441001| 女|
| 19|   机械学院|  Champ| 13412341001| 女|
| 19|   机械学院|  Carry| 13512341001| 男|
| 19|   机械学院|  Davei| 13512341011| 女|
| 20|   机械学院| Duckey| 13612341001| 男|
| 21|   人文学院|Everlly| 13512341021| 女|
| 21|   人文学院|   Even| 13152341001| 男|
| 20|   人文学院|  Erric| 13512341051| 男|
| 20|   人文学院|   Ford| 13112341006| 男|
| 22|   人文学院|    Fox| 13112341007| 男|
| 20|   人文学院|Frience| 13112341008| 女|
| 20|   人文学院|  Gerry| 13112341091| 女|
| 19|   人文学院|  March| 13112346001| 女|
+---+---------+-------+------------+---+
only showing top 20 rows
```

图 4-11　show 方法显示前 20 行

(2) 使用 show(numRows: Int)方法显示前 10 行的操作见图 4-12。

```
scala> df.show(10)
+---+---------+-----+------------+---+
|age|institute| name|       phone|sex|
+---+---------+-----+------------+---+
| 20|   信息学院| Aron| 13112341001| 男|
| 22|   信息学院| Able| 13112341021| 女|
| 22|   信息学院| Adam|131223410301| 男|
| 21|   信息学院|Amzon| 13612341401| 女|
| 25|   信息学院|Barry| 13612341041| 女|
| 19|   机械学院|Basil| 13612341501| 男|
| 18|   机械学院|Boxer| 13622341001| 男|
| 20|   机械学院|  Ben| 13612441001| 女|
| 19|   机械学院|Champ| 13412341001| 女|
| 19|   机械学院|Carry| 13512341001| 男|
+---+---------+-----+------------+---+
only showing top 10 rows
```

图 4-12　show 方法显示前 10 行

(3) 使用 show(10，false)方法显示全部字符的操作见图 4-13。

```
scala> df.show(10,false)
+---+---------+-----+-----------+---+
|age|institute|name |phone      |sex|
+---+---------+-----+-----------+---+
|20 |信息学院  |Aron |13112341001|男 |
|22 |信息学院  |Able |13112341021|女 |
|22 |信息学院  |Adam |131223410301|男|
|21 |信息学院  |Amzon|13612341401|女 |
|25 |信息学院  |Barry|13612341041|女 |
|19 |机械学院  |Basil|13612341501|男 |
|18 |机械学院  |Boxer|13622341001|男 |
|20 |机械学院  |Ben  |13612441001|女 |
|19 |机械学院  |Champ|13412341001|女 |
|19 |机械学院  |Carry|13512341001|男 |
+---+---------+-----+-----------+---+
only showing top 10 rows
```

图 4-13 show 方法显示全部字符

4.3.4 获取 DataFrame 若干行记录

(1) 使用 first 方法获取 DataFrame 第一行数据，返回值类型为 org.apache.spark.sql.Row，如图 4-14 所示。

```
scala> df.first
res12: org.apache.spark.sql.Row = [20,信息学院,Aron,13112341001,男]
```

图 4-14 first 方法获取 DataFrame 第一行数据

(2) 使用 head 方法获取 DataFrame 首元素，返回值类型为 org.apache.spark.sql.Row，如图 4-15 所示。

```
scala> df.head
res13: org.apache.spark.sql.Row = [20,信息学院,Aron,13112341001,男]
```

图 4-15 head 方法获取 DataFrame 首元素

(3) 使用 take(numRows: Int)方法获取 numRows 行数据，返回值类型为 Array[org. apache.spark.sql.Row]，如图 4-16 所示。

```
scala> df.take(5)
res14: Array[org.apache.spark.sql.Row] = Array([20,信息学院,Aron,13112341001,男]
, [22,信息学院,Able,13112341021,女], [22,信息学院,Adam,131223410301,男], [21,信
息学院,Amzon,13612341401,女], [25,信息学院,Barry,13612341041,女])
```

图 4-16 take 方法获取前 5 行数据

(4) 使用 takeAsList(numRows: Int)方法获取 numRows 行数据，返回值类型为 java.util. List[org.apache.spark.sql.Row]，如图 4-17 所示。

```
scala> df.takeAsList(5)
res15: java.util.List[org.apache.spark.sql.Row] = [[20,信息学院,Aron,13112341001
,男], [22,信息学院,Able,13112341021,女], [22,信息学院,Adam,131223410301,男], [21
,信息学院,Amzon,13612341401,女], [25,信息学院,Barry,13612341041,女]]
```

图 4-17 takeAsList 方法获取 numkous 行数据

4.3.5　获取 DataFrame 所有记录

(1) 使用 collect 方法获取 DataFrame 所有记录的操作见图 4-18，返回值类型为 Array[org. apache.spark.sql.Row]。

```
scala> df.collect
res16: Array[org.apache.spark.sql.Row] = Array([20,信息学院,Aron,13112341001,男]
, [22,信息学院,Able,13112341021,女], [22,信息学院,Adam,131223410301,男], [21,信
息学院,Amzon,13612341401,女], [25,信息学院,Barry,13612341041,女], [19,机械学院,B
asil,13612341501,男], [18,机械学院,Boxer,13622341001,男], [20,机械学院,Ben,13612
441001,女], [19,机械学院,Champ,13412341001,女], [19,机械学院,Carry,13512341001,
男], [19,机械学院,Davet,13512341011,女], [20,机械学院,Duckey,13612341001,男], [2
1,人文学院,Everly,13512341021,女], [21,人文学院,Even,13152341001,男], [20,人文学
院,Erric,13512341051,男], [20,人文学院,Ford,13112341006,男], [22,人文学院,Fox,
13112341007,男], [20,人文学院,Frience,13112341008,女], [20,人文学院,Gerry,131123
41091,女], [19,人文学院,March,13112346001,女], [23,信息学院,Jeson,13112341101,男
], [24,信息学院,Overn,13112341201,女], [20,信息学院,Luck,13112341301,男], [19,信
息学院,Roc,13112341411,女], [20,信息学院,Ros...
```

图 4-18　collect 方法获取 DataFrame 的所有记录

(2) 使用 collectAsList 方法获取 DataFrame 所有记录的操作见图 4-19，返回值类型为 java.util.List[org.apache.spark.sql.Row]。

```
scala> df.collectAsList
res17: java.util.List[org.apache.spark.sql.Row] = [[20,信息学院,Aron,13112341001
,男], [22,信息学院,Able,13112341021,女], [22,信息学院,Adam,131223410301,男], [21
,信息学院,Amzon,13612341401,女], [25,信息学院,Barry,13612341041,女], [19,机械学
院,Basil,13612341501,男], [18,机械学院,Boxer,13622341001,男], [20,机械学院,Ben,1
3612441001,女], [19,机械学院,Champ,13412341001,女], [19,机械学院,Carry,135123410
01,男], [19,机械学院,Davei,13512341011,女], [20,机械学院,Duckey,13612341001,男],
[21,人文学院,Everlly,13512341021,女], [21,人文学院,Even,13152341001,男], [20,人
文学院,Erric,13512341051,男], [20,人文学院,Ford,13112341006,男], [22,人文学院,Fo
x,13112341007,男], [20,人文学院,Frience,13112341008,女], [20,人文学院,Gerry,1311
2341091,女], [19,人文学院,March,13112346001,女], [23,信息学院,Jeson,13112341101,
男], [24,信息学院,Overn,13112341201,女], [20,信息学院,Luck,13112341301,男], [19,
信息学院,Roc,13112341411,女], [20,信息学院...
```

图 4-19　collectAsList 方法获取 DataFrame 的所有记录

任务 4.4　Spark SQL 分析学生信息(1)

创建了 DataFrame 之后，接下来将介绍 where、filter、select 等操作，从而进一步分析学生信息。

4.4.1　where 方法

where 方法主要用于筛选出符合条件的行，它有两种参数形式。

(1) 参数为条件字符串"conditionExpr: String"，其方法定义如图 4-20 所示，用于筛选出符合 conditionExpr 条件的数据，其返回值类型为 org.apache.spark.sql.Dataset。

Spark SQL 分析
学生信息(1)

```
def where(conditionExpr: String): Dataset[T]
Filters rows using the given SQL expression.

peopleDs.where("age > 15")

Since              1.6.0
```

图 4-20　where 方法的定义

例如，要筛选出年龄大于 21 岁的学生信息，实现代码如图 4-21 所示。

```
scala> val path="hdfs://localhost:9000/user/hadoop/people.json"
path: String = hdfs://localhost:9000/user/hadoop/people.json

scala> val df=spark.read.json(path)
df: org.apache.spark.sql.DataFrame = [age: bigint, institute: string ... 3
more fields]

scala> val data= df.where("age>21")
data: org.apache.spark.sql.Dataset[org.apache.spark.sql.Row] = [age: bigint
, institute: string ... 3 more fields]

scala> data.show
+---+---------+-----+-----------+---+
|age|institute| name|      phone|sex|
+---+---------+-----+-----------+---+
| 22|  信息学院| Able|13112341021| 女|
| 22|  信息学院| Adam|131223410301| 男|
| 25|  信息学院|Barry|13612341041| 女|
| 22|  人文学院|  Fox|13112341007| 男|
| 23|  信息学院|Jeson|13112341101| 男|
| 24|  信息学院|Overn|13112341201| 女|
+---+---------+-----+-----------+---+
```

图 4-21　筛选出年龄大于 21 岁的学生

在条件语句 conditionExpr 中，可以使用 and、or 等连接词，例如要找出人文学院或机械学院的男生信息，代码如图 4-22 所示。

```
scala> df.where("(institute='人文学院' or institute='机械学院' )and sex='男'").show
+---+---------+-----+-----------+---+
|age|institute| name|      phone|sex|
+---+---------+-----+-----------+---+
| 19|  机械学院|Basil|13612341501| 男|
| 18|  机械学院|Boxer|13622341001| 男|
| 19|  机械学院|Carry|13512341001| 男|
| 20|  机械学院|Duckey|13612341001| 男|
| 21|  人文学院| Even|13152341001| 男|
| 20|  人文学院|Erric|13512341051| 男|
| 20|  人文学院| Ford|13112341006| 男|
| 22|  人文学院|  Fox|13112341007| 男|
+---+---------+-----+-----------+---+
```

图 4-22　找出人文学院或机械学院的男生信息

(2) 参数为"condition：Column"条件，其方法定义如图 4-23 所示，其返回值类型为 org.apache.spark.sql.Dataset。

```
def where(condition: Column): Dataset[T]
Filters rows using the given condition. This is an alias for filter.

// The following are equivalent:
peopleDs.filter($"age" > 15)
peopleDs.where($"age" > 15)

Since          1.6.0
```

图 4-23　where 方法定义

图 4-24 为找出年龄大于 20 岁的学生信息，其中，$"age"表示 age 这一列。

```
scala> df.where($"age">20).show
+---+---------+-------+------------+---+
|age|institute|   name|       phone|sex|
+---+---------+-------+------------+---+
| 22|   信息学院|   Able| 13112341021| 女|
| 22|   信息学院|   Adam|131223410301| 男|
| 21|   信息学院|  Amzon| 13612341401| 女|
| 25|   信息学院|  Barry| 13612341041| 女|
| 21|   人文学院|Everlly| 13512341021| 女|
| 21|   人文学院|   Even| 13152341001| 男|
| 22|   人文学院|    Fox| 13112341007| 男|
| 23|   信息学院|  Jeson| 13112341101| 男|
| 24|   信息学院|  Overn| 13112341201| 女|
+---+---------+-------+------------+---+
```

图 4-24　找出年龄大于 20 岁的学生信息

4.4.2　filter 筛选相关数据

filter 方法与 where 方法类似，图 4-25 展示筛选出信息学院年龄大于 20 岁的学生信息。

```
scala> df.filter("institute='信息学院' and age>20").show
+---+---------+------+------------+---+
|age|institute|  name|       phone|sex|
+---+---------+------+------------+---+
| 22|   信息学院|  Able| 13112341021| 女|
| 22|   信息学院|  Adam|131223410301| 男|
| 21|   信息学院| Amzon| 13612341401| 女|
| 25|   信息学院| Barry| 13612341041| 女|
| 23|   信息学院| Jeson| 13112341101| 男|
| 24|   信息学院| Overn| 13112341201| 女|
+---+---------+------+------------+---+
```

图 4-25　筛选出信息学院年龄大于 20 岁的学生信息

4.4.3　select 方法

select 方法用于选择特定列生成新的 DataSet，有多种参数形式，可以使用 String 参数，也可以使用 Column 列参数。如图 4-26 所示，其中，df("name")、df("age") 为 org.apache.spark.sql.Column 对象。

```
scala> df.select("name","age").show(5)
+-----+---+
| name|age|
+-----+---+
| Aron| 20|
| Able| 22|
| Adam| 22|
|Amzon| 21|
|Barry| 25|
+-----+---+
only showing top 5 rows


scala> df.select(df("name"),df("age")).show(5)
+-----+---+
| name|age|
+-----+---+
| Aron| 20|
| Able| 22|
| Adam| 22|
|Amzon| 21|
|Barry| 25|
+-----+---+
only showing top 5 rows
```

图 4-26　使用 select 方法选择特定列

4.4.4 selectExpr 方法

selectExpr 方法定义如图 4-27 所示，可以对选定的列进行特殊处理(例如改列名、取绝对值、四舍五入等)，最终返回一个新的 DataFrame。

```
def selectExpr(exprs: String*): DataFrame
    Selects a set of SQL expressions. This is a variant of select that accepts SQL expressions.

    // The following are equivalent:
    ds.selectExpr("colA", "colB as newName", "abs(colC)")
    ds.select(expr("colA"), expr("colB as newName"), expr("abs(colC)"))

Annotations    @varargs()
Since          2.0.0
```

图 4-27 selectExpr 方法定义

图 4-28 中，"institute as school"使用 as 将列"institute"重命名为"school"，"round(age+0.523,2)"将 age 列值加 0.523 后，四舍五入保留 2 位小数。

```
scala> val df2=df.selectExpr("age","institute as school","round(age+0.523,2) as realage")
df2: org.apache.spark.sql.DataFrame = [age: bigint, school: string ... 1 more field]

scala> df2.show(5)
+---+------+-------+
|age|school|realage|
+---+------+-------+
| 20| 信息学院|  20.52|
| 22| 信息学院|  22.52|
| 22| 信息学院|  22.52|
| 21| 信息学院|  21.52|
| 25| 信息学院|  25.52|
+---+------+-------+
only showing top 5 rows
```

图 4-28 selectExpr 方法的应用

对于 selectExpr，也可以采用图 4-29 中的写法。

```
scala> val df2=df.select(expr("age"),expr("institute as school"),expr("round(age+0.523,2) as realage"))
df2: org.apache.spark.sql.DataFrame = [age: bigint, school: string ... 1 more field]

scala> df2.show(5)
+---+------+-------+
|age|school|realage|
+---+------+-------+
| 20| 信息学院|  20.52|
| 22| 信息学院|  22.52|
| 22| 信息学院|  22.52|
| 21| 信息学院|  21.52|
| 25| 信息学院|  25.52|
+---+------+-------+
only showing top 5 rows
```

图 4-29 selectExpr 的另外一种写法

4.4.5 获取指定的 Column

使用 col( )与 apply( )均可获取指定的列，返回值类型为 org.apache.spark.sql.Column；也可以使用 df("name")形式得到 Column，用法如图 4-30 所示。

```
scala> val nameCol=df.col("name")
nameCol: org.apache.spark.sql.Column = name

scala> val nameCol=df("name")
nameCol: org.apache.spark.sql.Column = name

scala> val nameCol=df.apply("name")
nameCol: org.apache.spark.sql.Column = name
```

图 4-30　获取指定的列

4.4.6　去掉指定的列

drop 方法可去掉指定列，返回新的 DataFrame，具体用法如图 4-31 所示。

```
scala> val df3=df.drop("phone")
df3: org.apache.spark.sql.DataFrame = [age: bigint, institute: string ... 2 more fields]

scala> df3.show(5)
+---+---------+-----+---+
|age|institute| name|sex|
+---+---------+-----+---+
| 20|  信息学院| Aron| 男|
| 22|  信息学院| Able| 女|
| 22|  信息学院| Adam| 男|
| 21|  信息学院|Amzon| 女|
| 25|  信息学院|Barry| 女|
+---+---------+-----+---+
only showing top 5 rows
```

图 4-31　drop 方法去掉指定列

任务 4.5　Spark SQL 分析学生信息(2)

Spark SQL 中，经常使用 orderBy 排序、groupBy 分组、distinct 去重、join 连接操作等，本任务将使用上述操作进一步分析学生数据。

4.5.1　limit 方法获取前 N 行

使用 limit 方法获取 DataFrame 的前 N 行。与 take 方法不同，limit 方法返回值类型为 Dataset，其用法如图 4-32 所示。

```
scala> val df=spark.read.json("hdfs://localhost:9000/user/hadoop/people.json")
df: org.apache.spark.sql.DataFrame = [age: bigint, institute: string ... 3 more fields]

scala> df.take(3)
res1: Array[org.apache.spark.sql.Row] = Array([20,信息学院,Aron,13112341001,男], [22,信息学院,Able,13112341021,女], [22,信息学院,Adam,131223410301,男])

scala> val df2=df.limit(3)
df2: org.apache.spark.sql.Dataset[org.apache.spark.sql.Row] = [age: bigint, institute: string ... 3 more fields]

scala> df2.show
+---+---------+----+-----------+---+
|age|institute|name|      phone|sex|
+---+---------+----+-----------+---+
| 20|  信息学院|Aron|13112341001| 男|
| 22|  信息学院|Able|13112341021| 女|
| 22|  信息学院|Adam|131223410301| 男|
+---+---------+----+-----------+---+
```

Spark SQL 分析
学生信息(2)

图 4-32　使用 limit 方法获取 DataFrame 的前 N 行

4.5.2 orderBy、sort 排序

orderBy 和 sort 均可用于排序，二者等效，其用法基本一致。下面以 orderBy 为例来讲解 orderBy 的多种用法。

(1) orderBy 方法参数可以为 String，orderBy("age")表示按照 age 升序排列，效果如图 4-33 所示。

```
scala> df.orderBy("age").show(5)
+---+--------+------+-----------+---+
|age|institute|  name|      phone|sex|
+---+--------+------+-----------+---+
| 17|    信息学院| Karry|13112341451| 女|
| 17|    信息学院|   Ken|13112341441| 女|
| 18|    机械学院| Boxer|13622341001| 男|
| 19|    信息学院|   Roc|13112341411| 女|
| 19|    信息学院|Robber|13112341431| 女|
+---+--------+------+-----------+---+
only showing top 5 rows
```

图 4-33　使用 orderBy 排序

(2) orderBy 参数也可为 Column，结合 asc、desc 进行升序或降序排列的，具体操作见图 4-34。

```
scala> df.orderBy(df("age").asc).show(5)
+---+--------+------+-----------+---+
|age|institute|  name|      phone|sex|
+---+--------+------+-----------+---+
| 17|    信息学院| Karry|13112341451| 女|
| 17|    信息学院|   Ken|13112341441| 女|
| 18|    机械学院| Boxer|13622341001| 男|
| 19|    信息学院|   Roc|13112341411| 女|
| 19|    信息学院|Robber|13112341431| 女|
+---+--------+------+-----------+---+
only showing top 5 rows

scala> df.orderBy(df("age").desc).show(5)
+---+--------+------+-----------+---+
|age|institute|  name|      phone|sex|
+---+--------+------+-----------+---+
| 25|    信息学院| Barry|13612341041| 女|
| 24|    信息学院| Overn|13112341201| 女|
| 23|    信息学院| Jeson|13112341101| 男|
| 22|    信息学院|  Able|13112341021| 女|
| 22|    信息学院|  Adam|131223410301| 男|
+---+--------+------+-----------+---+
only showing top 5 rows
```

图 4-34　orderBy 结合 asc、desc 进行排序

(3) orderBy 中可以设置多个参数，进行多字段组合排序，具体操作如图 4-35 所示。

```
scala> df.orderBy(df("age").asc,df("name").desc).show(5)
+---+--------+------+-----------+---+
|age|institute|  name|      phone|sex|
+---+--------+------+-----------+---+
| 17|    信息学院|   Ken|13112341441| 女|
| 17|    信息学院| Karry|13112341451| 女|
| 18|    机械学院| Boxer|13622341001| 男|
| 19|    信息学院|Tonney|13112341491| 女|
| 19|    信息学院|   Tom|13112341481| 女|
+---+--------+------+-----------+---+
only showing top 5 rows
```

图 4-35　多字段组合排序

4.5.3　groupBy 操作

groupBy 为分组操作，其返回值类型为 RelationalGroupedDataset，后续经常与 count、mean、max、min、sum 等操作合用。图 4-36 中，df 按照"institute"分组，得到一个 RelationalGroupedDataset 实例。

```
scala> df.groupBy("institute")
res12: org.apache.spark.sql.RelationalGroupedDataset = org.apache.spark.sql.RelationalGrou
pedDataset@78cfa18c
```

图 4-36　groupBy 分组操作

(1) 使用 count，按学院统计学生人数，如图 4-37 所示。

```
scala> df.groupBy("institute").count.show
+---------+-----+
|institute|count|
+---------+-----+
|   机械学院|    7|
|   人文学院|    8|
|   信息学院|   17|
+---------+-----+
```

图 4-37　按学院统计学生人数

(2) 使用 mean，按学院统计平均年龄，如图 4-38 所示。

```
scala> df.groupBy("institute").mean("age").show
+---------+------------------+
|institute|          avg(age)|
+---------+------------------+
|   机械学院|19.142857142857142|
|   人文学院|            20.375|
|   信息学院|20.352941176470587|
+---------+------------------+
```

图 4-38　按学院统计平均年龄

(3) 按学院、性别统计平均年龄，如图 4-39 所示。

```
scala> df.groupBy("institute","sex").mean("age").show
+---------+---+------------------+
|institute|sex|          avg(age)|
+---------+---+------------------+
|   信息学院| 男|             21.25|
|   机械学院| 女|19.333333333333332|
|   人文学院| 女|              20.0|
|   人文学院| 男|             20.75|
|   信息学院| 女|20.076923076923077|
|   机械学院| 男|              19.0|
+---------+---+------------------+
```

图 4-39　按学院、性别统计平均年龄

(4) 按学院、性别统计学生年龄最大值，如图 4-40 所示。

```
scala> df.groupBy("institute","sex").max("age").show
+---------+---+--------+
|institute|sex|max(age)|
+---------+---+--------+
|   信息学院| 男|      23|
|   机械学院| 女|      20|
|   人文学院| 女|      21|
|   人文学院| 男|      22|
|   信息学院| 女|      25|
|   机械学院| 男|      20|
+---------+---+--------+
```

图 4-40　按学院、性别统计学生年龄最大值

4.5.4　distinct 方法去重操作

distinct 方法用于删除 DataFrame 中的重复行。图 4-41 中，先创建含有重复元素的 df2(createDataFrame 方法将在后续任务中讲解)；然后，使用 distinct 方法去重，如图 4-42 所示。

```
scala> val df2=spark.createDataFrame(List(("tom",20),("jerry",22),("tom",20))).toDF("name"
,"age")
df2: org.apache.spark.sql.DataFrame = [name: string, age: int]

scala> df2.show
+-----+---+
| name|age|
+-----+---+
|  tom| 20|
|jerry| 22|
|  tom| 20|
+-----+---+
```

图 4-41　创建含有重复数据的 DataFrame

```
scala> val df3=df2.distinct
df3: org.apache.spark.sql.Dataset[org.apache.spark.sql.Row] = [name: string, age: int]

scala> df3.show
+-----+---+
| name|age|
+-----+---+
|  tom| 20|
|jerry| 22|
+-----+---+
```

图 4-42　使用 distinct 方法进行去重

dropDuplicates 可以根据指定的字段进行去重。如图 4-43 所示，例如根据 institute、sex 两列进行去重，最终每个学院男、女生各保留一名学生。

```
scala> df.dropDuplicates("institute","sex").show
+---+---------+-------+-----------+---+
|age|institute|   name|      phone|sex|
+---+---------+-------+-----------+---+
| 20|   信息学院|   Aron|13112341001| 男|
| 20|   机械学院|    Ben|13612441001| 女|
| 21|   人文学院|Everlly|13512341021| 女|
| 21|   人文学院|   Even|13152341001| 男|
| 22|   信息学院|   Able|13112341021| 女|
| 19|   机械学院|  Basil|13612341501| 男|
+---+---------+-------+-----------+---+
```

图 4-43　指定字段去重

4.5.5 agg 操作

agg 常用于部分数据列的统计，也可以与 groupBy 组合使用，从而实现分组统计的功能。下面通过几个例子演示 agg 的使用方法。

(1) 统计所有学生年龄的最大、最小及平均值，如图 4-44 所示。

```
scala> df.agg(min("age"),max("age"),avg("age")).show
+--------+--------+--------+
|min(age)|max(age)|avg(age)|
+--------+--------+--------+
|      17|      25|20.09375|
+--------+--------+--------+
```

图 4-44　统计所有学生年龄信息(1)

(2) 统计所有学生年龄的最大、最小、平均值(第二种写法)，如图 4-45 所示。

```
scala> df.agg( "age"->"min","age"->"max","age"->"avg").show
+--------+--------+--------+
|min(age)|max(age)|avg(age)|
+--------+--------+--------+
|      17|      25|20.09375|
+--------+--------+--------+
```

图 4-45　统计所有学生年龄信息(2)

(3) 统计所有学生年龄的加和、手机号码最大值，如图 4-46 所示。

```
scala> df.agg( Map("age"->"sum","phone"->"max")).show
+--------+------------+
|sum(age)|  max(phone)|
+--------+------------+
|     643|131223410301|
+--------+------------+
```

图 4-46　统计学生年龄的加和、手机号码最大值

(4) 与 groupBy 组合使用，分学院统计年龄最大值、最小值，如图 4-47 所示。

```
scala> df.groupBy("institute").agg(max("age"),min("age")).show
+---------+--------+--------+
|institute|max(age)|min(age)|
+---------+--------+--------+
| 机械学院|      20|      18|
| 人文学院|      22|      19|
| 信息学院|      25|      17|
+---------+--------+--------+
```

图 4-47　分学院统计年龄最大值、最小值

4.5.6 join 操作

join 操作用于连接两个 DataFrame，组成一个新的 DataFrame。下面创建两个 DataFrame：df1、df2，如图 4-48 所示，演示内连接 join 操作的效果。

```
scala> val df1=spark.createDataFrame(List(("tom",20),("jerry",22))).toDF("name","age")
df1: org.apache.spark.sql.DataFrame = [name: string, age: int]

scala> val df2=spark.createDataFrame(List(("tom",180),("jerry",176))).toDF("name","weight"
)
df2: org.apache.spark.sql.DataFrame = [name: string, weight: int]

scala> val df3=df1.join(df2,"name")
df3: org.apache.spark.sql.DataFrame = [name: string, age: int ... 1 more field]

scala> df3.show
+-----+---+------+
| name|age|weight|
+-----+---+------+
|  tom| 20|   180|
|jerry| 22|   176|
+-----+---+------+
```

图 4-48　join 操作(1)

join 操作也可以写成图 4-49 所示的形式，达到的效果基本一致，但 join 后产生的 DataFrame 的列数量不同，显示效果有所差别(df3 有 3 列，而 df4 有 4 列)。

```
scala> val df4=df1.join(df2,df1("name")===df2("name"))
df4: org.apache.spark.sql.DataFrame = [name: string, age: int ... 2 more fields]

scala> df4.show
+-----+---+-----+------+
| name|age| name|weight|
+-----+---+-----+------+
|  tom| 20|  tom|   180|
|jerry| 22|jerry|   176|
+-----+---+-----+------+
```

图 4-49　join 操作(2)

任务 4.6　Spark SQL 分析学生信息(3)

Spark SQL 还提供了 stat 方法，用于指定字段统计；intersect 方法获取两个 DataFrame 的共有记录；na 方法处置 DataFrame 中的空值等。本任务将使用这些操作分析学生信息，除此之外，Spark SQL 还提供了直接执行 SQL 语句的方法，对于熟悉 SQL 语句的开发者而言，可以进一步降低学习门槛。

Spark SQL 分析
学生信息(3)

4.6.1　stat 方法获取指定字段统计信息

stat 方法可以用于指定字段或字段间的统计，stat 方法返回 DataFrameStatFunctions 类型对象；DataFrameStatFunctions 又可以调用接口 freqItems(找出频繁出现的元素)、corr(两列的相关性)、cov(两列的协方差)等。

(1) 使用 freqItems 找出"age""institute"列中频繁出现的元素，如图 4-50 所示。

```
scala> df.stat.freqItems(Array("age","institute"),0.4).show
+-------------+------------------+
|age_freqItems|institute_freqItems|
+-------------+------------------+
|     [20, 19]|      [人文学院，信息学院]|
+-------------+------------------+
```

图 4-50　使用 freqItems 找出频繁出现的元素

(2) 使用 corr 求"age""phone"两列的相关性，如图 4-51 所示。

```
scala> df.stat.corr("age","phone")
res47: Double = 0.19750078172523342
```

图 4-51　使用 corr 求两列的相关性

(3) 使用 cov 求两列的协方差，如图 4-52 所示。

```
scala> df.stat.cov("age","phone")
res48: Double = 7.274359493155234E9
```

图 4-52　使用 cov 求两列的协方差

4.6.2　intersect 方法获取两个 DataFrame 的共有记录

intersect 方法用于获取两个 DataFrame 的共有记录(交集)。图 4-53 中，用 createDataFrame 方法先创建两个 DataFrame，即 df1、df2，之后使用 intersect 方法获取 df1、df2 的共有记录。

```
scala> val df1=spark.createDataFrame(List(("tom",20),("jerry",22),("anny",20))).toDF("name","age")
df1: org.apache.spark.sql.DataFrame = [name: string, age: int]

scala> val df2=spark.createDataFrame(List(("tom",22),("jerry",22),("mark",18))).toDF("name","age")
df2: org.apache.spark.sql.DataFrame = [name: string, age: int]

scala> df1.intersect(df2).show
+-----+---+
| name|age|
+-----+---+
|jerry| 22|
+-----+---+
```

图 4-53　使用 intersect 方法获取两个 DataFrame 的共有记录

4.6.3　操作字段名

withColumnRenamed 可重命名指定列字段的名称。图 4-54 中，使用 withColumnRenamed 方法将列名改为"school"。

```
scala> df.withColumnRenamed("institute", "school").show
+---+------+-----+-----------+---+
|age|school| name|      phone|sex|
+---+------+-----+-----------+---+
| 20|信息学院| Aron|13112341001| 男|
| 22|信息学院| Able|13112341021| 女|
| 22|信息学院| Adam|1312234103001| 男|
| 21|信息学院| Amzon|13612341401| 女|
| 25|信息学院| Barry|13612341041| 女|
| 19|机械学院| Basil|13612341501| 男|
| 18|机械学院| Boxer|13622341001| 男|
| 20|机械学院|  Ben|13612441001| 女|
```

图 4-54　withColumnRenamed 重命名指定的列

wihtColumn 方法可在当前 DataFrame 中增加一列(该列可来源于自身，但不能为其他

DataFrame)。图 4-55 中，df 使用 wihtColumn 方法增加一列，它是在原先 age 列 df("age")基础+1 得来的。

```
scala> df.withColumn("age+1",df("age")+1).show(5)
+---+--------+-----+-----------+---+-----+
|age|institute| name|      phone|sex|age+1|
+---+--------+-----+-----------+---+-----+
| 20|  信息学院| Aron|13112341001| 男|   21|
| 22|  信息学院| Able|13112341021| 女|   23|
| 22|  信息学院| Adam|131223410301| 男|   23|
| 21|  信息学院|Amzon|13612341401| 女|   22|
| 25|  信息学院|Barry|13612341041| 女|   26|
+---+--------+-----+-----------+---+-----+
only showing top 5 rows
```

图 4-55　使用 wihtColumn 方法增加一列

4.6.4　处置空值

Spark SQL 中，经常用 na 方法处置空值，其返回值类型为 DataFrameNaFunctions；而 DataFrameNaFunctions 有 drop、fill 等方法具体处理空值。为演示 na 方法处理空值，由 JSON 文件 people_null_values.json 创建 DataFrame。注意，第二行 sex、第三行数据 institute 数据缺失，如图 4-56 所示。

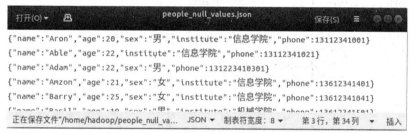

图 4-56　people_null_values.json 文件

(1) drop 方法用于删除含有空值的行，只要行数据中含有空值(Null)，就删除该行。图 4-57 中，首先由 people_null_values.json 生成 DataFrame(df2)，而后使用 na、drop 方法删除含有空值的行。

```
scala> val df2=spark.read.json("file:///home/hadoop/people_null_values.json")
df2: org.apache.spark.sql.DataFrame = [age: bigint, institute: string ... 3 more fields]

scala> df2.show(5)
+---+--------+-----+-----------+----+
|age|institute| name|      phone| sex|
+---+--------+-----+-----------+----+
| 20|  信息学院| Aron|13112341001|  男|
| 22|  信息学院| Able|13112341021|null|
| 22|     null| Adam|131223410301| 男|
| 21|  信息学院|Amzon|13612341401|  女|
| 25|  信息学院|Barry|13612341041|  女|
+---+--------+-----+-----------+----+
only showing top 5 rows

scala> df2.na.drop().show(5)
+---+--------+-----+-----------+---+
|age|institute| name|      phone|sex|
+---+--------+-----+-----------+---+
| 20|  信息学院| Aron|13112341001| 男|
| 21|  信息学院|Amzon|13612341401| 女|
| 25|  信息学院|Barry|13612341041| 女|
| 19|  机械学院|Basil|13612341501| 男|
| 18|  机械学院|Boxer|13622341001| 男|
+---+--------+-----+-----------+---+
only showing top 5 rows
```

图 4-57　使用 drop 方法删除含有空值的行

（2）对于给定的列，如果有数值为空，删除空数值所在的行。图 4-58 中，使用 drop 方法删除 sex 或 institute 为空值的行。

```
scala> df2.na.drop(Array("sex","institute")).show(5)
+---+--------+-----+-----------+---+
|age|institute| name|      phone|sex|
+---+--------+-----+-----------+---+
| 20|  信息学院| Aron|13112341001| 男|
| 21|  信息学院|Amzon|13612341401| 女|
| 25|  信息学院|Barry|13612341041| 女|
| 19|  机械学院|Basil|13612341501| 男|
| 18|  机械学院|Boxer|13622341001| 男|
+---+--------+-----+-----------+---+
only showing top 5 rows
```

图 4-58　drop 方法删除指定列含有空值的行

（3）fill 方法用指定的值来代替空值。图 4-59 中，对于 sex 为空的值填充为"男"，对于"institute"为空的值则填充为"艺术学院"。

```
scala> df2.na.fill(Map(("sex","男"),("institute","艺术学院"))).show(5)
+---+--------+----+------------+---+
|age|institute| name|      phone|sex|
+---+--------+----+------------+---+
| 20|  信息学院| Aron| 13112341001| 男|
| 22|  信息学院| Able| 13112341021| 男|
| 22|  艺术学院| Adam|1312223410301| 男|
| 21|  信息学院|Amzon| 13612341401| 女|
| 25|  信息学院|Barry| 13612341041| 女|
+---+--------+----+------------+---+
only showing top 5 rows
```

图 4-59　fill 方法用指定的值来代替空值

任务 4.7　SQL 语法风格处理学生信息

Spark SQL 支持直接使用 SQL 语句完成数据分析任务，这为熟悉 SQL 语法的开发人员带来了便利。本任务将演示采用 SQL 语法风格处理学生信息。

SQL 语法风格处理
学生信息

4.7.1　Spark SQL 中的 DSL 风格与 SQL 风格

Spark SQL 操作包括 DSL 和 SQL 两种语法风格。其中，DSL(Domain Specific Language，领域专用语言)的目的是帮助开发者调用特定的方法实现与 SQL 语句相同的功能，前面关于 DataFrame 的操作均为 DSL 操作。DSL 语法类似于 RDD 中的操作，允许开发者调用相关方法完成对 DataFrame 数据分析；DSL 风格更符合面向对象编程的思想，可以避免不熟悉 SQL 语法带来的麻烦。

除了 DSL，SparkSession 还提供了直接执行 SQL 语句的 sql(sqlText:String)方法。该方法以 SQL 语句为参数，返回一个 DataFrame 对象。熟悉 SQL 语法的开发者，可以直接使用 SQL 语句进行数据分析，从而进一步降低学习门槛。

4.7.2　创建临时视图

要想使用 SQL 语句，需要将 DataFrame 对象注册为一个临时视图；临时视图分为会话临时视图(TempView)和全局临时视图(Global TempView)两种，创建方法如图 4-60 所示。其中，会话临时视图作用域仅限于当前会话，每个会话内的临时视图不能被其他会话所访问；而全局临时视图与当前 Spark 应用程序绑定，当前应用程序内的所有 SparkSession 实例中均可访问，即全局临时视图可以实现不同会话的直接共享。

```
scala> val df=spark.read.json("hdfs://localhost:9000/user/hadoop/people.json")
df: org.apache.spark.sql.DataFrame = [age: bigint, institute: string ... 3 more
fields]

scala> df.createTempView("people")

scala> df.createOrReplaceTempView("people")

scala> df.createGlobalTempView("people")
```

图 4-60　创建视图

createTempView、createOrReplaceTempView 均可以创建会话临时视图，但二者亦有区别：前者创建视图时，如果该视图已经存在(已经创建过)，则会抛出异常；后者创建视图时，如果视图已经存在，则用自己新创建的视图代替原临时视图。

4.7.3　按条件查找学生信息

创建了临时视图后，可以调用 SparkSession 的 sql(sqlText:String)方法，执行各种 SQL 操作。图 4-61 中，找出年龄大于 20 岁的学生信息，输出其 name、age、school(institute 别名)。

```
scala> val sqlDF1=spark.sql("select  name, age, institute as school from people
where age>20")
sqlDF1: org.apache.spark.sql.DataFrame = [name: string, age: bigint ... 1 more f
ield]

scala> sqlDF1.show(5)
+-------+---+------+
|   name|age|school|
+-------+---+------+
|   Able| 22| 信息学院|
|   Adam| 22| 信息学院|
|  Amzon| 21| 信息学院|
|  Barry| 25| 信息学院|
|Everlly| 21| 人文学院|
+-------+---+------+
only showing top 5 rows
```

图 4-61　查找年龄大于 20 岁学生的信息

4.7.4　分组统计学生信息

分组统计各学院学生数量，可以在 SQL 语句中使用 count、group by，如图 4-62 所示。

```
scala> val sqlDF2=spark.sql("select institute, count(*) as studentNum from peopl
e group by institute")
sqlDF2: org.apache.spark.sql.DataFrame = [institute: string, studentNum: bigint]

scala> sqlDF2.show(5)
+---------+----------+
|institute|studentNum|
+---------+----------+
|   机械学院|         7|
|   人文学院|         8|
|   信息学院|        17|
+---------+----------+
```

图 4-62　分组统计各学院学生数量

分学院、性别统计学生年龄最大、最小值，在 SQL 语句中可以使用 max、min、group by，如图 4-63 所示。

```
scala> val sqlDF2=spark.sql("select institute,sex, max(age),min(age) from people
 group by institute, sex")
sqlDF2: org.apache.spark.sql.DataFrame = [institute: string, sex: string ... 2 m
ore fields]

scala> sqlDF2.show
+---------+---+--------+--------+
|institute|sex|max(age)|min(age)|
+---------+---+--------+--------+
|   信息学院|  男|      23|      20|
|   机械学院|  女|      20|      19|
|   人文学院|  女|      21|      19|
|   人文学院|  男|      22|      20|
|   信息学院|  女|      25|      17|
|   机械学院|  男|      20|      18|
+---------+---+--------+--------+
```

图 4-63　分学院、性别统计年龄

4.7.5　用户自定义函数判断学生是否成年

虽然 Spark SQL 提供了很多内置函数，但在实际生产环境中，仍然有不少场景是内置函数无法支持的(或实现较为复杂)，这时就需要开发人员自定义函数来满足要求。例如对于学生信息中的年龄，需要输出学生是否成年(年龄大于 20 岁为成年人 adult，小于 20 岁为未成年 minor)，代码如图 4-64 所示。

```
scala> val df=spark.read.json("hdfs://localhost:9000/user/hadoop/people.json")
df: org.apache.spark.sql.DataFrame = [age: bigint, institute: string ... 3 more fields]

scala> df.createOrReplaceTempView("people")

scala> //自定义一个函数（匿名函数），并SparkSession.udf.register注册

scala> spark.udf.register("adjust", (age:Int)=>{ if(age<20) "minor" else "adult"})
res112: org.apache.spark.sql.expressions.UserDefinedFunction = UserDefinedFunction(<func
tion1>,StringType,Some(List(IntegerType)))

scala> //使用注册的自定义函数，判断是否成年

scala> spark.sql(" select name,age, adjust(age) as grownUp from people").show
+-------+---+-------+
|   name|age|grownUp|
+-------+---+-------+
|   Aron| 20|  adult|
|   Able| 22|  adult|
|   Adam| 22|  adult|
|  Amzon| 21|  adult|
|  Barry| 25|  adult|
|  Basil| 19|  minor|
|  Boxer| 18|  minor|
```

图 4-64　udf 自定义函数的使用

任务 4.8　其他类型数据创建 DataFrame

Spark SQL 中创建 DataFrame 的方法很多，对小规模数据测试时可以由内存数据创建 DataFrame；此外，Spark SQL 还支持 JSON、CSV、Parquet 等文件创建 DataFrame。

4.8.1　内存数据创建 DataFrame

其他类型数据创建
DataFrame

与 RDD 类似，用户可以由内存中的数据生成 DataFrame，如图 4-65 所示 Spark 允许使用 createDataFrame 方法，将有序集合创建 DataFrame；在此过程中，可以使用 Spark 的类型推断机制来确定 DataFrame 每列的数据类型。

```
scala> val peopleList=List(("Tom","male",20),("Jerry","male",18),("Mary","female
",19))
peopleList: List[(String, String, Int)] = List((Tom,male,20), (Jerry,male,18), (
Mary,female,19))

scala> val peopleDF=spark.createDataFrame(peopleList)
peopleDF: org.apache.spark.sql.DataFrame = [_1: string, _2: string ... 1 more fi
eld]

scala> peopleDF.show
+-----+------+---+
|   _1|    _2| _3|
+-----+------+---+
|  Tom|  male| 20|
|Jerry|  male| 18|
| Mary|female| 19|
+-----+------+---+
```

图 4-65　内存数据创建 DataFrame

图 4-65 中，首先创建一个 List，而后通过 spark.createDataFrame(peopleList)生成 DataFrame (peopleDF)。在此过程中，Spark 的类型推断机制确定了各列的数据类型，但通过打印输出可以发现，生成的 peopleDF 列名称默认为_1、_2、_3，可以使用 toDF 方法为各列指定名称，如图 4-66 所示。

```
scala> val peopleList=List(("Tom","male",20),("Jerry","male",18),("Mary","female
",19))
peopleList: List[(String, String, Int)] = List((Tom,male,20), (Jerry,male,18), (
Mary,female,19))

scala> val peopleDF=spark.createDataFrame(peopleList).toDF("name","sex","age")
peopleDF: org.apache.spark.sql.DataFrame = [name: string, sex: string ... 1 more
 field]

scala> peopleDF.show
+-----+------+---+
| name|   sex|age|
+-----+------+---+
|  Tom|  male| 20|
|Jerry|  male| 18|
| Mary|female| 19|
+-----+------+---+
```

图 4-66　使用 toDF 方法指定列名

4.8.2　JSON 文件创建 DataFrame

通过 JSON 文件创建 DataFrame，可直接使用 SparkSession 的 read 方法来完成，具体有两种写法，如图 4-67 所示。

```
scala> val df1=spark.read.json("file:///home/hadoop/people.json")
df1: org.apache.spark.sql.DataFrame = [age: bigint, institute: string ... 3 more
fields]

scala> val df2=spark.read.format("json").load("file:///home/hadoop/people.json")

df2: org.apache.spark.sql.DataFrame = [age: bigint, institute: string ... 3 more
fields]
```

图 4-67　JSON 文件创建 DataFrame

4.8.3　CSV 数据创建 DataFrame

对于 CSV 文件，可以采用类似处理 JSON 文件的方式进行读取，但 CSV 文件一般需要设置 option 选项。现有 CSV 文件 authorWithTile.csv，由该文件生成 DataFrame，代码如图 4-68 所示；其中，option("sep", ",") 表示分隔符为 "，"，option("inferSchema", "true")表示 Spark 自动推断各列的数据类型，option("header", "true")表示 CSV 文件第一行作为列的名称。

```
scala> val authorDF = spark.read.format("csv") .option("sep", ",") .
option("inferSchema", "true").option("header", "true") .load("file:/
//home/hadoop/authorWithTitle.csv")
authorDF: org.apache.spark.sql.DataFrame = [name: string, sex: strin
g ... 3 more fields]

scala> authorDF.show
+----+---+-------+------+---+
|name|sex|dynasty|detail|age|
+----+---+-------+------+---+
| 李清照| 女|    宋|   词人| 68|
| 陆游| 男|    宋|   词人| 73|
| 孟浩然| 男|    唐|   诗人| 58|
+----+---+-------+------+---+
```

图 4-68　CSV 数据创建 DataFrame

4.8.4　Parquet 数据创建 DataFrame

Parquet 是一种流行的列式存储格式，可以高效地存储具有嵌套字段的记录。Parquet 是语言无关的，而且不与任何一种数据处理框架绑定在一起，适配多种语言和组件，无论是 Hive、Impala、Pig 等查询引擎，还是 MapReduce、Spark 等计算框架，均可以跟 Parquet 密切配合完成数据处理任务。

Spark 加载数据和输出数据支持的默认格式为 Parquet。Spark 已经为用户提供了 parquet 样例数据，在 Spark 安装目录下有 "/examples/src/main/resources/users.parquet" 文件。注意，Parquet 文件是不可以人工直接阅读的，如用 gedit 打开或者 cat 查看文件内容，都会显示乱码。只有被加载到程序中以后，Spark 对这种格式进行解析，才能看到其中的数据；图 4-69 演示由 parquet 文件数据生成 DataFrame 的用法。

```
scala> val usersDF = spark.read.load("file:///usr/local/spark/examples/src/main/
resources/users.parquet")
usersDF: org.apache.spark.sql.DataFrame = [name: string, favorite_color: string
... 1 more field]

scala> usersDF.show
+------+--------------+----------------+
|  name|favorite_color|favorite_numbers|
+------+--------------+----------------+
|Alyssa|          null|  [3, 9, 15, 20]|
|   Ben|           red|              []|
+------+--------------+----------------+
```

图 4-69　Parquet 文件数据生成 DataFrame

4.8.5　DataFrame 数据保存到文件中

DataFrame 的数据可根据需要输出到 Parquet、JSON、CSV 等文件中(Spark 推荐 Parquet 文件)。图 4-70 展示了将 DataFrame 保存到不同文件的方法。注意，在保存为 CSV 文件时，也可以附带一定的 option 选项，如 option("header", true)表示保存为 CSV 文件时，第一行为列的标题。

```
scala> val df1=spark.createDataFrame(List(("tom",20),("jerry",22),("anny",20))).
toDF("name","age")
df1: org.apache.spark.sql.DataFrame = [name: string, age: int]

scala> df1.write.format("parquet").save("file:///home/hadoop/outputfile/parquet"
)

scala> df1.write.format("json").save("file:///home/hadoop/outputfile/json")

scala> df1.write.option("header", true).format("csv").save("file:///home/hadoop/
outputfile/csv")
```

图 4-70　DataFrame 数据保存到文件

任务 4.9　RDD、DataFrame 与 Dataset 的相互转换

Spark 支持将已有的 RDD 转换为 DataFrame：当 RDD 的元素具有相同的字段结构时，可以隐式或者显式地总结出创建 DataFrame 所需要的 Schema(结构信息)，从而将 RDD 转换为 DataFrame，进而使用 DataFrame 的丰富的 API，或者执行更加简便的 SQL 查询。本任务将介绍 RDD、DataFrame、Dataset 的相互转换。

RDD、DataFrame 与
Dataset 的相互转换

4.9.1　使用反射机制由 RDD 生成 DataFrame

Spark SQL 允许将元素为样例类对象的 RDD 转换为 DataFrame。样例类的声明中预先

定义了结构信息(列名、数据类型)，代码执行过程中通过反射机制读取 case 类的参数名为列名。

现有 bigdata_result.txt 文件，记录了学生的信息及大数据考试成绩，其结构如图 4-71 所示。将 bigdata_result.txt 置于/home/hadoop 目录下，可以通过图 4-72 所示代码完成从 RDD 到 DataFrame 的转换。

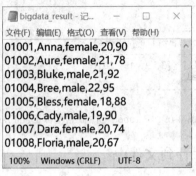

图 4-71   bigdata_result.txt 内容

```
scala> case class Result(stuNO:String,name:String,sex:String,age:Int,result:Int)
defined class Result

scala> import spark.implicits._
import spark.implicits._

scala> val resultRDD=sc.textFile("file:///home/hadoop/bigdata_result.txt").map(x=>x.split(",")).map
(element=>Result(element(0),element(1),element(2),element(3).trim.toInt,element(4).trim.toInt))
resultRDD: org.apache.spark.rdd.RDD[Result] = MapPartitionsRDD[102] at map at <console>:35

scala> val resultDF=resultRDD.toDF()
resultDF: org.apache.spark.sql.DataFrame = [stuNO: string, name: string ... 3 more fields]

scala> resultDF.show
+-----+------+------+---+------+
|stuNO|  name|   sex|age|result|
+-----+------+------+---+------+
|01001|  Anna|female| 20|    90|
|01002|  Aure|female| 21|    78|
|01003| Bluke|  male| 21|    92|
|01004|  Bree|  male| 22|    95|
|01005| Bless|female| 18|    88|
|01006|  Cady|  male| 19|    90|
|01007|  Dara|female| 20|    74|
|01008|Floria|  male| 20|    67|
+-----+------+------+---+------+
```

图 4-72   使用反射机制由 RDD 生成 DataFrame

上述代码中，首先定义了样例类 case class Result；然后读取 bigdata_result.txt 文件创建了 RDD，并使用 map 操作将其元素转换为 Result 对象；最后使用 toDF 方法，将 RDD 转为 DataFrame。

4.9.2 以编程方式由 RDD 生成 DataFrame

当无法提前定义 case class 时，可以采用编程指定 Schema 的方式将 RDD 转换成 DataFrame。现有 people.txt 文件，记录了 people 的姓名、年龄、性别信息，如图 4-73 所示；由该文件生成 DataFrame 的过程包括 3 个步骤：

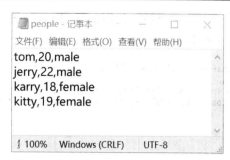

图 4-73 people.txt 文件内容

(1) 生成 Schema(即"表头"结构信息)，包含字段名称、字段类型和是否为空等信息。Spark SQL 提供了 StructType(fields:Seq[StructField])类来代表模式信息 Schema。其中 fields 是一个集合，该集合中每一个元素均为 StructField 对象；StructField(name,dataType, nullable) 用来表示表的字段信息，其中，name 表示字段名称，dataType 表示字段类型，nullable 表示是否可以为空。图 4-74 为制作表头 Schema 的过程。

```scala
scala> //导入相关包

scala> import org.apache.spark.sql.types._
import org.apache.spark.sql.types._

scala> import org.apache.spark.sql.Row
import org.apache.spark.sql.Row

scala> //根据业务需求定义表头字符串（schema）

scala> val schemaString = "name,age,sex"
schemaString: String = name,age,sex

scala> //将schemaString转为StructField类型

scala> val fields = schemaString.split(",").map(fieldName => StructField(fieldName, StringType, nullable = true))
fields: Array[org.apache.spark.sql.types.StructField] = Array(StructField(name,StringType,true), StructField(age,StringType,true), StructField(sex,StringType,true))

scala> val schema = StructType(fields)
schema: org.apache.spark.sql.types.StructType = StructType(StructField(name,StringType,true), StructField(age,StringType,true), StructField(sex,StringType,true))
```

图 4-74 制作表头 Schema

(2) 生成表中的记录(行)，要求表中每一行(即 RDD 的每一个元素)均为 Row 类型，如图 4-75 所示。

```scala
scala> //读写文件生成原始RDD

scala> val peopleRDD = spark.sparkContext.textFile("file:///home/hadoop/people.txt")
peopleRDD: org.apache.spark.rdd.RDD[String] = file:///home/hadoop/people.txt MapPartitionsRDD[22] at textFile at <console>:47

scala> //将peopleRDD的元素转为Row类型

scala> val rowRDD = peopleRDD.map(_.split(",")).map(attributes => Row(attributes(0), attributes(1),attributes(2)))
rowRDD: org.apache.spark.rdd.RDD[org.apache.spark.sql.Row] = MapPartitionsRDD[24] at map at <console>:49
```

图 4-75 生成表中的记录

（3）有了 schema 表头及表中记录后，使用 createDataFrame 方法将其组合在一起，构建一个 DataFrame，如图 4-76 所示。

```
scala> //通过createDataFrame方法将rowRDD转为DataFrame

scala> val peopleDF = spark.createDataFrame(rowRDD, schema)
peopleDF: org.apache.spark.sql.DataFrame = [name: string, age: string ... 1 more field]

scala> peopleDF.show
+-----+---+------+
| name|age|   sex|
+-----+---+------+
|  tom| 20|  male|
|jerry| 22|  male|
|karry| 18|female|
|kitty| 19|female|
+-----+---+------+
```

图 4-76　构建 DataFrame

4.9.3　DataFrame 转换为 RDD

将 DataFrame 转换为 RDD 比较简单，只需调用 rdd 方法即可，如图 4-77 所示。

```
scala> val rdd=resultDF.rdd
rdd: org.apache.spark.rdd.RDD[org.apache.spark.sql.Row] = MapPartitionsRDD[112] at rdd at <console>
:40

scala> rdd.collect
res49: Array[org.apache.spark.sql.Row] = Array([01001,Anna,female,20,90], [01002,Aure,female,21,78]
, [01003,Bluke,male,21,92], [01004,Bree,male,22,95], [01005,Bless,female,18,88], [01006,Cady,male,1
9,90], [01007,Dara,female,20,74], [01008,Floria,male,20,67])
```

图 4-77　将 DataFrame 转换为 RDD

4.9.4　DataFrame 与 Dataset 之间的转换

Spark 中，如果 Dataset[T]中的 T 为 Row 类型，则 Dataset[T]等价于 DataFrame。下面介绍 T 泛型不为 Row 类型时，Dataset 与 DataFrame 的转换。

将 DataFrame 转换为 Dataset 的具体操作见图 4-78。

```
scala> val df1=spark.createDataFrame(List(("tom",20),("jerry",18),("ken",22)))
.toDF("name","age")
df1: org.apache.spark.sql.DataFrame = [name: string, age: int]

scala> case class Student(name:String,age:Int)
defined class Student

scala> val ds1=df1.as[Student]
ds1: org.apache.spark.sql.Dataset[Student] = [name: string, age: int]

scala> ds1.show
+-----+---+
| name|age|
+-----+---+
|  tom| 20|
|jerry| 18|
|  ken| 22|
+-----+---+
```

图 4-78　DataFrame 转换为 Dataset 的操作

(2) 使用 toDF 方法将 Dataset 转换为 DataFrame 的具体操作见图 4-79。

```
scala> val df2=df1.toDF()
df2: org.apache.spark.sql.DataFrame = [name: string, age: int]

scala> df2.show
+-----+---+
| name|age|
+-----+---+
|  tom| 20|
|jerry| 18|
|  ken| 22|
+-----+---+
```

图 4-79 Dataset 转换为 DataFrame 的操作

任务 4.10 通过 JDBC 连接 MySQL 数据库

通过 JDBC，Spark SQL 可以实现与 MySQL 等数据库的互联互通。读取 MySQL 数据库表创建 DataFrame，数据处理后的结果也可以写入到 MySQL 中。本任务将实现 Spark SQL 读/写 MySQL 数据库表中数据，经过处理后的数据再写入 MySQL。

通过 JDBC 连接
MySQL 数据库

4.10.1 准备工作

Spark SQL 连接 MySQL 数据库，需要启动 MySQL 创建数据库及表等操作。

在 Ubuntu 环境下，使用命令"sudo apt-get install mysql-server"即可完成 MySQL 数据库的安装，安装过程可能需要输入 root 用户密码等；具体安装过程可查找相关书籍或网络文档。

使用命令 service mysql start 启动 MySQL 数据库，而后使用命令 mysql -u root -p 输入 root 用户密码后连接到 MySQL，如图 4-80 所示。

```
hadoop@zsz-VirtualBox:/usr/local/hadoop/sbin$ service mysql start
hadoop@zsz-VirtualBox:/usr/local/hadoop/sbin$ mysql -u root -p
Enter password:
Welcome to the MySQL monitor.  Commands end with ; or \g.
Your MySQL connection id is 6
Server version: 5.7.29-0ubuntu0.18.04.1 (Ubuntu)

Copyright (c) 2000, 2020, Oracle and/or its affiliates. All rights reserved.

Oracle is a registered trademark of Oracle Corporation and/or its
affiliates. Other names may be trademarks of their respective
owners.

Type 'help;' or '\h' for help. Type '\c' to clear the current input statement.

mysql> 
```

图 4-80 进入 MySQL

接下来创建数据库 sparkTest、数据库表 people，并向表中插入 3 行数据，代码如下：

```
create database sparkTest;
use sparkTest;
create table people(id char(10), name char(20), sex char(10), age int(4),address char(50));
insert into people values('101','Tom','male',20,'Zhuhai, Guangdong');
insert into people values('102','Merry','female',21,'Shenzhen, Guangdong');
insert into people values('103','Ken','male',19,'Shenzhen, Guangdong');
select * from people;
```

要想使用 JDBC 连接 MySQL，需要下载 JDBC 驱动包(本书 JDBC 为 mysql-connector-java-8.0.13.jar)，将其放置于目录/usr/local/spark/jars/下；然后在 Linux 终端输入以下命令，进入 Sparkshell 环境，代码如下：

```
cd /usr/local/spark/bin
./spark-shell   \
--jars   /usr/local/spark/jars/mysql-connector-java-8.0.13.jar   \
--driver-class-path /urs/local/spark/jars/mysql-connector-java-8.0.13.jar
```

注意：上述命令行中 "\" 表示命令行没有结束。

4.10.2　读取 MySQL 表格创建 DataFrame

spark.read.format("jdbc")用于实现对 MySQL 数据库的读取操作。执行图 4-81 所示代码，可以读取 sparkTest 数据库中的 people 表，并生成 DataFrame。

```
scala> val jdbcDF = spark.read.format("jdbc") .option("driver","com.mysql.jdbc.Driver")
.option("url", "jdbc:mysql://localhost:3306/sparkTest") .option("dbtable","people") .op
tion("user", "root") .option("password", "123") .load()
Loading class `com.mysql.jdbc.Driver'. This is deprecated. The new driver class is `com
.mysql.cj.jdbc.Driver'. The driver is automatically registered via the SPI and manual l
oading of the driver class is generally unnecessary.
jdbcDF: org.apache.spark.sql.DataFrame = [id: string, name: string ... 3 more fields]

scala> jdbcDF.show
+---+-----+------+---+-------------------+
| id| name|   sex|age|            address|
+---+-----+------+---+-------------------+
|101|  Tom|  male| 20| Zhuhai, Guangdong|
|102|Merry|female| 21|Shenzhen, Guangdong|
|103|  Ken|  male| 19|Shenzhen, Guangdong|
+---+-----+------+---+-------------------+
```

图 4-81　读取 sparkTest 数据库中的 people 表

上述代码中，我们使用了若干 option 方法设置了相关参数，其具体意义如表 4-3 所示。

表 4-3　相关参数详情

参数名称	参数值	意　义
url	jdbc:mysql://localhost:3306/sparkTest	数据库地址，连接数据库为 sparkTest
dbtable	people	访问的数据库表为 people
user	root	访问的用户名为 root
password	123	访问的密码为 123(根据本机 mysql 情况，读者自行设定)
driver	com.mysql.jdbc.Driver	数据库驱动程序名

4.10.3　DataFrame 数据写入 MySQL

为了演示 DataFrame 写入 MySQL，首先采用反射机制构建一个 DataFrame，如图 4-82 所示。

```
scala> val newPeople=List(("104","Mark","male",25,"Zhongshan, Guangdong"),("105","Duke"
,"female",19,"Foshan, Guangdong"))
newPeople: List[(String, String, String, Int, String)] = List((104,Mark,male,25,Zhongsh
an, Guangdong), (105,Duke,female,19,Foshan, Guangdong))

scala> case class People(id:String,name:String,sex:String,age:Int,adress:String)
defined class People

scala> val peopleRDD=sc.makeRDD(newPeople).map(x=>People(x._1, x._2, x._3,x._4,x._5 ))
peopleRDD: org.apache.spark.rdd.RDD[People] = MapPartitionsRDD[12] at map at <console>:
28

scala> peopleRDD.collect
res5: Array[People] = Array(People(104,Mark,male,25,Zhongshan, Guangdong), People(105,D
uke,female,19,Foshan, Guangdong))

scala> val peopleDF=spark.createDataFrame(peopleRDD)
peopleDF: org.apache.spark.sql.DataFrame = [id: string, name: string ... 3 more fields]

scala> peopleDF.show
+---+----+------+---+--------------------+
| id|name|   sex|age|              adress|
+---+----+------+---+--------------------+
|104|Mark|  male| 25|Zhongshan, Guangdong|
|105|Duke|female| 19|   Foshan, Guangdong|
+---+----+------+---+--------------------+
```

图 4-82　DataFrame 写入 MySQL

接下来，对于构建的 peopleDF 调用 write 方法写入数据库，如图 4-83 所示。Mode ("append")表示在原有数据库表上追加数据。

```
scala> jdbcDF.write.mode("append").format("jdbc") .option("driver","com.mysql.jdbc.Driv
er").option("url", "jdbc:mysql://localhost:3306/sparkTest") .option("dbtable","people")
.option("user", "root") .option("password", "123") save()
```

图 4-83　DataFrame 向 MySQL 数据库表追加数据

为了验证在数据库中是否添加成功数据，则在 MySQL 中执行如图 4-84 所示命令，查看数据。

```
mysql> select * from people;
+------+-------+--------+------+---------------------+
| id   | name  | sex    | age  | address             |
+------+-------+--------+------+---------------------+
| 101  | Tom   | male   |  20  | Zhuhai, Guangdong   |
| 102  | Merry | female |  21  | Shenzhen, Guangdong |
| 103  | Ken   | male   |  19  | Shenzhen, Guangdong |
| 101  | Tom   | male   |  20  | Zhuhai, Guangdong   |
| 102  | Merry | female |  21  | Shenzhen, Guangdong |
| 103  | Ken   | male   |  19  | Shenzhen, Guangdong |
+------+-------+--------+------+---------------------+
6 rows in set (0.00 sec)
```

图 4-84　使用 MySQL 查看添加的数据

任务 4.11 Spark SQL 读/写 Hive 数据

Hive 是常用的分布式数据仓库，是进行大数据分析的重要工具。Spark SQL 具有读写 Hive 中数据表的能力。本任务演示如何编译 Spark 源码以支持 Hive 读/写 Hive 表。

4.11.1 编译源代码、创建支持 Hive 的版本

Spark SQL 支持从 Apache Hive 读/写数据，但由于 Hive 依赖项太多，这些依赖没有包含在默认的 Spark 发行版本中。因此在 Spark shell 下连接 Hive，需要编译源码，从而得到一个包含 Hive 支持的 Spark 版本。首先进入 Spark 官网，在 Choose a package type 中选择 Source Code 项后选择下载 Spark 源码，如图 4-85 所示。

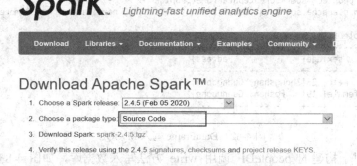

Spark SQL 读写 Hive 数据代码

图 4-85　下载 Spark 源码

下载完 Spark 源码后，使用下面命令完成编译工作：

```
sudo tar -zxf ./spark-2.4.5.tgz -C /home/hadoop/          #将 Spark 源码压缩包解压
cd /home/hadoop/spark-2.4.5
./dev/make-distribution.sh-tgz-name hiveSupport-Pyarn-Phadoop-2.7-Dhadoop.version=2.7.7-Phive-Phive-thriftserver-DskipTests
```

其中，"-Phadoop-2.7 -Dhadoop.version=2.7.7"指定安装 Spark 时的 hadoop 版本(用户需要查询自己电脑上安装的 hadoop 版本，可以使用 hadoop version 命令查看)；"-Phive -Phive-thriftserver"这两个选项让其支持 Hive；"-DskipTests"能避免测试不通过时发生的错误。上面命令中的"hiveSupport"是为编译以后的文件添加的名称，最终编译成功后会得到文件名"spark-2.5.4-bin-hiveSupport.tgz"，这个就是包含 Hive 支持的 Spark 安装文件(提示：因需下载相关文件，编译过程可能需要较长时间，需耐心等待)。有了该文件后，可以按照前面单元介绍的方法，完成该版本 Spark 的安装配置。

4.11.2 读取 Hive 数据

进入 Spark shell 环境，导入相关包后，通过 enableHiveSupport 方法创建支持 Hive 的

SparkSession 对象，代码如图 4-86 所示。

```
scala> //导入相关包

scala> import java.io.File
import java.io.File

scala> import org.apache.spark.sql.Row
import org.apache.spark.sql.Row

scala> import org.apache.spark.sql.SparkSession
import org.apache.spark.sql.SparkSession

scala> import spark.implicits._
import spark.implicits._

scala> import spark.sql
import spark.sql

scala> //生成一个支持Hive的SparkSession实例

scala> val warehouseLocation = new File("spark-warehouse").getAbsolutePath
warehouseLocation: String = /usr/local/sparkWithHive/bin/spark-warehouse

scala> val spark = SparkSession.builder().appName("Spark Hive Example").config("spark.s
ql.warehouse.dir", warehouseLocation).enableHiveSupport().getOrCreate()
20/02/14 11:39:16 WARN sql.SparkSession$Builder: Using an existing SparkSession; some c
onfiguration may not take effect.
spark: org.apache.spark.sql.SparkSession = org.apache.spark.sql.SparkSession@43600de0
```

图 4-86　创建支持 Hive 的 SparkSession 对象

接下来，创建 Hive 表 src，包含 key、value 两个字段；使用 HQL 语句将 Spark 安装目录下/examples/src/main/resources/kv1.txt 文件中的数据插入到表 src 中，代码如图 4-87 所示。

```
spark.sql("CREATE TABLE IF NOT EXISTS src (key INT, value STRING) USING hive")

sql("LOAD DATA LOCAL INPATH 'examples/src/main/resources/kv1.txt' INTO TABLE src")
```

图 4-87　向 Hive 表中插入数据

向 Hive 表中 src 插入数据完毕后，可以继续使用 SparkSession 的 sql 方法完成相关操作。spark.sql("select * from src").show(5)得到的结果如图 4-88 所示。

```
+---+-------+
|key|  value|
+---+-------+
|238|val_238|
| 86| val_86|
|311|val_311|
| 27| val_27|
|165|val_165|
|409|val_409|
|255|val_255|
|278|val_278|
```

图 4-88　查询结果

项 目 小 结

对于结构化数据分析，Spark 提供了 Spark SQL 模块；DataFrame(DataSet)是 Spark SQL 的核心数据抽象；Spark SQL 可以对接 JSON、CSV 等各种文件，也可以读取 MySQL 等数

据库，还可以支持 HIve；用户可以使用 DSL(领域专用语言)，也可以使用 SQL 语句完成数据分析工作。

课 后 练 习

一、判断题

1. Spark SQL 的前身是 Shark，它是 Spark 生态系统的组件之一。(　　)
2. Spark SQL 不能读取 Hive 文件，但可以读取 MySQL 等关系型数据库。(　　)
3. 利用反射机制，可以将结构已知的 RDD 转换为 DataFrame。(　　)
4. 用户使用 Spark SQL 时，一般需要首先创建 DataFrame，而后借助 DSL 或 SQL 语句完成数据分析工作。(　　)
5. Spark SQL 连接 MySQL 数据库时，不需要指定驱动包。(　　)

二、选择题

1. Spark SQL 中，哪个操作可以实现去重？(　　)

A. select　　　　　　　　　　　　　　B. orderBy

C. filter　　　　　　　　　　　　　　D. distinct

2. 能够生成一个 DataFrame 的方法不包括哪一项？(　　)

A. 编程方式将 RDD 转换为 DataFrame　　　B. 读取 JSON 文件

C. 使用反射机制将 RDD 转换为 DataFrame　　D. 直接读取 txt 文件

3. Spark SQL 中，对元素进行排序的操作是哪一项？(　　)

A. groupBy　　　　　　　　　　　　B. sortBy

C. map　　　　　　　　　　　　　　D. oderBy

4. Spark SQL 中，可以筛选符合条件的元素的操作是哪一项？(　　)

A. where　　　　　　　　　　　　　B. contains

C. select　　　　　　　　　　　　　D. map

能力拓展

现有新浪微博数据集，包含 user.csv 和 detail.csv 两个文件。其中，user.csv 主要记录用户 ID、微博等级等信息，具体如下：

　　-user_id: 用户 ID

　　-class: 微博级别

　　-post_num: 发帖数量

　　-follower_num: 粉丝的数量

　　-followee_num: 关注的数量

　　-is_spammer: 垃圾广告者(标签)， 1 表示 spammer，0 表示 non-spammer

detail.csv 文件主要记载了微博用户的部分个人信息，包括：

-user_id: 用户 ID

-user_name: 用户昵称

-gender: 性别，male，female，other

-message: 用户头像地址

(1) 找出微博粉丝数量最多的 10 个人的 user_id。

(2) 等级在 10 级以上的用户，他们平均发帖量是多少？

(3) 指标 follow ratio(follower_num/followee_num)是衡量微博影响力的，找出微博影响力最大的 5 个用户；输出其 user_id、class、user_name、gender 等详细信息。

项目五　Spark 编程进阶

 项目概述

前期学习中，无论是 Spark RDD 还是 Spark SQL，我们主要是在 Spark Shell 下完成数据分析处理工作。但是现实业务中，为了完成一个数据分析任务，可能需要编写很多行代码，需要用到很多类，这时 Spark Shell 可能力不从心，因而需要用到 IntelliJ IDEA 等专业开发工具。本项目将介绍主流的 IDEA 开发工具的安装与使用，并通过 Sogou 日志分析和疫苗流向数据分析两个项目，介绍如何在 IDEA 下完成大数据开发工作。

 项目演示

通过本项目实践，可以在 IntelliJ IDEA 环境下开发大数据应用、分析疫苗流向数据，并在 IDEA 控制台下输出数据分析结果(如图 5-1 所示)。

图 5-1　IDEA 控制台下输出疫苗数据

 思维导图

本项目的思维导图如图 5-2 所示。

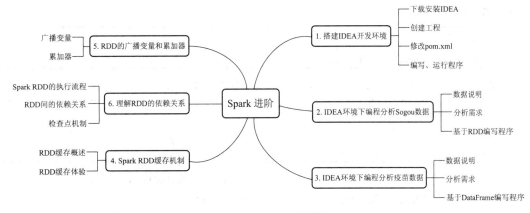

图 5-2　项目五思维导图

任务 5.1　搭建 IntelliJ IDEA 开发环境

Spark Shell 具有交互式特点(输入一条语句，Spark Shell 会立即执行并反馈结果)，便于我们加深对 Spark 程序开发的理解，并且非常适合学习、测试及小规模开发使用。但在真实的大数据开发中，一项任务则需要很多行代码、多个类协调才能完成，因此开发人员需要一个集成的开发环境，Spark 官网推荐使用 IntelliJ IDEA、Eclipse 和 Nightly Builds。本任务将介绍如何安装 IntelliJ IDEA、安装插件，以及创建工程、编写代码等工作。

搭建 IntelliJ IDEA
开发环境代码

5.1.1　下载安装 IntelliJ IDEA

1. 下载安装包

在 Ubuntu 下，使用浏览器进入 jetbrains 官网 https://www.jetbrains.com/idea/，如图 5-3 所示。下载社区版(Community 版)，该版本是免费的、可满足本书 Spark 学习的需求(当然也可以购置商业版，拥有更多功能)。

图 5-3　IntelliJ IDEA 下载

2. 安装 IntelliJ IDEA

下载完毕后，将 IDEA 包解压到/usr/local 目录下，并启动 IDEA；打开 Ubuntu 终端，输入命令：

```
cd ~/下载
sudo tar -zxvf ideaIC-2019.3.3.tar.gz -C /usr/local
```

解压完毕后，进入 IDEA 安装目录，启动 IDEA，命令如下：

```
cd /usr/local/idea-IC-193.6494.35/
cd bin
./idea.sh
```

进入启动界面后，IDEA 让用户选择 UI 风格(Set UI theme)，选择个人喜好的风格(如 Light)后，点击"Next：Desktop Entry"项，如图 5-4 所示。

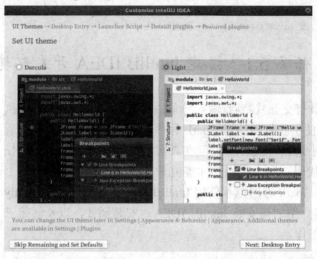

图 5-4　选择风格

在 Create Desktop Entry 界面(见图 5-5)中，直接选择"Next：Launcher Script"项，这样，在日后的使用过程中，可以直接在 Ubuntu 的应用程序搜索中找到 IntelliJ IDEA，而不用在 Ubuntu 终端中输入命令。

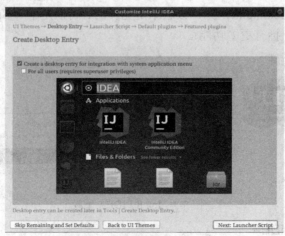

图 5-5　Create Desktop Entry

　　接下来，在下载插件界面中点击 Scala 插件介绍下的"Install"按钮，完成 Scala 插件的安装，然后点击"Start using IntelliJ IDEA"项，如图 5-6 所示。

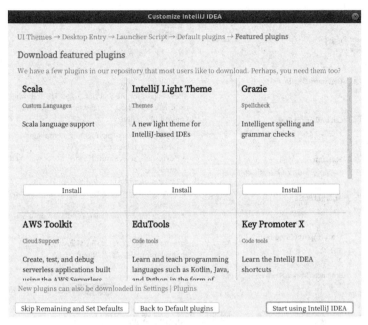

图 5-6　Start using IntelliJ IDEA

　　在图 5-6 中，也可以暂不安装插件，直接点击"Start using IntelliJ IDEA"；进入 IDEA 欢迎界面(见图 5-7)选择"Plugins"，进入 Plugins 市场(见图 5-8)，搜索"Scala"插件，点击"Install"，也可以完成 Scala 插件的安装。

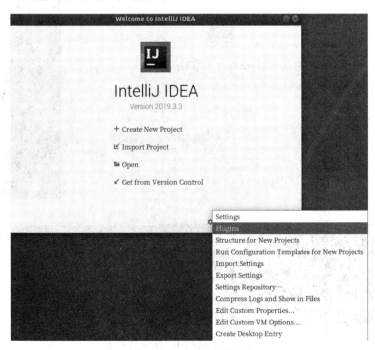

图 5-7　IDEA 欢迎界面

图 5-8　Plugins 界面

　　插件安装成功后，在 IDEA 欢迎界面选择"Structure for New Projects"项，如图 5-9 所示。

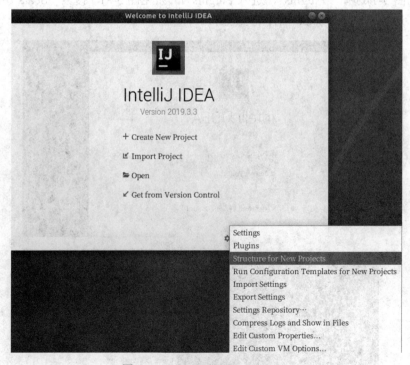

图 5-9　Structure for New Projects

在弹出的"Structure for New Projects"界面中，依次选择"Project""New..."后，设置 JDK(选择本机安装的 JDK 目录)，如图 5-10 所示。

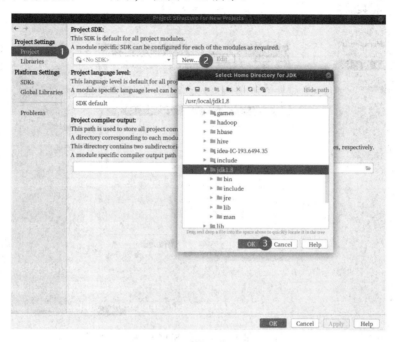

图 5-10　选择 JDK

在图 5-11 中，选择"Global Libraries"，点击"+"号，选择"Scala SDK"，在弹出的 SDK 选择窗口中选择与本机匹配的 Scala SDK 版本(见图 5-12)；如没有合适的版本，可以选择"Download..."下载。

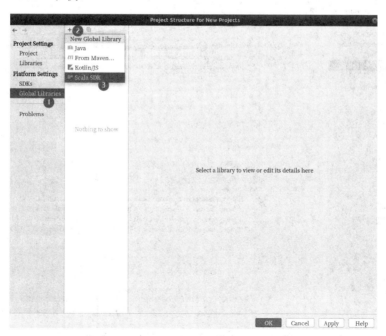

图 5-11　设置 SDK

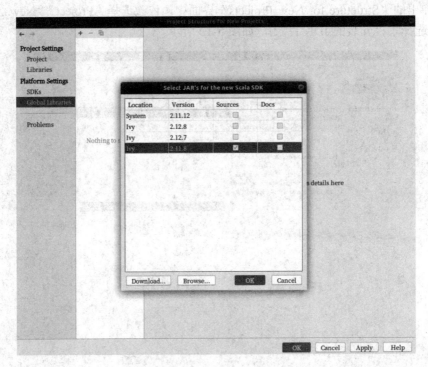

图 5-12　选择 SDK 版本

设置好"Scala SDK"后，选择刚刚添加的"Scala SDK"，右键选择"Copy to Project Libraries..."，将"Scala SDK"添加到工程中，如图 5-13 所示。

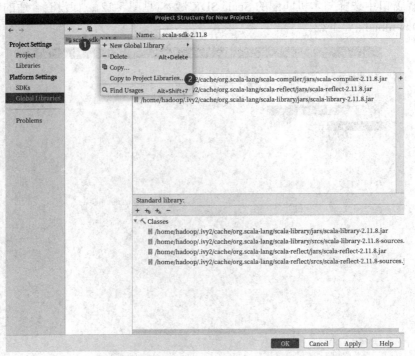

图 5-13　将"Scala SDK"添加到工程中

5.1.2　创建工程

在 IDEA 欢迎界面(见图 5-14)中选择"Create New Project"项，进入如图 5-15 所示的界面后，选择"Maven"，点击"Next"项。

图 5-14　IDEA 欢迎界面

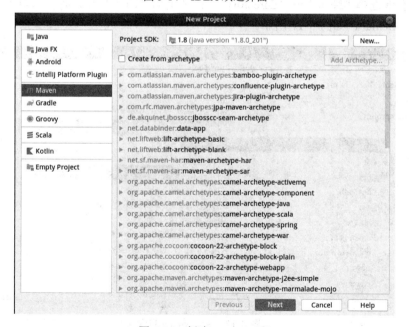

图 5-15　创建 Maven 工程

在"New Project"窗口中，输入工程名"mysparkproject"后，点击"Next"项，如图 5-16 所示。

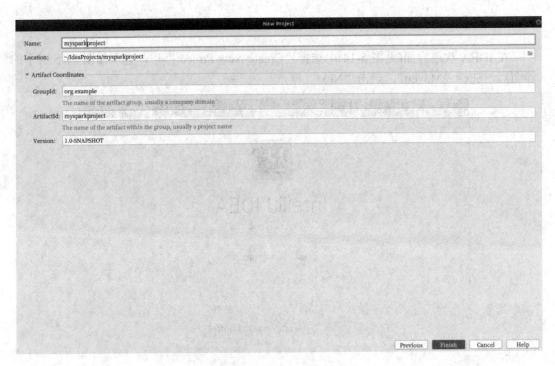

图 5-16　输入工程信息

进入工程界面后，在工程区域选择"mysparkproject"工程，展开其目录结构；选中"main"目录后，右键选择"New"→"Directory"，在弹出的"New Directory"窗口中输入新建的目录名称"Scala"，如图 5-17 所示。

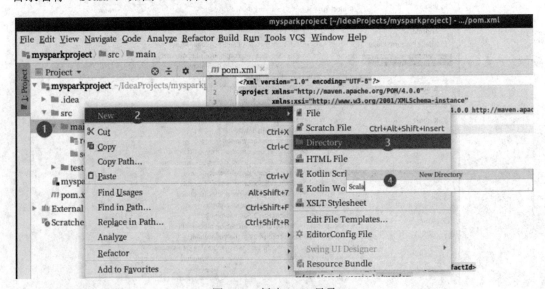

图 5-17　新建 Scala 目录

选择新建的 Scala 目录，右键选择"Mark Directory as"→"Sources Root"，将其设置为源目录，如图 5-18 所示。

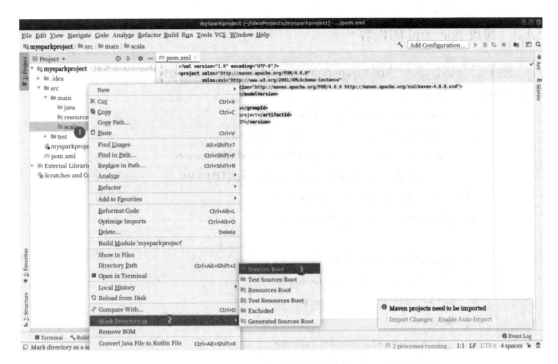

图 5-18　设置 Sources Root

接下来，选择原有的"java"目录，右键选择删除该目录，如图 5-19 所示。至此，我们完成了在 IDEA 下 Scala 工程创建的工作。

图 5-19　删除 java 文件夹

5.1.3 修改 pom.xml 的内容

在编写代码前，需要修改 mysparkproject 工程的 pom.xml 文件，以便加载相关依赖包。
将 pom.xml 文件修改如下：

```xml
<?xml version="1.0" encoding="UTF-8"?>
<project xmlns="http://maven.apache.org/POM/4.0.0"
        xmlns:xsi="http://www.w3.org/2001/XMLSchema-instance"
        xsi:schemaLocation="http://maven.apache.org/POM/4.0.0
    http://maven.apache.org/xsd/maven-4.0.0.xsd">
    <modelVersion>4.0.0</modelVersion>


    <groupId>org.example</groupId>
    <artifactId>mysparkproject</artifactId>
    <version>1.0-SNAPSHOT</version>
    <properties>
        <spark.version>2.2.3</spark.version>
        <scala.version>2.11</scala.version>
</properties>

<dependencies>
    <dependency>
        <groupId>org.apache.spark</groupId>
        <artifactId>spark-core_${scala.version}</artifactId>
        <version>${spark.version}</version>
    </dependency>
    <dependency>
        <groupId>org.apache.spark</groupId>
        <artifactId>spark-streaming_${scala.version}</artifactId>
        <version>${spark.version}</version>
    </dependency>
    <dependency>
        <groupId>org.apache.spark</groupId>
        <artifactId>spark-sql_${scala.version}</artifactId>
        <version>${spark.version}</version>
    </dependency>
    <dependency>
        <groupId>org.apache.spark</groupId>
        <artifactId>spark-hive_${scala.version}</artifactId>
```

```xml
            <version>${spark.version}</version>
        </dependency>
        <dependency>
            <groupId>org.apache.spark</groupId>
            <artifactId>spark-mllib_${scala.version}</artifactId>
            <version>${spark.version}</version>
        </dependency>
    </dependencies>
    <build>
        <plugins>
            <plugin>
                <groupId>org.scala-tools</groupId>
                <artifactId>maven-scala-plugin</artifactId>
                <version>2.15.2</version>
                <executions>
                    <execution>
                        <goals>
                            <goal>compile</goal>
                            <goal>testCompile</goal>
                        </goals>
                    </execution>
                </executions>
            </plugin>

            <plugin>
                <artifactId>maven-compiler-plugin</artifactId>
                <version>3.6.0</version>
                <configuration>
                    <source>1.8</source>
                    <target>1.8</target>
                </configuration>
            </plugin>
            <plugin>
                <groupId>org.apache.maven.plugins</groupId>
                <artifactId>maven-surefire-plugin</artifactId>
                <version>2.19</version>
                <configuration>
                        <skip>true</skip>
                    </configuration>
```

```
                </plugin>
            </plugins>
        </build>
    </project>
```

注意：在上述 pom.xml 文件中，读者要根据自己配置环境(软件版本等)对其进行适当修改，例如<groupId>org.example</groupId>和<artifactId>mysparkproject</artifactId>的标签为创建工程时设置的 groupId 和 artifactId；而<spark.version>2.2.3</spark.version>及<scala.version>2.11</scala.version>则需要根据自己的 Spark、Scala 版本填写(作者安装的 Spark 版本为 2.23，Scala 版本为 2.11)；<dependency>*****</dependency>标签用于添加 Maven 依赖；后续开发中会根据使用的模块，陆续添加其他依赖。

修改完 pom.xml 后，在"Maven projects to be imported"选项处，选择"Enable Auto-Import"，如图 5-20 所示。此过程需联网下载相关依赖包，请耐心等待(根据网络情况，可能需要较长时间)。执行完毕后即可开展后续的工作(注意本项工作完成前，将无法新建 Scala 程序)。

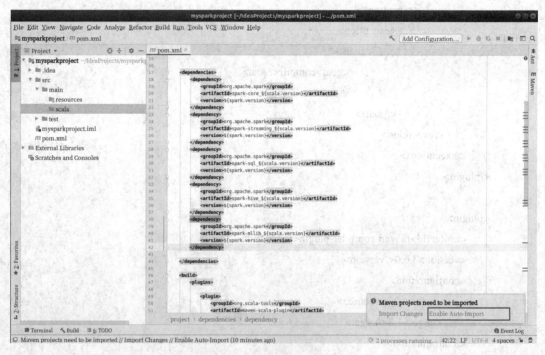

图 5-20　Enable Auto-Import

5.1.4　新建 Scala 文件、编写程序

接下来编写程序实现单词计数功能。在工程目录中，选择前面新建的文件夹"Scala"，右键选择"New"后，再选择"Scala Class"；在弹出的"Create New Scala Class"中填写 Scala 类的名称为"WordCount"，在 Kind 类型中选择"Object"后点击"OK"键，完成 Scala 类的创建，如图 5-21 所示。

图 5-21 创建 Scala 文件

在新建的 WordCount.scala 中写入单词计数的代码，如图 5-22 所示。

```
    Spark_Test    WordCount.scala
1    import org.apache.spark.SparkConf
2    import org.apache.spark.SparkContext
3
4
5  ▶  object WordCount {
6  ▶    def main(args: Array[String]): Unit = {
7        val conf=new SparkConf().setMaster("local[*]")
8          .setAppName("Word Count")
9        val sc=new SparkContext(conf)
10
11       val inputRDD=sc.textFile( path = "file:///home/hadoop/words.txt")
12       val splitRDD=inputRDD.flatMap(x=>x.split( regex = " "))
13       val pairsRDD=splitRDD.map(x=>(x,1))
14       val resultRDD=pairsRDD.reduceByKey((a,b)=>a+b)
15       resultRDD.collect.foreach(println)
16
17     }
18  }
```

图 5-22 编写 WordCount.scala

该程序中，首先引入 SparkConf、SparkContext 类，然后定义 object 类 WordCount(只有 oject 类才可以访问 main 方法)；在 WordCount 内部定义 main 方法，实现单词计数功能。注意，在 IDEA 环境下编写 Spark 程序与在 Spark Shell 下有所不同。Spark Shell 自带一个 SparkContext 实例 sc，但在 IDEA 下需要自己创建 SparkContext 对象(代码 7~9 行)。

5.1.5 在 IDEA 中运行程序

在 WordCount.scala 代码窗口内的任意位置右键点击，在弹出的菜单中选择 Run 'WordCount'，运行的结果如图 5-23 所示。注意 WordCount.scala 程序要求，数据文件必须保存在/home/hadoop/words.txt 这个文件夹下，否则会报错。因此读者需要创建 words.txt 文件，并置于相应目录下。程序运行后，IDEA 控制台输出信息较多，可以拖动寻找结果信息，如图 5-21 所示。

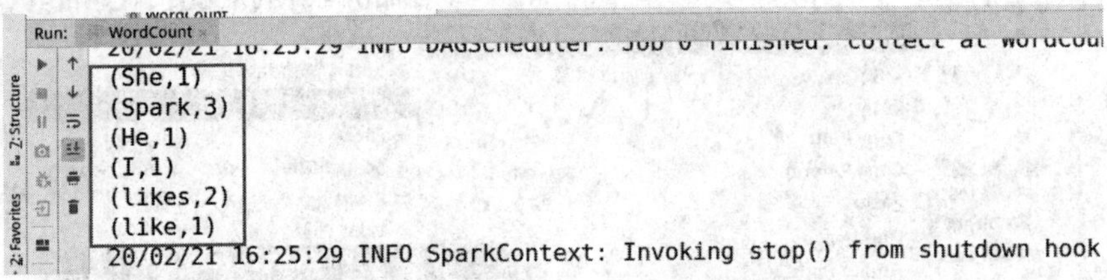

```
Run:   WordCount
20/02/21 16:25:29 INFO DAGScheduler: Job 0 finished: collect at WordCou
(She,1)
(Spark,3)
(He,1)
(I,1)
(likes,2)
(like,1)
20/02/21 16:25:29 INFO SparkContext: Invoking stop() from shutdown hook
```

图 5-23　运行 WordCount.scala 输出结果

5.1.6　工程打包、提交集群运行

在实际项目中，需要在 IDEA 中将程序行打包，以便将其提交到 Spark 集群中运行。下面演示如何打包程序。首先，将鼠标置于 IDEA 左下角的灰色方块中，在弹出的菜单中选择"Maven"，如图 5-24 所示。

图 5-24　工程打包

在弹出的 Mave 面板中，选择"Lifecycle"，再点击"package"选项，如图 5-25 所示，即可开始打包工作。

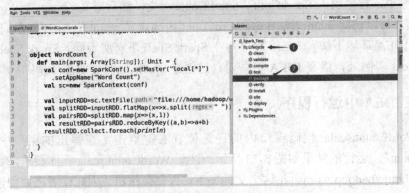

图 5-25　Maven 面板设置

打包完成后在工程目录的 target 文件夹中可以看到打好的 jar 包，如图 5-26 所示。对于该 jar 包，右键选择"Copy Path"获得该 jar 包的路径。复制得到 jar 包的路径后，在 Linux 终端使用命令"/usr/local/spark/bin/spark-submit --class WordCount *复制得到的 jar 包路径*"来执行程序。

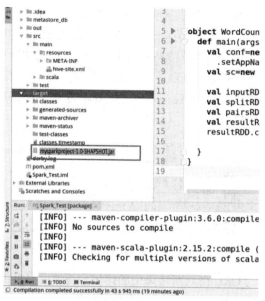

图 5-26　复制到 jar 包的 path

如果要想将程序放置到集群中执行，则需要做以下修改：

(1) WordCount.scala 程序中的 setMaster("local[*]")，local[*]需要修改为"spark://集群主机 IP:7077"，其中 7077 为 Spark 默认的端口号(如已经修改，则根据情况调整)。

(2) 进入 Spark 的安装目录后，使用如下命令提交、运行程序：

```
bin/spark-submit \
--class mysparkproject.WordCount \
--master spark://主机 IP:7077   \
--executor-memory 2G   \
--total-executor-cores 4 \
/****jar 所在包目录******/mysparkproject-1.0-SNAPSHOT.jar
```

任务 5.2　IDEA 下用 Spark RDD 分析 Sogou 日志

Sogou 实验室提供了某段时间搜索引擎记录的网页查询需求及用户点击情况的日志数据，现要求在 IntelliJ IDEA 环境下使用 Spark RDD 技术进行以下分析：

◆ 找出用户搜索量最大的 3 个时段 top3；
◆ 找出搜索次数最多的 10 个用户 top10；
◆ 求出平均每个用户的搜索量；

IDEA 下用 Spark RDD
分析 Sogou 日志代码

◆ 用户点击的 URL 在返回结果中的平均排名。

5.2.1 数据说明

考虑到学习者的电脑配置，我们选择迷你版数据集(某 1 天的搜索日志数据)，将其命名为 sogouoneday.txt，共计 170 余万条记录。按照数据集说明，其数据格式为：访问时间\t 用户 ID\t[查询词]\t 该 URL 在返回结果中的排名\t 用户点击的顺序号\t 用户点击的 URL。其中，用户 ID 是根据用户使用浏览器访问搜索引擎时的 Cookie 信息自动赋值，即同一次使用浏览器输入的不同查询结果对应同一个用户 ID。在 Linux 终端中，使用 head 命令查看前 10 行数据，如图 5-27 所示。

```
hadoop@zsz-VirtualBox:~$ head -n 10  /home/hadoop/sogouoneday.txt
00:00:00    2982199073774412   [360安全卫士]    8 3    download.it.com.cn/softweb/software/firewall/antivirus/20067/17938.html
00:00:00    07594220010824798  [哄抢救灾物资]    1 1    news.21cn.com/social/daqian/2008/05/29/4777194_1.shtml
00:00:00    5228056822071097   [75810部队]     14 5   www.greatoo.com/greatoo_cn/list.asp?link_id=276&title=%BE%DE%C2%D6%D0%C2%CE%C5
00:00:00    6140463203615646   [绳艺]        62 36  www.jd-cd.com/jd_opus/xx/200607/706.html
00:00:00    8561361088033201   [汶川地震原因]    3 2    www.big38.net/
00:00:00    23908140386148713  [莫非一是的意思]   1 2    www.chinabaike.com/article/81/82/110/2007/2007020724490.html
00:00:00    1797943298449139   [星梦缘全集在线观看]  8 5    www.6wei.net/dianshiju/????\xa1\xe9/????do=index
00:00:00    00717725924582846  [闪字吧]       1 2    www.shanziba.com/
00:00:00    41416219018952116  [霍震霆与朱玲玲照片] 2 6    bbs.gouzai.cn/thread-698736.html
00:00:00    9975666857142764   [电脑创业]      2 2    ks.cn.yahoo.com/question/1307120203719.html
```

图 5-27　sogouoneday.txt 中的数据

进一步分析发现该“URL 在返回结果中的排名”与“用户点击的顺序号”实际为空格分隔，而非\t。在这里暂时不处理，在程序代码中处理。

将数据集 sogouoneday.txt 置于用户主目录/usr/local/hadoop 下，在 Linux 终端中使用如下命令启动 Hadoop hdfs 服务，并将文件上传到 hdfs 文件系统中。

```
cd   /usr/local/hadoop/sbin
./start-dfs.sh
cd /usr/local/hadoop/bin
./hdfs dfs -mkdir   sogou
./hdfs dfs -put /home/hadoop/sogouoneday.txt    sogou
```

5.2.2 需求分析

下面逐条分析需求，找出解决问题的思路。

(1) 找出用户搜索量最大的 3 个时段 top3。当前数据中的访问时间格式为 HH:mm:ss，可以截取出前两个字符为小时(24 小时制)，以小时为统计单位，找出访问量最大的三个时段；可以考虑将 RDD 转换为(小时，1)类型的键值对，然后使用 reduceByKey 方法，计算各小时的访问量；最后使用 sortBy 方法排序，得到 top3。

(2) 找出搜索次数最多的 10 个用户 top10。处理方法与第(1)问类似，用户 ID 为用户的唯一标识，可以考虑将 RDD 转换为(用户 ID，1)类型的键值对，然后使用 reduceByKey 方法，来计算各用户的访问量；最后使用 sortBy 方法排序，得到 top10。

(3) 求出平均每个用户的搜索量。首先使用 count 方法，得出总的记录数 totalNum；对于用户 ID，使用 distinct 方法得出用户数 userNum；最后用 totalNum 除以 userNum。

(4) 用户点击的 URL 在返回结果中的平均排名。对于所有的"URL 在返回结果中排名"加和，得到 rankTotal；最后用 rankTotal 除以 totalNum 即可。

5.2.3　IDEA 下编写程序

在 IDEA 工程中，新建 object 类文件 Sogou.scala，代码如下：

```scala
import org.apache.log4j.{Level, Logger}
import org.apache.spark.SparkContext
import org.apache.spark.SparkConf
import scala.util.Success


object Sogou {
    def main(args: Array[String]): Unit = {
        Logger.getLogger("org.apache.spark").setLevel(Level.ERROR)
        Logger.getLogger("org.eclipse.jetty.server").setLevel(Level.OFF)
        //创建 sparkConf 实例
        val conf=new SparkConf().setMaster("local[2]")
            .setAppName("Sogou Data Pro")
        //创建 SparkContext 实例
        val sc=new SparkContext(conf)
        //sogouoneday.txt 文件的路径，可根据实际情况修改
        val path="hdfs://localhost:9000/user/hadoop/sogou/sogouoneday.txt"
        //读取文件生成 RDD
        val inputRDD=sc.textFile(path)
        //对于 inputRDD 中的元素，使用 split 方法切割成单词
        val splitRDD=inputRDD.map(x=>x.split("\t"))
        //取出"时间"字符串中的前两个字符，即为"小时"；组成键值对(小时，1)
        val hourPairs=splitRDD.map(x=>(x(0).trim.substring(0,2),1) )
        //键值对(小时，1)进行 reduceByKey 运算，得到各时段的访问量
        val hourAdd=hourPairs.reduceByKey((a,b)=>a+b)
        //按照访问量进行排序，降序
        val sortedHour=hourAdd.sortBy(x=>x._2,false)
        //打印结果
        println("访问量最多的时段 Top3:")
        sortedHour.take(3).foreach(println)

        //将用户 ID 从 splitRDD 取出，组成键值对(用户 ID，1)
        val userPairs=splitRDD.map(x=>(x(1).trim,1) )
        //reduceByKey 方法，得到每个用户的访问量
```

```
val userAdd=userPairs.reduceByKey((a,b)=>a+b)
//按照用户的访问量降序排列
val sortedUser=userAdd.sortBy(x=>x._2,false)
//打印结果
println("访问次数最多的用户 Top10:")
sortedUser.take(10).foreach(println)


//计算数据集的总行数
val totalNum=splitRDD.count()
//取出用户 ID 组成 RDD
val users=splitRDD.map(x=>x(1))
//用户 ID 去重
val distinctUsers=users.distinct()
//得到用户的数量
val userNum=distinctUsers.count()
//打印结果
println("平均每个用户搜索次数为：     "+totalNum/(userNum+0.0))


/* "URL 在返回结果中的排名"与"用户点击的顺序号"实际为空格分隔，而非\t；所以初
次分割时，并未将二者分开，这里再次分割，取出"URL 在返回结果中的排名"
*/
val splitRDD2=splitRDD.map(x=>x(3)).map(x=>x.split("")).map(x=>x(0)).trim)
/* 将"URL 在返回结果中的排名"转换成整数，转换过程中可能抛出异常，使用 case 匹
配；这里也可以使用模式匹配，但执行效率可能会下降
*/
val rank=splitRDD2.map(x=>{
    scala.util.Try(x.toInt) match {
        case Success(_)=>x.toInt
        case _ =>0
    }
}
)
//使用 reduce 方法，求出所有 "URL 在返回结果中的排名" 之和 rankTotal
val rankTotal=rank.reduce((a,b)=>a+b)
//打印结果
println("URL 在返回结果中平均排名: "+(rankTotal+0.0)/totalNum)
}
}
```

5.2.4　运行程序

在 IDEA 中，运行程序 Sogou.scala，得到图 5-28 所示结果。由图可知，访问数量最多的 3 个时段分别为 16 时、21 时、20 时；访问次数最多的用户 ID 为 "6383499980790535"，该用户当日访问 385 次；平均每个用户访问的次数为 3.32 次；URL 在返回结果中的平均排名为 15.67。

图 5-28　运行结果

任务 5.3　IDEA 下用 Spark SQL 分析疫苗流向数据

疫苗安全问题是当前社会关注的热点问题，现有一组若干省份采购的二类疫苗(二类疫苗是指由公民自费并且自愿受种的疫苗，例如口服轮状病毒疫苗、甲肝疫苗、HIB 疫苗、流感疫苗、狂犬病疫苗等)模拟数据，要求在 IDEA 环境下使用 Spark SQL 技术分析疫苗采购数据，从而帮助人们了解疫苗流向等相关信息。具体包括：

IDEA 下用 Spark SQL
分析疫苗流向数据

(1) 找出中标次数(订单数)最多的 5 家企业；
(2) 找出中标数量(订单量)最多的 5 家企业；
(3) 对于狂犬疫苗，分析各公司的市场份额；
(4) 分析长生生物医药公司 2018 年各类疫苗的流向。

5.3.1　数据说明

数据文件为 vaccine.csv(置于/home/hadoop/目录下)，包括药品名 name、来源(国产、进口)scr、生产企业 company、销售省份(含直辖市)prov、记录的年份 year、数量(单位千)quantity，其数据样式如图 5-29 所示。

```
hadoop@zsz-VirtualBox:~$ head -n 10 /home/hadoop/vaccine.csv
23价肺炎球菌多糖疫苗,国产,沃德森生物技术有限公司,FJ省,2018,200
A.C.Y.W135群脑膜炎球菌疫苗,国产,智竹生物制药有限公司,FJ省,2016,63
A.C群脑膜炎球菌多糖结合疫苗,国产,沃德森生物技术有限公司,FJ省,2018,89
ACYW135群脑膜炎球菌多糖疫苗,国产,康大华生物制品有限公司,FJ省,2016,60
ACYW135群脑膜炎球菌多糖疫苗,国产,华兰新科生物工程股份有限公司,FJ省,2016,59
ACYW135群脑膜炎球菌多糖疫苗,,国产,长生生物制品研究所有限责任公司,FJ省,2016,65
A群C群b型流感嗜血杆菌结合疫苗,国产,智竹生物制药有限公司,FJ省,2016,220
A群C群脑膜炎球菌结合疫苗,国产,智竹生物制药有限公司,FJ省,2016,77
b型流感嗜血杆菌结合疫苗,国产,民海生物科技有限公司,FJ省,2016,85
b型流感嗜血杆菌结合疫苗,国产,智竹生物制药有限公司,FJ省,2016,79
```

图 5-29　vaccine.csv 数据

5.3.2　需求分析

对于疫苗流向数据分析需求，现逐条分析如下：

(1) 找出中标次数最多的 5 家企业。vaccine.csv 文件中，每一行为一个中标记录；将数据转为 DataFrame 后，通过 groupBy 操作即可得出各医药公司中标次数，然后排名找出 top5。

(2) 找出中标数量最多的 5 家企业。按照医药公司分组，计算各公司的疫苗的销量，排序后即可找出 top5。

(3) 对于狂犬疫苗，分析各公司的市场份额。首先筛选出狂犬疫苗数据(狂犬疫苗数据包含多种数据样式，规格、制法等有所不同，均为狂犬疫苗类别，如图 5-30 所示)，计算总销量、各公司的销量，进而求出各公司市场份额、排名情况。

```
人用狂犬病疫苗（5针法、地鼠肾细胞、水剂）
人用狂犬病疫苗（Vero细胞）
人用狂犬病疫苗（Vero细胞微载体）
人用狂犬病疫苗（鸡胚细胞）
冻干人用狂犬病疫苗（Vero细胞）
冻干人用狂犬病疫苗（人二倍体细胞）
人用狂犬病疫苗（Vero细胞）
人用狂犬病疫苗（Vero细胞微载体）
狂犬病人免疫球蛋白
人用狂犬病疫苗
人用狂犬病疫苗
冻干人用狂犬病疫苗（Vero细胞）
冻干人用狂犬病疫苗（Vero细胞）
冻干人用狂犬病疫苗（人二倍体细胞），复溶后1.0ml/支，西
人用狂犬病疫苗（Vero细胞），0.5ml/支，西林瓶
人用狂犬病疫苗（Vero细胞），1.0ml/支，西林瓶
人用狂犬病疫苗（Vero细胞），1.0ml/支，西林瓶
人用狂犬病疫苗（鸡胚细胞），复溶后1.0ml/支，西林瓶
```

图 5-30　狂犬疫苗数据示例

(4) 分析长生生物医药公司 2018 年各类疫苗的流向。首先筛选出长生生物医药公司 2018 年的相关数据，然后根据疫苗类型分组统计，得出该公司各类疫苗的流向。

5.3.3　IDEA 下编写程序

在 IDEA 工程中新建 Vaccine.scala 类，代码如下：

```
import org.apache.log4j.{Level, Logger}
import org.apache.spark.SparkContext
import org.apache.spark.SparkConf
import org.apache.spark.sql._
```

```
//定义一个样例类，注意样例类的定义要在 object vaccine 的外部
case class VaccineData(name:String,src:String,company:String,prov:String, year:String,quantity:Float)

object Vaccine {
    def main(args: Array[String]): Unit = {
        Logger.getLogger("org.apache.spark").setLevel(Level.ERROR)
        Logger.getLogger("org.eclipse.jetty.server").setLevel(Level.OFF)
    val spark=SparkSession
        builder( )
        master("local[*]")
        .appName("vaccine data analysis")
        .getOrCreate( )
    val sc=spark.sparkContext

import spark.implicits._
//读取数据集，生成 RDD 后进行字符串切分
    val input=sc.textFile("file:///home/hadoop/vaccine.csv")
        .map(x=>x.split(","))
//将 RDD 的元素类型转为 VaccineData 类型
val vaccineRDD=input.map(x=>VaccineData(x(0),x(1),x(2),x(3),x(4),x(5).trim.toFloat))
//由 RDD 转换为 DataFrame
val vaccineDF=vaccineRDD.toDF( )

//按公司分组统计中标数(订单数)
val companyOrder=vaccineDF.groupBy("company").count()
//中标数(订单数)排序，取前 5 名
val orderTop5=companyOrder.sort($"count".desc).take(5)
println("各公司的中标单数 Top5")
orderTop5.foreach(println)

//分组统计各公司的中标数量(订单量)
val companyQuantity=vaccineDF.groupBy("company").sum("quantity")
    toDF("company","quantity")
//中标数量排序(订单量)，取前 5 名
val quantityTop5=companyQuantity.sort($"quantity".desc).take(5)
println("各公司的中标数量(订单量)Top5")
quantityTop5.foreach(println)

//求各公司狂犬病疫苗市场占有情况，有两种方法：
```

```
//先把狂犬疫苗信息筛选出来
val rabiesVaccineDF=vaccineDF.filter("name like '%狂犬%' ")
//统计各公司狂犬疫苗的订单量
val rabies=rabiesVaccineDF.groupBy("company").sum("quantity")
    .toDF("company","quantity")
//第一种：将 DF 注册为临时视图
rabies.createOrReplaceTempView("rabiesView")
//先求出狂犬疫苗的总数量
val rabiesTotalQuantity=spark.sql("select sum(quantity) from rabiesView").first( ).getDouble(0)
//sql 语句，用于输出：公司/本公司数量/疫苗总量/占有率
val sqlStr="select company,quantity, '"+rabiesTotalQuantity+"' as rabiesTotalQuantity, " +
    "quantity / '"+rabiesTotalQuantity+"' as rate   from rabiesView"
//输出结果
println("狂犬疫苗占有率——第一种方法:")
spark.sql(sqlStr).show


//第二种方法：DSL 风格，不使用临时视图
val rabiesTotalQuantity2=rabies.groupBy().sum("quantity").first().getDouble(0)
println("狂犬疫苗占有率——第二种方法")
rabies.selectExpr("company","quantity",rabiesTotalQuantity2.toString," (quantity /"
    +rabiesTotalQuantity2 +")as rate").show


//长生医药疫苗流向
val changsheng=vaccineDF.filter("company like '%长生生物%'")
println("长生生物医药疫苗流向信息：  ")
changsheng.groupBy("name","prov").sum("quantity").show


  }
}
```

5.3.4   运行程序

运行 Vaccine.scala 程序，输出如下结果：

(1) 中标单数前 5 名，如图 5-31 所示。

```
各公司的中标单数Top5
[长生生物制品研究所有限责任公司,48]
[科兴立华生物制品有限公司,35]
[上岛生物制品研究所有限责任公司,22]
[华兰新科生物工程股份有限公司,21]
[华药金坦生物技术股份有限公司,15]
```

图 5-31   各公司中标单数 Top5

(2) 中标疫苗数量(订单量)前 5 名, 如图 5-32 所示。

```
各公司的中标数量（订单量）Top5
[长生生物制品研究所有限责任公司,3372.8999996185303]
[科兴立华生物制品有限公司,3241.400001525879]
[赛诺菲巴斯德生物制品有限公司,2578.800003051758]
[广园信海医疗用品贸易有限公司,1673.0]
[民海生物科技有限公司,1579.0]
```

图 5-32   中标疫苗数量(订单量)前 5 名

(3) 狂犬疫苗占有率情况, 如图 5-33 所示。

```
|                    company|    quantity|rabiesTotalQuantity|                rate|
+---------------------------+------------+-------------------+--------------------+
|            河远生物制药有限公司| 103.5999984741211| 3762.7299995422363|0.027533200226092437|
|          辽成大疆生物股份有限公司| 563.0900001525879| 3762.7299995422363| 0.14964932382102672|
|        广园信海医疗用品贸易有限公司|       395.0| 3762.7299995422363| 0.1049769715201608|
|        Chiron.Behr.ing.V...|       202.5| 3762.7299995422363| 0.05381730818438623|
|          远大蜀光药业股份有限公司|       166.5| 3762.7299995422363| 0.04424978672938423|
|            荣安生物药业有限公司|       337.0| 3762.7299995422363| 0.08956263139821313|
|          东林迈丰生物药业有限公司| 101.5999984741211| 3762.7299995422363| 0.027001671256370104|
|        长生生物制品研究所有限责任公司|       471.5| 3762.7299995422363| 0.12530795461204003|
|            康大华生物制品有限公司| 884.3999938964844| 3762.7299995422363| 0.23504210878911805|
|          华兰新科生物工程股份有限公司|162.24000549316406| 3762.7299995422363| 0.04311763148376358|
|            林生物制药有限公司|168.3000030517578| 3762.7299995422363| 0.0447281636131318|
|          欧诺诚生物制品股份有限公司|       159.0| 3762.7299995422363| 0.04225655309292549|
|            立峰生物科有限公司|        48.0| 3762.7299995422363| 0.012756695273335996|
+---------------------------+------------+-------------------+--------------------+
```

图 5-33   狂犬疫苗占有率

(4) 长生医药公司所生产的疫苗流向情况, 如图 5-34 所示。

```
长生生物医药疫苗流向信息：
+------------------+----+--------------+
|              name|prov|  sum(quantity)|
+------------------+----+--------------+
|      冻干甲型肝炎减毒活疫苗| YN省|          60.0|
|      流感病毒裂解疫苗（成人型）| GD省|          96.0|
|      流感病毒裂解疫苗（成人型）| FJ省|          96.0|
|  ACYW135群脑膜炎球菌多糖疫苗| FJ省|          65.0|
|   水痘减毒活疫苗/复溶后0.5ml/...| YN省|         279.0|
|          流感病毒裂解疫苗| FJ省|          97.0|
|          森林脑炎灭活疫苗| GD省|         168.0|
|  流感病毒裂解疫苗/0.5ml/支/...| YN省|186.79999923706055|
|          冻干水痘减毒活疫苗| FJ省|         279.0|
|      流感病毒裂解疫苗（儿童型）| FJ省|          51.0|
|          冻干水痘减毒活疫苗| GD省|         279.0|
|  ACYW135群脑膜炎球菌多糖疫苗| GD省|          65.0|
|      冻干甲型肝炎减毒活疫苗| GD省|         120.0|
|          流感病毒裂解疫苗| HN省|          31.0|
|          森林脑炎灭活疫苗| FJ省|         168.0|
|      流感病毒裂解疫苗（儿童型）| GD省|          51.0|
|          人用狂犬病疫苗| SH市|          66.5|
|          水痘减毒活疫苗| SH市|         291.0|
|    冻干人用狂犬疫苗(Vero细胞)| FJ省|         171.0|
|流感病毒裂解疫苗/0.25ml/支...| YN省| 79.60000038146973|
+------------------+----+--------------+
only showing top 20 rows
```

图 5-34   长生医药公司疫苗流向情况

任务 5.4   使用 RDD 缓存机制提升效率

Spark 是基于内存的分布式计算框架, 为了节约计算资源和时间, 有时需要对反复使用的 RDD 数据集进行缓存处理。本任务将介绍如何用 RDD 的缓存机制提升计算效率。

5.4.1　Spark 缓存机制概述

缓存是指将多次使用的数据长时间存储在集群各节点的内存
(或磁盘等其他介质)中，以达到"随用随取、减少数据的重复计算"
的目的，从而节约计算资源和时间，提升后续动作的执行速度。缓
存 RDD 是 RDD 持久化方案中的一种，对于迭代算法和快速交互式
分析是一个很关键的技术。

使用 RDD 缓存机制
提升效率代码

1. 缓存 RDD 的原因

Spark 默认情况下，为了充分利用相对有限的内存资源，RDD 并不会长期驻留在内存
中。如果内存中的 RDD 过多，当有新的 RDD 生成时，会按照以 LRU(最近经常使用)算法
移除最不常用的 RDD，以便腾出空间加入新的 RDD。缓存 RDD 目的是让后续的 RDD 计
算速度加快(通常运行速度会加快 10 倍)，是迭代计算和快速交互的重要工具。

2. 缓存 RDD 的方法

开发人员可以使用 RDD 的 persist 或者 cache 方法记录持久化需求(cache 方法可以看作
persist 方法的简化版)。由于 RDD 具有惰性计算的特点，调用 persist 或 cache 方法后，RDD
并不会立即缓存起来，而是等到该 RDD 首次被施加 action 操作的时候，才会真正地缓存
数据。同时，Spark 的缓存也具备一定的容错性，即如果 RDD 的任何一个分区丢失了，Spark
将自动根据其原来的血统信息重新计算这个分区。

Spark 能够自动监控各个节点上的缓存使用率，并且以 LRU 的方式将老数据逐出内存。
开发人员也可以手动控制，调用 RDD.unpersist()方法可以删除无用的缓存。

3. 缓存的级别

每个持久化的 RDD 可以使用不同的存储级别，比如根据业务需要可以把 RDD 保存在
磁盘上，或者以 java 序列化对象保存到内存里，或者跨节点多副本，或者使用 Tachyon 存
到虚拟机以外的内存里。这些存储级别都可以由 persist()的参数 StorageLevel 对象来控制，
缓存级别如表 5-1 所示。cache()方法本身就是一个使用默认存储级别做持久化的快捷方式，
默认存储级别是 StorageLevel.MEMORY_ONLY。

表 5-1　缓 存 级 别

存储级别	含　　义
MEMORY_ONLY	以未序列化的 Java 对象形式将 RDD 存储在 JVM 内存中。如果 RDD 不能全部装进内存，那么将一部分分区缓存，而另一部分分区将每次用到时重新计算。这个是 Spark 的 RDD 的默认存储级别
MEMORY_AND_DISK	以未序列化的 Java 对象形式存储 RDD 在 JVM 中。如果 RDD 不能全部装进内存，则将不能装进内存的分区放到磁盘上，然后每次用到的时候从磁盘上读取
MEMORY_ONLY_SER	以序列化形式存储 RDD(每个分区一个字节数组)。通常这种方式比未序列化存储方式要更省空间，但是这种方式也相应地会消耗更多的 CPU 来读取数据

续表

存储级别	含　义
MEMORY_AND_DISK_SER	和 MEMORY_ONLY_SER 类似，只是当内存装不下的时候，会将分区的数据写到磁盘上，而不是每次用到都重新计算
DISK_ONLY	RDD 数据只存储于磁盘上
MEMORY_ONLY_2, MEMORY_AND_DISK_2 等	和上面没有 "_2" 的级别相对应，只不过每个分区数据会在两个节点上保存两份副本
OFF_HEAP(实验性的)	将 RDD 以序列化格式保存到 Tachyon。与 MEMORY_ONLY_SER 相比，OFF_HEAP 减少了垃圾回收开销，并且使执行器(executor)进程更小且可以共用同一个内存池，这一特性在需要大量消耗内存和多 Spark 应用并发的场景下比较有效。而且，因为 RDD 存储于 Tachyon 中，所以一个执行器出问题了并不会导致数据缓存的丢失。这种模式下 Tachyon 的内存是可丢弃的。因此，Tachyon 并不会重建一个它逐出内存的 block。如果打算用 Tachyon 作为堆外存储，Spark 和 Tachyon 具有开箱即用的兼容性

对于需要重复使用的 RDD，建议开发人员调用 persist 方法缓存数据。比如，本单元任务 5-2 分析 Sogou 搜索日志数据程度中，splitRDD 被多次调用，可以考虑缓存机制以提升效率。另外，即使用户没有调用 persist，Spark 也会自动持久化一些 Shuffle 操作(如reduceByKey)的中间数据；因为 Shuffle 操作需要消耗较多计算资源，Spark 的自动持久化机制可以避免因某节点失败而重新计算。

如何选择存储级别？Spark 的存储级别主要可用于在内存使用和 CPU 占用之间做一些权衡。建议根据以下步骤来选择一个合适的存储级别：

(1) 如果 RDD 能使用默认存储级别(MEMORY_ONLY)，则尽量使用默认级别。这是 CPU 效率最高的方式，所有 RDD 算子都能以最快的速度运行。

(2) 如果 RDD 不适用默认存储级别(MEMORY_ONLY)，可以尝试使用 MEMORY_ONLY_SER 级别，并选择一个高效的序列化协议，这将大大节省数据的存储空间，速度也很快。

(3) 尽量不要把数据写到磁盘上，除非数据集重新计算的代价很大或者数据集是从一个很大的数据源中过滤得到的结果。

(4) 如果需要支持容错，可以考虑使用带副本的存储级别；虽然所有的存储级别都能够以重算丢失数据的方式来提供容错性，但是带副本的存储级别可以让用户的应用持续地运行，而不必等待重算丢失的分区。

5.4.2　Spark RDD 缓存体验

接下来，通过实例体验 RDD 缓存与否带来的计算性能差异。现有数据集 user_view.txt 记载了用户浏览店铺的日志信息，包括用户 ID、店铺 ID、时间戳，数据字段间用 "\t"

分割。

1. 要实现的功能

在 Spark-Shell 中，统计所有店铺的数量(不重复)、所有用户的数量(不重复)以及所有记录数。

2. 数据准备

假设 user_view.txt 文件现位于/home/hadoop 目录下，打开一个 Linux 终端，使用如下命令将该文件上传到 HDFS 文件系统中。

```
cd /usr/local/hadoop/sbin

./start-all.sh                                        //启动 hadoop 服务，如果服务已经开启，
                                                       则本步骤可省略

cd /usr/local/hadoop/bin

./hdfs dfs -put /home/hadoop/user_view.txt /user/hadoop    //文件上传到 HDFS
```

3. 代码实现

打开一个 Linux 终端，输入如下命令启动 Spark 并进入 Spark-Shell 环境。

```
cd /usr/local/spark/sbin
./start-all.sh
cd /usr/local/spark/bin
./spark-shell --master local[*]
```

在 Spark Shell 环境下，输入以下命令，完成相关统计工作。

```
val path="hdfs://localhost:9000/user/hadoop/user_view.txt"
//读取文件生成 RDD，对其元素进行字符串切割后形成键值对 RDD
val input=sc.textFile(path).map(x=>x.split("\t")).map(x=>(x(0),1))
//input 缓存数据
input.cache( )
//reduceByKey 操作，得到(用户 ID，访问数量)为元素的 RDD
val user=input.reduceByKey((a,b)=>a+b)
//输出用户数量
user.count
//根据用户访问量进行排序，取前 10 名
user.sortBy(x=>x._2).take(10)
//数 input 中元素的数量(关键点)
input.count
```

4. Spark Web UI 中查看结果

上述代码执行完毕后，在浏览器中输入 localhost:4040 进入 Spark 监控页面,选取 Stages 可以看到上述代码各阶段执行的时长(受硬件、环境配置等因素影响，显示结果可能会不

同),如图 5-35 所示。

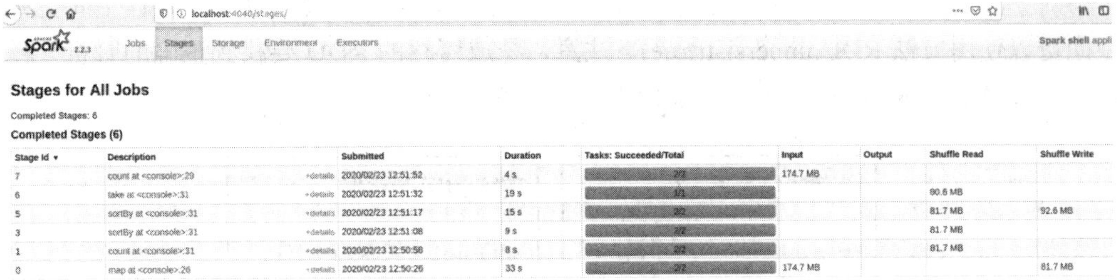

图 5-35　Spark Web UI 中查看结果

在图 5-36 所示的 Storage 选项卡中,可以查看缓存情况;Storage Level 为 Memory Deserialized 1 × Replicated,表明数据缓存在 JVM 内存中,缓存有 1 个副本。

图 5-36　查看缓存级别 Storage Level

5. 不使用缓存结果分析

为了演示不使用缓存结果分析,可以先退出 Spark-Shell,再次进入后输入如下代码(取消对 input 的缓存):

```
val path="hdfs://localhost:9000/user/hadoop/user_view.txt"
val input=sc.textFile(path).map(x=>x.split("\t")).map(x=>(x(0),1))
val user=input.reduceByKcy((a,b)=>a+b)
user.count
user.sortBy(x=>x._2).take(10)
input.count
```

代码执行完毕后,在浏览器中输入 localhost:4040 进入 Spark 监控页面,得到如图 5-37 所示的结果,发现最后的 count 阶段执行时间变长(增加 1 s)。由此可见,在不缓存的情况下执行效率下降了。

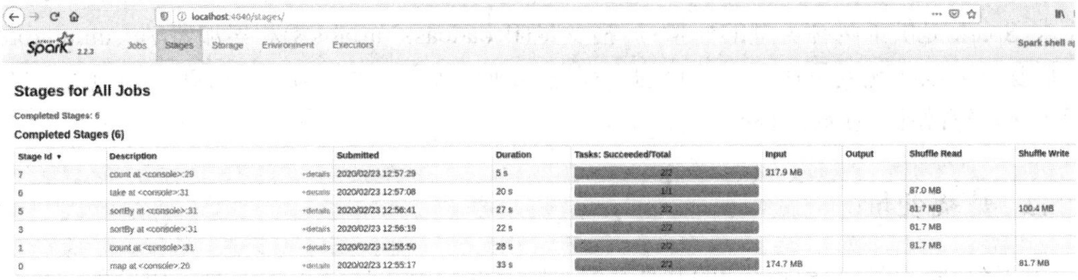

图 5-37　不适用缓存的结果

6. 主动释放缓存

对于开发者主动缓存的 RDD 数据，执行完毕后要予以释放，以腾出内存空间。释放空间可以使用方法 RDD.unpersist(true)。注意，释放缓存的 RDD 要找到正确的时机，释放前一般要确保该 RDD 不会再次频繁使用，如图 5-38 所示。

错误的缓存释放	正确的缓存释放
val input=sc.texFile()	val input=sc.texFile()
val rdd=input.map........	val rdd=input.map........
rdd.cache()	rdd.cache()
频繁使用rdd	频繁使用rdd
rdd.unpersist(true)	rdd.unpersist(true)
再次频繁使用rdd	rdd不再被频繁使用

图 5-38　缓存的释放举例

任务 5.5　认识 RDD 广播变量和累加器

为了实现多个任务之间变量共享，或者在任务和任务控制节点之间数据共享，Spark 提供了广播变量和累计器两种机制。本任务将通过示例介绍广播变量和累计器的基本用法。

认识 RDD 广播变量
和累加器代码

5.5.1　共享变量

Spark 在默认情况下,当集群的不同节点的多个任务上并行运行一个函数时,函数中使用的变量都会以副本的形式复制到各个机器节点上,如果更新这些变量副本,则这些更新并不会传回到驱动器(driver)程序；有时候也需要在多个任务之间共享变量,或者在任务(Task)和任务控制节点(Driver Program)之间共享变量。为了满足这些需求,Spark 提供了两种类型的变量:广播变量(Broadcast Variables)和累加器(Accumulators)。广播变量可以实现变量在所有节点的内存之间进行共享；累加器则支持在不同节点之间进行累加计算(如计数或者求和)。

5.5.2　广播变量

广播变量提供了一种只读的共享变量,它是在每个机器节点上保存一个缓存,而不是每个任务保存一份副本。这样不需要在不同任务之间频繁地通过网络传递数据,从而减少了网络开销，同时也减少了 CPU 序列化与反序列化的次数。采用广播变量时，通常可以在每个节点上保存一个较大的输入数据集，这要比常规的变量副本更高效(普通变量是每个任务一个副本，而一个节点上可能有多个任务)。

SparkContext 提供的 broadcast()方法用于创建广播变量，例如对于变量 v，只需调用 SparkContext.broadcast(v)即可得到一个广播变量。这个广播变量是对变量 v 的一个包装，要访问其值，可以调用广播变量的 value 方法。代码示例如下：

```
scala> val broadcastVar = sc.broadcast(Array(1, 2, 3))
broadcastVar: org.apache.spark.broadcast.Broadcast[Array[Int]] = Broadcast(0)
scala> broadcastVar.value
res0: Array[Int] = Array(1, 2, 3)
```

广播变量创建之后，集群中任何函数都不应该再使用原始变量 v，这样才能保证 v 不会被多次复制到同一个节点上。另外，对象 v 在广播后不应该再被更新，这样才能保证所有节点上得到同样的值(如更新，则广播变量又被同步到另一新节点，新节点有可能得到的值和其他节点不一样)。

在某些关联查询场景中，可对一些公共数据进行广播。假设现有(号码段，归属地，运营商)数据，例如(1371001，广州，中国移动)，要求对数据(户主姓名，电话号码)进行补全，输出户主姓名、电话号码、归属地、运营商信息，使用广播变量的实现过程如下：

```
//构造一个 Map：号码段->(归属地，运营商)
scala> val telephoneDetail=Map("1371001"->("广州","中国移动"),"1371350"->("深圳","中国移动"),"1331847"->("珠海","中国电信"),"1324240"->("深圳","中国联通"))
telephoneDetail: scala.collection.immutable.Map[String,(String, String)] = Map(1371001 -> (广州,中国移动), 1371350 -> (深圳,中国移动), 1331847 -> (珠海,中国电信), 1324240 -> (深圳,中国联通))
//调用 SparkContext 的 broadcast 方法，将 telephoneDetail 广播发送
scala> val tdBroadCast=sc.broadcast(telephoneDetail)
tdBroadCast: org.apache.spark.broadcast.Broadcast[scala.collection.immutable.
Map[String,(String, String)]] = Broadcast(2)
//构建一个包含(电话号码，用户名)的 List
scala> val customer=List(("13318472420","tom"),("13713500806","jerry"))
customer: List[(String, String)] = List((13318472420,tom), (13713500806,jerry))
//将 customer 转换为 RDD
scala> val cusRDD=sc.parallelize(customer)
cusRDD: org.apache.spark.rdd.RDD[(String, String)] = ParallelCollectionRDD[2] at parallelize at <console>:26
//使用广播变量 tdBroadCast 补全用户信息
scala> val customerDetail=cusRDD.map(x=>{
     |          val shorttel=x._1.substring(0,7)
     |          val detail=tdBroadCast.value(shorttel)
     |          (x._1,x._2,detail._1,detail._2)
```

```
| }
| )
```

customerDetail: org.apache.spark.rdd.RDD[(String, String, String, String)] = MapPartitionsRDD[3] at map at <console>:32

scala> customerDetail.collect

res4: Array[(String, String, String, String)] = Array((13318472420,tom, 珠海 , 中国电信), (13713500806,jerry,深圳,中国移动))

//释放 tdBroadCast 广播变量

scala> tdBroadCast.unpersist

实际业务中，需要广播的数据往往是通过读取数据库表或者读取文件生成，而非示例中手工生成。当广播变量不再使用后，要及时释放。在主流的分布式计算框架中，都存在 Spark 广播变量类似的应用，其主要目的就是减少数据传递开销及减少对 CPU 资源的消耗。

5.5.3 累加器

累加器是 Spark 提供的另一种共享变量机制。在 Spark 中，每一个任务可能会分配到不同节点中执行。在执行过程中，如果需要将多个节点中的数据累加到一个变量中，则可以通过累计器实现，即利用累加器可以实现计数(类似 MapReduce 中的计数器)或者求和(SUM)。Spark 支持数字类型的累加器，开发者也可以自定义新的累加器。如果创建累加器的时候设置了名称，则该名称会展示在 Spark UI 上，有助于了解程序运行处于哪个阶段。

开发人员可以调用 SparkContext.accumulator(v)创建一个累加器，v 为累加器的初始值。累加器创建后，可以使用 add 方法或者+=操作符来进行累加操作。注意：任务本身并不能读取累加器的值，只有驱动器程序可以使用 value 方法访问累加器的值。

以下代码展示了如何使用累加器对一个数组元素求和：

```
scala> val accum = sc.accumulator(0, "My Accumulator")

scala> val rdd=sc.parallelize(Array(1, 2, 3, 4))

rdd: org.apache.spark.rdd.RDD[Int] = ParallelCollectionRDD[4] at parallelize at <console>:24

scala> rdd.foreach(x => accum += x)

scala> accum

res7: org.apache.spark.Accumulator[Int] = 10
```

Spark 内置了整数累加器、长精度浮点数累加器等累加器，上述代码使用的累加器即为整型累加器。开发人员也可以通过继承 AccumulatorParam 来自定义累加器。AccumulatorParam 主要有两种方法：① zero，这种方法为累加器提供一个"零值"；② addInPlace，将收到的两个参数值进行累加。例如，假设需要为 Vector 提供一个累加机制，那么可能的实现方式如下：

```
object VectorAccumulatorParam extends AccumulatorParam[Vector] {
    def zero(initialValue: Vector): Vector = {
```

```
        Vector.zeros(initialValue.size)
    }
    def addInPlace(v1: Vector, v2: Vector): Vector = {
        v1 += v2
    }}
```
//使用如下方式创建累加器
//val vecAccum = sc.accumulator(new Vector(...))(VectorAccumulatorParam)

对于在 action 算子中更新的累加器，Spark 保证每个任务对累加器的更新只会被应用一次。例如，某些任务如果重启过，则不会再次更新累加器。而如果在 transformation 算子中更新累加器，那么用户需要注意，一旦某个任务因为失败被重新执行，那么其对累加器的更新可能会实施多次。

累加器并不会改变 Spark 懒惰求值的运算特性。如果在 RDD 算子中更新累加器，那么其值只会在 RDD 做 action 计算的时候被更新一次。因此，在 transformation 算子(如 map)中更新累加器，其值并不能保证一定被更新，如以下代码所示：

```
val accum = sc.accumulator(0)
data.map { x => accum += x; f(x) } // 这里 accum 的值仍然是 0，因为没有 action 算子，
                                   所以 map 也不会进行实际的计算
```

任务 5.6　理解 RDD 的依赖关系

对于 Spark 的深入学习，需要理解 Spark RDD 的执行流程及 RDD 间的依赖关系。本任务将在介绍这些理论知识的基础上，通过实例介绍一种新的数据保存方式——检查点机制。

理解 RDD 的依赖
关系代码

5.6.1　Spark RDD 的执行流程

如前所述，Spark RDD 的操作分为转换操作和行动操作两大类，由于 RDD 的不可修改性，需要由旧 RDD 不断产生新 RDD，以供下次操作使用，直到最后一个 RDD 经过行动操作后，产生需要的结果并输出。需要指出的是，RDD 采用了惰性计算机制，即在 RDD 的执行过程中，真正的计算发生在 RDD 的"行动"操作时刻，对于"行动"之前的所有"转换"操作，Spark 只是记录下"转换"操作使用的部分基础数据集以及 RDD 生成的轨迹，即 RDD 之间的依赖关系，而不会触发真正的计算。

图 5-39 中，对于输入数据 Input，Spark 从逻辑上生成 RDD1 和 RDD2 两个 RDD，经过一系列"转换"操作，逻辑上生成了 RDDn。但上述 RDD 并未真正生成，它们是逻辑上的数据集，Spark 只是记录了 RDD 之间的生成和依赖关系。当 RDDn 要进行输出(执行"行动操作")时，Spark 才会根据 RDD 的依赖关系生成 DAG(有向无环图)，并从起点开始真正的计算。

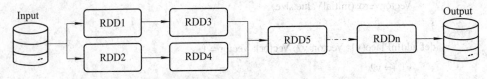

图 5-39　RDD 执行过程示例

上述处理过程中，RDD 之间前后相连，形成了"血缘关系"(Lineage)，通过血缘关系连接起来的一系列 RDD 操作就可以实现管道化(Pipeline)，避免了多次转换操作之间数据同步的等待，而且不用担心有过多的中间数据，因为这些具有血缘关系的操作都管道化了，一个操作得到的结果不需要保存为中间数据，而是直接管道式地流入到下一个操作进行处理。同时，这种通过血缘关系把一系列操作进行管道化连接的设计方式，也使得管道中每次操作的计算变得相对简单，保证了每个操作在处理逻辑上的单一性。与之相对，在 Hadoop MapReduce 的设计中，为了尽可能地减少 MapReduce 过程，在单个 MapReduce 中会写入过多复杂的逻辑。

5.6.2　RDD 间的依赖关系

RDD 的每次转换操作都会产生一个新的 RDD，那么前后 RDD 之间便形成了一定的依赖关系。RDD 中的依赖关系分为窄依赖(Narrow Dependency)与宽依赖(Wide Dependency)，图 5-40 展示了两种依赖之间的区别。

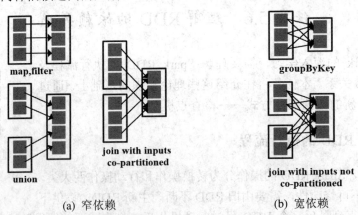

(a) 窄依赖　　　　　　　　　　　　　(b) 宽依赖

图 5-40　RDD 窄依赖与宽依赖

(1) 窄依赖：一个 RDD 对它的父 RDD，只有简单的一对一的依赖关系，也就是说，RDD 中的每个分区仅仅依赖于父 RDD 中的一个分区，父 RDD 和子 RDD 的分区之间是一对一的关系。这种情况是简单的 RDD 之间的依赖关系，也被称为窄依赖。

(2) 宽依赖：每一个父 RDD 分区中的数据，都可能会传输一部分到下一个 RDD 的每一个分区，也就是说，每一个父 RDD 和子 RDD 的分区之间具有交互错杂的关系，那么这种情况就叫作两个 RDD 之间的宽依赖。

总体而言，如果父 RDD 的一个分区只被一个子 RDD 的一个分区所使用就是窄依赖，否则就是宽依赖。窄依赖典型的操作包括 map、filter、union 等，宽依赖典型的操作包括 groupByKey、sortByKey 等。

Spark 的这种依赖关系设计使其具有了天生的容错性，大大加快了 Spark 的执行速度。因为 RDD 数据集通过血缘关系记住了其产生的过程，当这个 RDD 的部分分区数据丢失时，它可以通过血缘关系获取足够的信息来重新运算和恢复丢失的数据分区，由此带来了性能的提升。相对而言，在两种依赖关系中，窄依赖的失败恢复更为高效，它只需要根据父 RDD 分区重新计算丢失的分区即可(不需要重新计算所有分区)，而且可以并行地在不同节点进行重新计算。对于宽依赖，子 RDD 分区通常来自多个父 RDD 分区，重新计算的开销较大(极端情况下，所有的父 RDD 分区都要进行重新计算)。

图 5-41 中，RDDa、RDDb 之间为窄依赖，当 RDDb 的分区 b1 丢失时，只需要重新计算父 RDDa 的 a1 分区即可。而 RDDc、RDDe 之间为宽依赖，当 RDDe 的分区 e1 丢失时，则需要重新计算 RDDe 的所有分区，这就产生了冗余计算(c1、c2、c3 中对应 e2 的数据)。

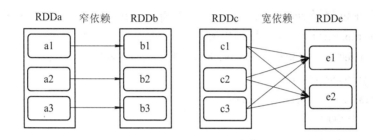

图 5-41　RDD 宽依赖中容错分析图

5.6.3　检查点机制

当 Spark 集群中某一个节点由于宕机导致数据丢失时，可以通过 Spark 中 RDD 的容错机制恢复丢失的数据。RDD 提供了两种故障恢复方式：血统(Lineage)方式和设置检查点(Checkpoint)方式。

如前所述，血统方式主要是根据 RDD 之间的依赖关系对丢失数据的 RDD 进行数据恢复。如果父子 RDD 间是窄依赖，则只需把父 RDD 对应分区重新计算即可，不需要依赖于其他节点，计算过程也不会产生冗余计算；若父子 RDD 间是宽依赖，则需要父 RDD 的所有分区都要从头到尾计算，计算过程存在冗余。为了解决宽依赖中的计算冗余问题，Spark 又提供了另一种数据容错方式——设置检查点方式。

设置检查点方式的本质是将 RDD 写入磁盘，是为了协助血统做容错辅助。如果血统过长则会造成容错成本过高，这样在中间阶段做检查点容错性能更优。在检查点机制下，如果检查点后某节点出现问题而丢失分区，可以直接从检查点的 RDD(从磁盘中读取)开始重做 Lineage，这样可以减少开销。通常情况下，Spark 通过将数据写入 HDFS 文件系统实现 RDD 检查点功能，而 HDFS 是多副本的高可靠存储(通过多副本实现高容错)。

如果存在以下场景，则比较适合使用检查点机制：

(1) DAG 中的血统(Lineage)过长，如果重算，则开销太大(如计算网页排名的经典算法 PageRank)。

(2) 因为宽依赖重新计算成本较高，所以在某些复杂的宽依赖上设置检查点(Checkpoint)可能取得较好的效果。

当使用检查点时，需要 SparkContext.setCheckpointDir( )设置路径用于存储 RDD 的数据，该路径一般为 HDFS 文件目录(借助 HDFS 的高可靠性)。设置检查点(Checkpoint)的过程中，该 RDD 的所有依赖于父 RDD 中的信息将全部被移出。对 RDD 设置检查点(Checkpoint)操作同样是惰性操作，并不会马上执行，而是执行行动(Action)操作后才触发。

下面通过一个例子演示 RDD 的 Checkpoint 机制。首先在 Linux 终端中输入以下命令启动 HDFS 服务并创建 Checkpoint 目录：

```
cd /usr/local/hadoop/sbin
./start-dfs.sh                    #启动 hdfs 服务
cd /usr/local/hadoop/bin
./hdfs dfs -mkdir    checkpoint    #hdfs 中创建一个名为 checkpoint 的目录，用于存储 RDD
```

在 HDFS 中创建好 checkpoint 目录后，在 Spark Shell 中输入如下代码：

```
//setCheckpointDir 设置检查点存储路径
scala> sc.setCheckpointDir("hdfs://localhost:9000/user/hadoop")
scala> val nums=List(1,2,3,4,5,6 )
nums: List[Int] = List(1, 2, 3, 4, 5, 6)
//生成一个 RDD
scala> val rdd1=sc.parallelize(nums)
rdd1: org.apache.spark.rdd.RDD[Int] = ParallelCollectionRDD[0] at parallelize at <console>:26
//rdd1 调用 checkpoint 方法，记录 checkpoint，但并不会立即执行
scala> rdd1.checkpoint( )
//对 RDD 进行一系列的"转换"操作
scala> val rdd2=rdd1.map(x=>x+5)
rdd2: org.apache.spark.rdd.RDD[Int] = MapPartitionsRDD[1] at map at <console>:28
scala> val rdd3=rdd2.filter(x=>x>10)
rdd3: org.apache.spark.rdd.RDD[Int] = MapPartitionsRDD[2] at filter at <console>:30
//验证 checkpoint 是否已经执行，可以发现 checkpoint 尚未执行，因为到目前为止 RDD 并没有
    执行"行动"操作
scala> println("rdd1 是否已经 checkpoint："+ rdd1.isCheckpointed )
rdd1 是否已经 checkpoint：false
//RDD 执行行动操作
scala> rdd3.collect
res3: Array[Int] = Array(11)
//验证发现 checkpoint 已经执行
scala> println("rdd1 是否已经 checkpoint："+ rdd1.isCheckpointed )
rdd1 是否已经 checkpoint：true
scala> println("checkpoint 保存路径："+ rdd1.getCheckpointFile )
checkpoint 保存路径：Some(hdfs://localhost:9000/user/hadoop/checkpoint/3b170e4b-df40-4482-a686-
35158f408d6d/rdd-4)
```

执行上面的过程可以发现，"行动操作"之后，checkpoint 才真正执行。在 Linux 终端中输入命令，查看 hdfs 的 checkpoint 目录下是否存储了 RDD 数据。如图 5-42 所示，可以看到 checkpoint 目录下生成了 RDD 文件。

```
hadoop@zsz-VirtualBox:/usr/local/hadoop/bin$ ./hdfs dfs -ls  checkpoint
Found 1 items
drwxr-xr-x   - hadoop supergroup          0 2020-02-23 20:07 checkpoint/3b170e4b
-df40-4482-a686-35158f408d6d
```

图 5-42　checkpoint 目录下的 RDD 数据

项 目 小 结

除了在 Spark-Shell 下完成数据分析，开发人员也可以使用 IntelliJ IDEA 等开发工具，编写独立的应用程序完成开发。本章首先介绍了 IDEA 的安装配置，然后在 IDEA 环境下，使用 RDD 完成了 Sogou 搜索日志数据的分析工作，使用 Spark SQL 技术完成了疫苗流向数据的分析；此外，通过具体示例演示了缓存、共享变量及 checkpoint 检查点。

课 后 练 习

一、判断题

1. 使用缓存机制的主要目的是提升存储空间的有效利用率。(　　　)

2. 当一个 RDD 调用 persist 或 cache 方法后，该 RDD 会立即开始缓存。(　　　)

3. RDD 的缓存是有等级的，默认存储级别为 MEMORY_AND_DISK，即同时缓存到内存和磁盘中。(　　　)

4. Spark RDD 具有惰性计算的特点，只有执行转换操作的时候，才按照血缘关系依次完成计算。(　　　)

5. RDD 间依赖包括宽依赖和窄依赖两种，其中宽依赖的失败恢复更为高效。(　　　)

二、问答题

1. 举例说明 RDD 执行的流程。

2. RDD 宽依赖、窄依赖分别代表什么含义？

能 力 拓 展

对新浪微博数据集(weibouser.csv)，在 IDEA 下编写程序进行分析。weibouser.csv 主要记录用户 ID、微博等级、发帖数量、粉丝数量等信息，具体如下：

-user_id: 用户 ID。

-class: 微博级别。

-post_num: 发帖数量。

-follower_num: 粉丝的数量。

-followee_num: 关注的数量。

-is_spammer: 垃圾广告者(标签)，1 表示 spammer，0 表示 non-spammer。

-user_name: 用户昵称。

-gender: 性别(male，female，other)。

-message: 账户注册位置或其他个人信息。

(1) 微博数据分析中，foll_rate 关注粉丝比(followee_num 除以 follower_num)是划分微博用户类型的重要指标。foll_rate>1 时，该博主为新手型；foll_rate≈1 时，该博主为均衡型；foll_rate<1 时，该博主为专家型。现要求找出所有的专家型博主。

(2) 为了进一步分析博主的影响力，找出粉丝数量大于两百万的专家型博主。

(3) 对粉丝数量大于 100 万的博主，按照所在地区进行分析：北京、上海、广州、深圳博主数量，以及所占百分比。

项目六　Spark Streaming 处理流数据

 项目概述

近年来，随着电子商务、舆情监控、传感监控、互联网金融等领域的发展，对数据实时处理的需求日渐增强，Spark Streaming 计算框架就是为了实现流式数据的实时计算而产生的。本项目涵盖 Spark Streaming 读取套接字、文件流、Kafka 等数据源数据，并进行实时处理，最终将结果输出到数据库中。

 项目演示

通过本项目实践，可以实现 Kafka 收集电商用户行为数据后，编写 Spark Streaming 程序处理流式数据。例如，实时计算过去 30 s 内用户下订单数、加入购物车数量、放入收藏夹数量(如图 6-1 所示)；还可以将有用的数据(如用户购买行为数据)写入到 MySQL 等数据库，以供后台使用。

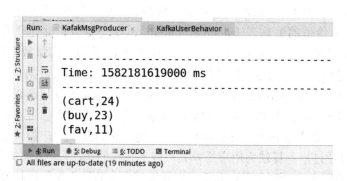

图 6-1　30 s 内的电商用户行为

 思维导图

本项目的思维导图如图 6-2 所示。

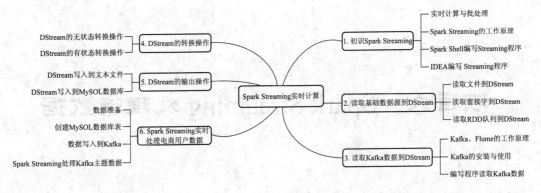

图 6-2　项目六思维导图

任务 6.1　初识流数据处理模块 Spark Streaming

本任务首先介绍了 Spark Streaming 计算框架的基本工作原理；然后编写了一个简单的 Spark Streaming 程序实现实时词频统计 (Spark Shell、IDEA 两种方式)，使读者对 Spark Streaming 的程序处理流程有一个最为直观的认识；最后总结了 Spark Streaming 的五阶段。

初识流数据处理模块
Spark Streaming 代码

6.1.1　Spark Streaming 的产生

我们日常处理的数据总体上可以分为静态数据和流数据(动态数据)两大类。

静态数据是一段较长的时间内相对稳定的数据，比如各类管理系统中的历史数据，例如企业的订单数据、教务系统中某课程的期末考试成绩等。对于静态数据一般采用批处理方式进行计算，可以在充裕的时间内对海量数据进行批量处理(即可以容忍较高的时间延迟)，计算得到有价值的信息。Hadoop MapReduce 就是典型的批处理模型，用户可以在 HDFS 和 HBase 中存放大量的静态数据，由 MapReduce 负责对海量数据执行批量计算。

流数据则是以大量、快速、时变的流形式持续到达，因此流数据是不断变化的数据。近年来，在 Web 应用、网络监控、传感监测等领域，流数据处理日渐兴起，成为当前数据处理领域的重要一环，比如电子商务领域，淘宝、京东等电商平台可以实时收集用户的搜索、点击、评论、加入购物车等各种用户行为，进而迅速发现用户的兴趣点、预判用户的购物行为。可以通过推荐算法为用户推荐其可能感兴趣的商品，一方面提高商家的销售额，另一方面提升消费者满意度及平台黏性。交通领域中安装了大量的监控设备，可以实时收集车辆通过、交通违法等各种信息，进而对车流路况情况作出预判，提升车辆出行效率。

流数据是时间上无上限的数据集合，因此其空间(容量)也没有具体限制。一般认为流数据具有如下特点：

(1) 数据快速持续到达，潜在大小也许是无穷无尽的；

(2) 数据来源众多，格式复杂；

(3) 数据量大，但是不十分关注存储，一旦经过处理，要么被丢弃，要么被归档存储；

(4) 注重数据的整体价值，不过分关注个别数据；

(5) 数据顺序颠倒，或者不完整，系统无法控制数据元素的顺序。

正是由于流数据的上述特性，因此流数据不能采用传统的批处理方式，必须实时计算。实时计算最重要的一个需求是能够实时得到计算结果，一般要求响应时间为秒级或者毫秒级。在大数据时代，数据量巨大、数据样式复杂、数据来源众多，这些对实时计算提出了新的挑战，进而催生了针对流数据的实时计算——流计算。

目前，市场上存在 Storm、Flink、S4 等流计算框架。其中，Storm 是 Twitter 提出的、开源的分布式实时计算系统，Storm 可简单、高效、可靠地处理大量的流数据。S4(Simple Scalable Streaming System)是 Yahoo 提出的开源流计算平台，具有通用、分布式、可扩展、分区容错、可插拔的特点。Flink 是由 Apache 软件基金会开发的开源流处理框架，Flink 以数据并行和流水线方式执行任意流数据程序，Flink 的流水线可以执行批处理和流处理程序。

Spark Streaming 是构建在 Spark 上的实时计算框架，它扩展了 Spark 处理大规模流式数据的能力。Spark Streaming 可结合批处理和交互查询，适合一些需要对历史数据和实时数据进行结合分析的应用场景。Spark Streaming 支持从多种数据源提取数据，如 Kafka、Flume、Twitter、ZeroMQ、文本文件及 TCP 套接字等，并且可以提供一些高级 API 来表达复杂的处理算法，如 map、reduce、join 和 window 等。此外，Spark Streaming 支持将处理完的数据推送到文件系统、数据库或者实时仪表盘中展示，如图 6-3 所示。

图 6-3　Spark Streaming 流数据处理

6.1.2　Spark Streaming 的工作原理

对于流数据，Spark Streaming 接收实时输入的数据流后，将数据流按照时间片(秒级)拆分为一个个小的批次数据，然后经 Spark 引擎以类似批处理的方式处理每个时间片数据，如图 6-4 所示。

图 6-4　Spark Streaming 处理数据流原理

由图 6-5 可知，Spark Streaming 将流式计算分解成一系列短小的批处理作业，也就是把 Spark Streaming 的输入数据按照时间片段(如 1 s)，分成一段一段的离散数据流(称之为 DStream，即 Discretized Stream)；每一段数据都转换成 Spark 中的 RDD，然后将 Spark

Streaming 中对 DStream 流处理操作变为针对 RDD 的批处理操作。

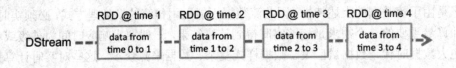

图 6-5　Spark Streaming 每段数据流转为 RDD

图 6-6 展示了进行实时单词统计时，DStream lines 中每个时间片的数据(存储句子的 RDD)经 flatMap 操作，生成了存储单词的 RDD，这些新生成的单词 RDD 对象就组成了 words 这个 DStream 对象。完成核心业务处理后，还可根据业务的需求对结果进一步处理，比如存储到外部设备中。

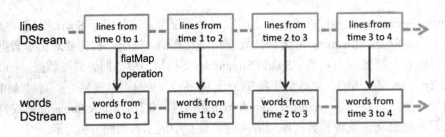

图 6-6　实时单词统计

6.1.3　用 Spark-Shell 编写第一个 Spark Streaming 程序

在深入 Spark Streaming 编程细节之前，我们先编写一个简单的小程序，以便获得感性认识。这里我们利用 Netcat 工具向 9999 端口发送数据流(文本数据)，使用 Spark Streaming 监听 9999 端口的数据流并进行词频统计。

1. 运行 Netcat 工具并测试

Netcat 是一款著名的网络工具，它可以用于端口监听、端口扫描、远程文件传输以及实现远程 Shell 等功能，Ubuntu 系统自带 Netcat 工具。下面用两个 Shell 窗口模拟两个人在局域网进行聊天，以此测试 Netcat 工具是否可以正常使用。

打开两个 Shell 窗口，分别输入图 6-7 中的命令，用于监听 9999 端口；分别在两个窗口中输入字符后，如果两个窗口可以分别收到对方发送的数据，则说明 Netcat 可以正常使用，通信环境正常。

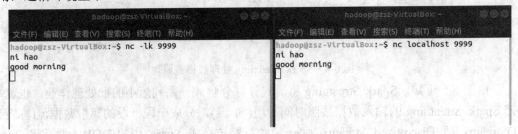

图 6-7　Netcat 测试

2. 在 Spark-Shell 中编写程序

在 Linux 终端使用如下命令进入 Spark Shell 环境。注意 Spark Streaming 至少需要两个线程(一个接收流数据，一个处理数据)。当在本地运行一个 Spark Streaming 程序时，不要使用 "local" 或者 "local[1]" 作为 master 的 URL，这两种方法中的任何一个都意味着只有一个线程将用于运行本地任务。如果正在使用一个基于接收器(Receiver)的输入离散流 DStream(例如 TCP Socket、Kafka、Flume 等)，则该单独的线程将用于运行接收器，而没有留下任何的线程用于处理接收到的数据。因此，在本地运行时，需要使用 "local[N]" 作为 master URL，其中的 N 大于运行接收器的数量。

```
cd /usr/local/spark/bin
./spark-shell --master    local[4]
```

StreamingContext 是所有流功能的主要入口点，导入相关包后，创建一个间歇时间为 10 s 的本地 StreamingContext 实例 ssc，如图 6-8 所示。

```
scala> import org.apache.spark._
import org.apache.spark._

scala> import org.apache.spark.streaming._
import org.apache.spark.streaming._

scala> val ssc = new StreamingContext(sc, Seconds(10))
ssc: org.apache.spark.streaming.StreamingContext = org.apache.spark.streaming.St
reamingContext@241d1052
```

图 6-8　创建 StreamingContext

利用创建的 ssc(StreamingContext 对象)，我们可以创建一个 DStream 对象 lines。该 DStream 代表从 localhost 主机的 9999 端口流入的数据流，如图 6-9 所示。

```
scala> val lines = ssc.socketTextStream("localhost", 9999)
lines: org.apache.spark.streaming.dstream.ReceiverInputDStream[String] = org.apa
che.spark.streaming.dstream.SocketInputDStream@3595086b
```

图 6-9　创建 StreamingContext 对象

lines 是从数据 server 接收到的数据流，其中每条记录都是一行文本。接下来，我们就把这些文本行按空格分割成单词。与 Spark RDD 中的 ftatMap 类似，这里的 ftatMap 是一个映射算子，lines 中的每行都会被 ftatMap 映射为多个单词，从而生成新的 words DStream 对象，如图 6-10 所示。

```
scala> val words = lines.flatMap(_.split(" "))
words: org.apache.spark.streaming.dstream.DStream[String] = org.apache.spark.str
eaming.dstream.FlatMappedDStream@541897c6
```

图 6-10　ftatMap 生成 DStream

有了 words DStream 后，使用 map 方法将其 RDD 元素转换为(word, 1)键值对形式；再使用 reduceByKey 算子，得到各个单词出现的频率并打印输出，如图 6-11 所示。

```
scala> val pairs = words.map(word => (word, 1))
pairs: org.apache.spark.streaming.dstream.DStream[(String, Int)] = org.apache.sp
ark.streaming.dstream.MappedDStream@3465edf9

scala> val wordCounts = pairs.reduceByKey(_ + _)
wordCounts: org.apache.spark.streaming.dstream.DStream[(String, Int)] = org.apac
he.spark.streaming.dstream.ShuffledDStream@2b625e82

scala> wordCounts.print()
```

图 6-11　reduceByKey 算子

注意：执行以上代码后，Spark Streaming 只是将计算逻辑设置好，此时并未真正地开始处理数据。要启动之前的处理逻辑，还要使用 start 方法启动流计算并等待程序结束，如图 6-12 所示。

```
scala> ssc.start()

scala> ssc.awaitTermination()
```

图 6-12　启动流计算并等待程序结束

接下来，在 Linux 终端，使用 Netcat 工具向 9999 端口发送文本数据，如图 6-13 所示。

```
hadoop@zsz-VirtualBox: ~
文件(F) 编辑(E) 查看(V) 搜索(S) 终端(T) 帮助(H)
hadoop@zsz-VirtualBox:~$ nc -lk 9999
I like spark
I like hadoop
I like spark
```

图 6-13　Netcat 向 9999 端口发送数据

Spark Streaming 即可计数 10 s 内数据流的词频并输出，如图 6-14 所示(注意 Netcat 要预先启动好)。

```
-------------------------------------------
Time: 1581731630000 ms
-------------------------------------------
(spark,1)
(I,1)
(like,1)

20/02/15 09:53:50 WARN storage.RandomBlockReplicationPolicy: Expecting 1 replica
s with only 0 peer/s.
20/02/15 09:53:50 WARN storage.BlockManager: Block input-0-1581731630600 replica
ted to only 0 peer(s) instead of 1 peers
20/02/15 09:53:57 WARN storage.RandomBlockReplicationPolicy: Expecting 1 replica
s with only 0 peer/s.
20/02/15 09:53:57 WARN storage.BlockManager: Block input-0-1581731637400 replica
ted to only 0 peer(s) instead of 1 peers
-------------------------------------------
Time: 1581731640000 ms
-------------------------------------------
(spark,1)
(hadoop,1)
(I,2)
(like,2)
```

图 6-14　词频统计结果

6.1.4　用 IDEA 工具写第一个 Spark Streaming 程序

在 IDEA 环境下使用 Spark Streaming 完成流数据的实时词频统计，具体步骤如下：

(1) 创建 Maven 工程。在 IntelliJ IDEA 中创建 Spark Streaming 工程(Maven 工程创建方法参照本书项目五)，完毕后，在 Maven 的 porm.xml 文件中添加 Spark Streaming 组件相关依赖。

```
<dependency>
    <groupId>org.apache.spark</groupId>
    <artifactId>spark-streaming_${scala.version}</artifactId>
    <version>1.6.3${spark.version}</version>
</dependency>
```

(2) 编写程序。在上述工程中，创建一个名为 StreamTest.scala 的 Scala Object 文件，文件中写入如下代码：

```
import org.apache.spark._
import org.apache.spark.streaming.StreamingContext
import org.apache.spark.streaming.Seconds
object StreamTest {
    def main(args: Array[String]): Unit = {
        val conf = new SparkConf().setMaster("local[4]").setAppName("NetworkWordCount")
        val sc=new SparkContext(conf)
        //屏蔽控制台输出中的 INFO 日志输出
        sc.setLogLevel("WARN")
        //创建 StreamingContext
        val ssc = new StreamingContext(sc, Seconds(10))
        //创建 DStream，监听本机的 9999 端口
        val lines = ssc.socketTextStream("localhost", 9999)
        //将监听到的文本切割成单词
        val words = lines.flatMap(_.split(""))
        //将切割后的单词组成 KV 形式的键值对
        val pairs = words.map(word => (word, 1))
        //统计每个单词的词频
        val wordCounts = pairs.reduceByKey(_ + _)
        wordCounts.print( )
        ssc.start( )
        ssc.awaitTermination( )
    }
}
```

(3) 运行程序。按照任务 6.1.3 中的方法，使用 nc -lk 9999 命令打开 Netcat 监听。运行 StreamTest.scala，在 Netcat 窗口中输入文本，在 IDEA 中输出词频统计的结果，如图 6-15

所示。

```
Run:    StreamTest
▶  ↑    --------------------------------------
   ↓    Time: 1581736120000 ms
■       --------------------------------------
‖  ↰
   ↧    --------------------------------------
◉  ⎙    Time: 1581736130000 ms
   🗑    --------------------------------------
        (morning,2)
⬛       (good,2)
✦
        --------------------------------------
        Time: 1581736140000 ms
        --------------------------------------
```

图 6-15　IDEA 中输出词频统计结果

6.1.5　编写 Spark Streaming 程序的基本步骤

通过编写上述代码,可以发现编写 Spark Streaming 程序模式相对固定,其基本步骤包括:

(1) 通过创建输入 DStream 来定义输入源。

(2) 对 DStream 进行转换操作和输出操作来定义流计算。

(3) 使用 streamingContext.start( )方法接收数据和处理流程。

(4) 使用 streamingContext.awaitTermination( )方法,等待处理结束(可以手动结束,或因发生错误而结束)。

(5) 可以通过 streamingContext.stop( )来手动结束流计算进程。

任务 6.2　读取基础数据源到 DStream 中

Spark Streaming 可以对接多种数据源,既可以从文件、端口等基础数据源获得流数据,也可以从 Kafka、Flume 等高级数据源获得流数据,进而将获取的流数据生成 DStream,以便后续处理。本任务将介绍在 IDEA 环境下,Spark Streaming 如何从基础数据源中获取数据并创建 DStream。

读取基础数据源到
DStream 中代码

6.2.1　读取文件流

Spark Streaming 可以从 HDFS 文件系统目录、本地系统的文件目录读取数据到 DStream 中。本例将演示在 IDEA 环境下,编写 Spark Streaming 程序实时监听 HDFS 文件目录,当发现新文件到达后,处理该文件中的数据。

(1) 启动 HDFS 服务。在 Linux 终端中,使用如下命令启动 HDFS 服务:

```
cd /usr/local/hadoop/sbin
./start-dfs.sh
```

(2) 准备数据文件。准备 3 个文件 file1.txt、file2.txt、file3.txt(位于/home/hadoop 目录下)，其内容如图 6-16 所示(读者可以输入任意内容)。

图 6-16　需要准备的 3 个文件

(3) 编写程序。在 IDEA 工程中，新建一个 scala 文件 StreamReadHdfs.scala，其代码如下：

```scala
//导入相关包
import org.apache.spark.streaming.{Seconds, StreamingContext}
import org.apache.spark.{SparkConf, SparkContext}
import org.apache.log4j.{Level,Logger}
object StreamReadHdfs {
    def main(args: Array[String]): Unit = {
//设置 Level 级别，屏蔽控制台无关日志输出，便于观察输出结果
        Logger.getLogger("org.apache.spark").setLevel(Level.ERROR)
        Logger.getLogger("org.eclipse.jetty.server").setLevel(Level.OFF)
//新建一个 SparkConf 实例、SparkContext 实例
        val conf = new SparkConf( )
            .setMaster("local[4]")
            .setAppName("StreamReadHdfs")
        val sc = new SparkContext(conf)
//新建 StreamingContext 实例
        val ssc = new StreamingContext(sc, Seconds(10))
//创建 DStream，用于监听 HDFS 相关目录
        val lines = ssc.textFileStream("hdfs://localhost:9000/user/hadoop/spark_streaming")
//逐行打印监听的数据
        lines.print( )
//开始 SparkStreaming 任务，任务持续执行，直到某种方式停止或发生异常
        ssc.start( )
        ssc.awaitTermination( )
    }
}
```

(4) 运行测试。运行 StreamReadHdfs.scala 程序，Spark Streaming 开始监听 HDFS 文件系统的"hdfs://localhost:9000/user/hadoop/spark_streaming"目录，没有新文件输入时如图 6-17 所示。

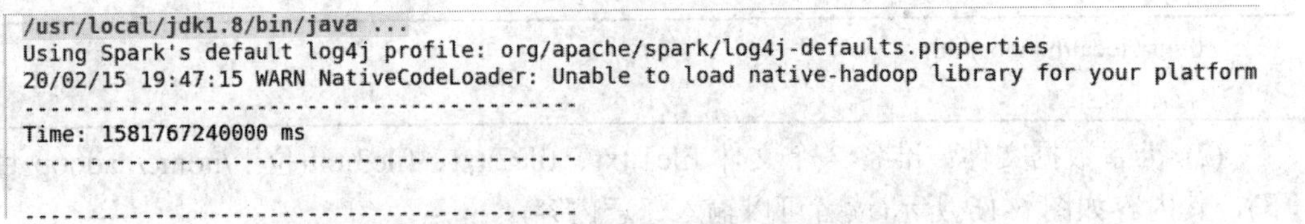
/usr/local/jdk1.8/bin/java ...
Using Spark's default log4j profile: org/apache/spark/log4j-defaults.properties
20/02/15 19:47:15 WARN NativeCodeLoader: Unable to load native-hadoop library for your platform
----
Time: 1581767240000 ms

图 6-17　Spark Streaming 开始监听 HDFS 文件

在 Linux 终端，使用以下命令将 file1.txt、file2.txt、file3.txt 依次上传到“hdfs://localhost:9000/user/hadoop/spark_streaming”目录下。

```
cd /usr/local/hadoop/bin
./hdfs dfs -mkdir /user/hadoop/spark_streaming
./hdfs dfs -put /home/hadoop/file1.txt /user/hadoop/spark_streaming        #上传 file1.txt
./hdfs dfs -put /home/hadoop/file2.txt /user/hadoop/spark_streaming        #上传 file2.txt
./hdfs dfs -put /home/hadoop/file3.txt /user/hadoop/spark_streaming        #上传 file3.txt
```

在 IDEA 的控制台，可以看到 Spark Streaming 监听到“hdfs://localhost:9000/user/hadoop/spark_streaming”目录下，不断有数据流入(上传新文件)，并将数据内容输出，如图 6-18 所示。

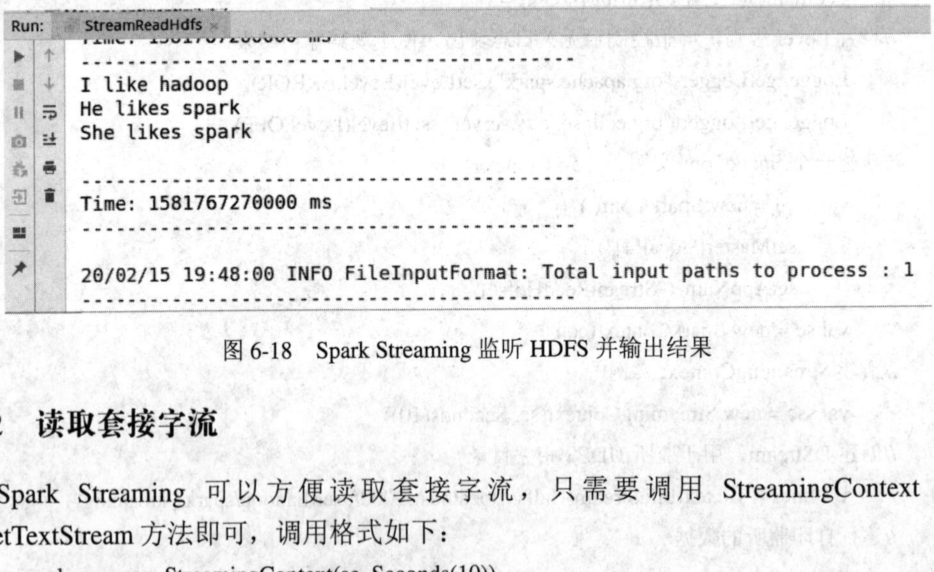
Run:
StreamReadHdfs

I like hadoop
He likes spark
She likes spark

Time: 1581767270000 ms

20/02/15 19:48:00 INFO FileInputFormat: Total input paths to process : 1

图 6-18　Spark Streaming 监听 HDFS 并输出结果

6.2.2　读取套接字流

Spark Streaming 可以方便读取套接字流，只需要调用 StreamingContext 类的 socketTextStream 方法即可，调用格式如下：

```
val ssc = new StreamingContext(sc, Seconds(10))
val lines = ssc.socketTextStream("localhost", 9999)
```

其中，sc 为 SparkContext 实例，“localhost”表示本机(也可以用主机的 IP 代替)，“9999”为监听的端口号。任务 6.1 中已给出具体案例，在此不再重复。

6.2.3　读取 RDD 队列流

Spark Streaming 可以读取 RDD 组成的数据队列。这里我们创建一个队列，将动态生成的 RDD 不断发送到该队列中，Spark Streaming 持续读取队列中的 RDD。在 IDEA 工程中创建 StreamReadRDD.scala 文件，代码如下：

```scala
import org.apache.log4j.{Level, Logger}
import org.apache.spark.rdd.RDD
import org.apache.spark.streaming.{Seconds, StreamingContext}
import org.apache.spark.{SparkConf, SparkContext}
object StreamReadRDD {
    def main(args: Array[String]): Unit = {
        Logger.getLogger("org.apache.spark").setLevel(Level.ERROR)
        Logger.getLogger("org.eclipse.jetty.server").setLevel(Level.OFF)


        val conf = new SparkConf( )
        setMaster("local[4]")
        setAppName("StreamReadRDD")
    val sc = new SparkContext(conf)
    val ssc = new StreamingContext(sc, Seconds(2))
//创建线程安全的队列，用于放置 RDD
    val rddQueue = new scala.collection.mutable.SynchronizedQueue[RDD[Int]]
//创建一个线程，通过 for 循环向队列中添加新的 RDD
    val addQueueThread = new Thread(new Runnable {
        override def run(): Unit = {
            for(i <- 1 to 5){
            //向队列 rddQueue 添加新的 RDD
            rddQueue += sc.parallelize(list(i))
            //线程休眠 2000 ms
            Thread.sleep(2000)
            }
        }
    })
//创建 DStream 读取 RDD 系列
    val inputDStream = ssc.queueStream(rddQueue)
    inputDStream.print( )
//启动 Spark Streaming
    ssc.start( )
//启动 addQueueThread 线程，不断向 rddQueue 队列中添加新的 RDD
    addQueueThread.start( )
    ssc.awaitTermination( )
    }
}
```

执行 StreamReadRDD.scala，其输出结果如图 6-19 所示。

```
Run:        StreamReadRDD
▶  ↑      --------------------------------------------------
   ↓      Time: 1581770782000 ms
II  ⊐     --------------------------------------------------
   ⊐      new RDD 1
◻  ⬚
   🖶     --------------------------------------------------
⊡  🗑     Time: 1581770784000 ms
          --------------------------------------------------
≡         new RDD 2
📌
          --------------------------------------------------
```

图 6-19　读取 RDD 并输出结果

任务 6.3　读取 Kafka 数据到 DStream 中

Kafka 是一种应用十分广泛的日志收集与消息管理系统，常见用于 Web 日志、访问日志、消息服务等。Spark Streaming 提供了与 Kafka 对接的方法，可以读取 Kafka 数据到 DStream 中，进而完成数据实时处理任务。

读取 Kafka 数据到
DStream 中代码

6.3.1　Spark Streaming 支持的高级数据源

除了套接字流、文件流、RDD 队列流外，Spark Streaming 还支持 Kafka、Flume、Kinesis 等高级数据源。这一类别的数据源需要使用 Spark 库外的接口，其中一些还需要比较复杂的依赖关系(例如 Kafka 和 Flume)。因此，为减少依赖关系导致的版本冲突问题，这些数据源本身不能创建 DStream 的功能，需要通过依赖单独的类库实现创建 DStream 的功能。

另外，这些高级数据源不能在 Spark Shell 中使用，因此基于这些高级数据源的应用程序不能在 Spark Shell 中直接测试。如果想要在 Spark Shell 中使用它们，则必须下载带有其相应的 Maven 组件 JAR，并且将其添加到 classpath 中。本任务将在 IDEA 中编写 Spark Streaming 程序读取 Kafka 高级数据源。

6.3.2　了解 Kafka 的工作原理

Kafka 最初由 Linkedin 公司开发，是一个分布式、支持分区的(Partition)、多副本的(Replica)分布式消息系统，其最大的特性就是可以实时地处理大量数据以满足各种需求场景。Kafka 用 Scala 语言编写，目前已成为 Apache 基金会顶级开源项目。Kafka 有如下特点：

(1) 高吞吐量、低延迟：Kafka 每秒可以处理几十万条消息，它的延迟最低只有几毫秒。

(2) 可扩展性：Kafka 集群支持热扩展。

(3) 持久性、可靠性：消息被持久化到本地磁盘，并且支持数据备份防止数据丢失。

(4) 容错性：允许集群中节点失败(集群中保留多个副本)。

(5) 高并发：支持数千个客户端同时读/写。

Kafka 的工作原理如图 6-20 所示，消息生产者 Producer(向 Kafka 发送数据的终端)产生数据后，通过 Zookeeper 找到 Brocker(一台 Kafka 服务器就是一个 Broker，一个集群可以由多个 Broker 组成)后，将数据放到 Broker 上并标记不同的主题 topic；消息消费者 Customer(从 Kafka 获取消息的终端)根据自身订阅的 topic 主题，通过 Zookeeper 找到相应的 Broker，然后消费该主题相关数据。

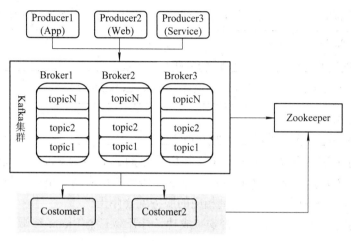

图 6-20　Kafka 的工作原理

6.3.3　Kafka 的安装与测试

本任务使用 Kafka 模拟持续地收集交通监控设备发来的监控数据(数据内容为监控设备号、最高限速、车牌号、车辆通过时速)，利用 Spark Streaming 读取 Kafka 中的数据，找出超速行驶的车辆并在控制台输出。

(1) 安装 Kafka。进入 Kafka 的官网 https://kafka.apache.org/downloads，下载与本机 Scala 版本一致的 Kafka 包，如图 6-21 所示。此安装包内已经附带 Zookeeper，不需要额外安装 Zookeeper。

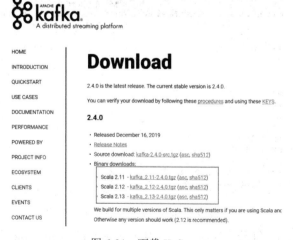

图 6-21　下载 Kafka

在 Linux 终端，使用如下命令完成 Kafka 解压等工作。

```
sudo tar -zxf ./kafka_2.11-2.4.0.tgz -C /usr/local
cd /usr/local/
sudo mv ./kafka_2.11-2.4.0      ./kafka
sudo chown -R   hadoop:hadoop      ./kafka/
```

(2) 启动 Kafka。打开一个 Linux 终端，输入以下命令，启动 Zookeeper 服务。

```
cd /usr/local/kafka
bin/zookeeper-server-start.sh config/zookeeper.properties
```

打开第二个 Linux 终端，输入以下命令，启动 Kafka 服务。

```
cd /usr/local/kafka
bin/kafka-server-start.sh config/server.properties
```

注意：执行上述命令以后，Linux 终端会返回大量信息，最后就停住不动(没有回到 Linux shell 命令提示符状态)。此时 Zookeeper、Kafka 服务器已启动，正处于服务状态，并非死机，因此不要关闭这两个终端，否则相应的服务就会停止。

(3) 创建主题，测试 Kafka 是否安装成功。打开第三个 Linux 终端，使用如下命令添加一个消息主题"mytopic"。

```
cd /usr/local/kafka
bin/kafka-topics.sh--create--zookeeper localhost:2181--replication-factor 1 --partitions 1 --topic mytopic
```

使用如下命令查看主题 mytopic 是否创建成功，创建成功则有显示。

```
bin/kafka-topics.sh --list --zookeeper localhost:2181
```

接下来使用如下命令，向主题 mytopic 中发送消息，如图 6-22 所示。

```
bin/kafka-console-producer.sh --broker-list localhost:9092 --topic mytopic
```

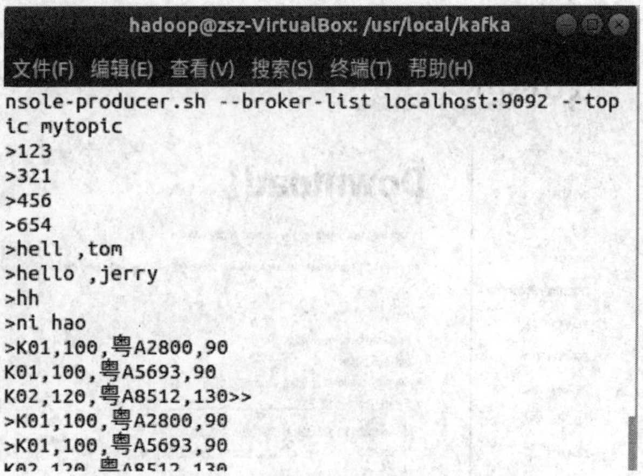

图 6-22　向主题 mytopic 中发送消息

打开第四个 Linux 终端，使用图 6-23 所示的命令获取 mytopic 主题消息并显示。测试正常后，即可关闭第三个、第四个 Linux 终端，但第一个、第二个 Linux 终端不要关闭。

```
cd /usr/local/kafka

bin/kafka-console-consumer.sh --bootstrap-server localhost:9092 --topic streamtest --from-beginning
```

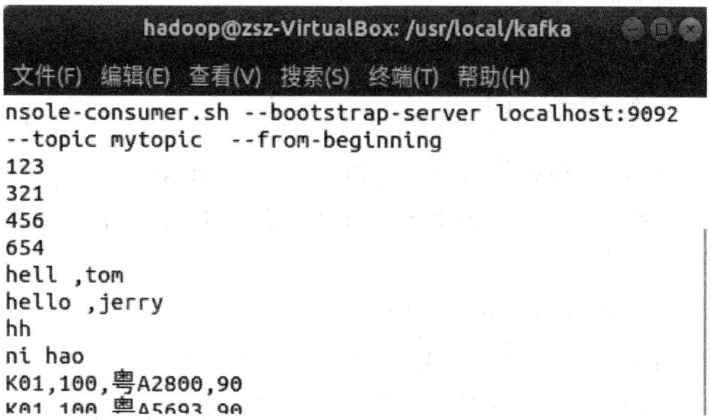

图 6-23　获取 mytopic 主题消息

6.3.4　编写 Spark Streaming 程序找出超速车辆

首先，在 IDEA 工程中修改 pom.xml 文件，添加 Kafka 相关依赖。

```
<dependency>
        <groupId>org.apache.spark</groupId>
        <artifactId>spark-streaming-kafka_2.11</artifactId>
        <version>1.6.3</version>
</dependency>
```

在工程中新建 KafkaStream.scala，代码如下：

```
//引入相关包
import org.apache.log4j.{Level, Logger}
import org.apache.spark.streaming.kafka._
import org.apache.spark.streaming.{Seconds, StreamingContext}
import org.apache.spark.{SparkConf, SparkContext}

object KafkaStream {
    def main(args: Array[String]): Unit = {
        Logger.getLogger("org.apache.spark").setLevel(Level.ERROR)
        Logger.getLogger("org.eclipse.jetty.server").setLevel(Level.OFF)
        val conf = new SparkConf( )
            .setMaster("local[4]")
            setAppName("Kafka strem")
        val sc = new SparkContext(conf)
        val ssc = new StreamingContext(sc, Seconds(10))
```

/*下面由 KafkaUtils 类的 createStream 生成一个读取 Kafka 的 DStream，其中 localhost:2181 表示本机的 2181(Kafka 默认的端口)，"1"表示 topic 所在的组，Map("mytopic"->1)中的"mytopic"表示 Kafka 消息主题的名称，Map("mytopic"->1)中的"1"表示每个主题的分区数量*/

```
val kafkaInputDS=KafkaUtils.createStream(ssc,
"localhost:2181","1",
    Map("mytopic"->1)
)
```

/*kafkaInputDS 数据存储的格式为 KV 键值对，如向 kafka 输入的消息为"testString"字符串，则 kafkaInputDS 数据存储样式为(null，testString)，其 Key 为 null。下面的语句取出其 value 值(真正需要的消息)*/

```
val kafkaString=kafkaInputDS.map(x=>x._2)
```

/*对消息字符串进行格式转换，首先使用 split 进行字符串切割，然后使用 map 方法转换成四元组(监控设备号，最高限速，车牌号，通过时速)样式*/

```
val kafkaSplit=kafkaString.map(x=>x.split(","))
.map(x=>(x(0),x(1).trim.toInt,x(2),x(3).trim.toInt))
//筛选出行驶速度大于最高限速的车辆，即超速通过车辆
val overspeed=kafkaSplit.filter(x=>x._4 > x._2)
overspeed.print( )
ssc.start( )
ssc.awaitTermination( )
    }
}
```

(1) 准备测试数据。准备如图 6-24 所示格式的 Kafka 消息：监控设备号、最高限速、车牌号及通过时速。

```
K01,100,粤A2800,90
K01,100,粤A5693,90
K02,120,粤A8512,130
K02,100,粤A4432,118
K03,90,粤A2893,93
K03,90,粤A6642,87
```

图 6-24　需准备的监控数据

(2) 使用 Kafka 控制台生成消息、测试程序。本书使用的 Spark 版本为 2.2.3，与 Kafka 包存在一定的兼容问题，编译代码时有可能出现如图 6-25 所示的错误。

```
Run:    KafkaStream
        at KafkaStream.main(KafkaStream.scala)
Caused by: java.lang.ClassNotFoundException: org.apache.spark.Logging
        at java.net.URLClassLoader.findClass(URLClassLoader.java:382)
        at java.lang.ClassLoader.loadClass(ClassLoader.java:424)
        at sun.misc.Launcher$AppClassLoader.loadClass(Launcher.java:349)
        at java.lang.ClassLoader.loadClass(ClassLoader.java:357)
        ... 16 more

Process finished with exit code 1

▶ 4: Run  ⬛ 6: TODO  ▣ Terminal  ◧ 0: Messages
```

图 6-25　Kafka 包存在的兼容问题

上述问题出现的原因是在 Spark 2.0 以上版本将 Logging 类转移到 org.apache.spark. internal 包中(而非之前的 org.apache.spark 包)。我们可以在当前工程下建立 org.apache.spark 包，从 Spark 源码中将 Logging.scala 文件复制到 org.apache.spark 包中，如图 6-26 所示。

图 6-26　Logging.scala 文件复制到 org.apache.spark 包

打开新的 Linux 终端，输入命令与相应消息，控制台输出结果如图 6-27 所示，找出超速车辆粤 A8512、粤 A4432、粤 A2893。

图 6-27　输出超速车辆信息

任务 6.4　DStream 的转换操作

在流计算中，面对源源不断到达的数据，Spark Streaming 按照设定的时间间隔将数据流切割为一个个片段，然后对每个片段内的数据进行处理(参照批处理的方式)，即进行转换操作。本任务将介绍 DStream 中常见的转换操作。

DStream 的转换操作代码

6.4.1　DStream 无状态转换操作

所谓 DStream 无状态转换操作，是指不记录历史状态信息，每次仅对新的批次数据进行处理。无状态转换操作每一个批次的数据处理都是独立的，处理当前批次数据时，既不依赖之前的数据，也不影响后续的数据。例如，任务 6.1 中的流数据词频统计就采用无状态转换操作，每次仅统计当前批次数据的单词词频，与之前批次数据无关，不会利用之前的历史数据。表 6-1 给出了常见的 DStream 无状态转换操作。

表 6-1　常见的 DStream 无状态转换操作

操　作	含　义
map(func)	利用函数 func 处理源 DStream 的每个元素，返回一个新的 DStream
flatMap(func)	与 map 相似，但是每个输入项可用被映射为 0 个或者多个输出项
filter(func)	返回一个新的 DStream，它仅仅包含源 DStream 中函数 func 返回值为 true 的项
repartition(numPartitions)	通过创建更多或者更少的 partition，以改变这个 DStream 的并行级别 (Level of Parallelism)
union(otherStream)	返回一个新的 DStream，它包含源 DStream 和 otherDStream 的所有元素
count()	通过 count 源 DStream 中每个 RDD 的元素数量，返回一个包含单元素 (Single-element)RDD 的新 DStream
reduce(func)	利用函数 func 聚集源 DStream 中每个 RDD 的元素，返回一个包含单元素 RDD 的新 DStream。函数应该是相关联的，以使计算可以并行化
countByValue()	在元素类型为 K 的 DStream 上，返回一个(K,long)对的新的 DStream，每个 key 的值是在原 DStream 的每个 RDD 中的次数
reduceByKey (func, numTasks)	当在一个由(K,V)pairs 组成的 DStream 上调用这个算子时，返回一个新的，由(K,V)对组成的 DStream，每一个 key 的值均由给定的 reduce 函数聚合起来。在默认情况下，这个算子利用了 Spark 默认的并发任务数去分组。可以用 numTasks 参数设置不同的任务数
join(otherStream, numTasks)	当应用于两个 DStream(一个包含(K,V)对，一个包含(K,W)对)时，返回一个包含(K, (V, W))对的新 DStream
cogroup(otherStream, numTasks)	当应用于两个 DStream(一个包含(K,V)对，一个包含(K,W)对)时，返回一个包含(K, Seq[V], Seq[W])的 tuples(元组)
transform(func)	通过对源 DStream 的每个 RDD 应用 RDD-to-RDD 函数，创建一个新的 DStream。该操作可以在 DStream 中的任何 RDD 操作中使用
updateStateByKey(func)	返回一个新的"状态"的 DStream，其中每个 key 的状态通过在 key 的先前状态应用给定的函数和 key 的新 values 来更新。这可以用于维护每个 key 的任意状态数据

　　DStream 的操作与 RDD 的转换操作类似，在流数据词频统计程序中已用到 map 等操作，在此不再详述，但表中的 transform 方法值得深入探讨。transform 方法使用户能够直接调用任意的 RDD 操作，极大地丰富了 DStream 上能够操作的内容。

　　下面演示使用 transform 方法模拟过滤黑名单车辆。现有一个违章车辆黑名单文件 blacklist.txt，记载了车辆车牌号和违法项目，如图 6-28 所示(将该文件置于/home/hadoop 目录下)。

　　用 Netcat 模拟交通监控设备获取的车流信息，信息格式为"监控设备号，车牌号，记录时间"，样式如图 6-29 所示。现要求 Spark Streaming 获取车流数据后，与黑名单文件中的车牌号对照，输出违法车辆信息。

图 6-28　违章车辆黑名单文件

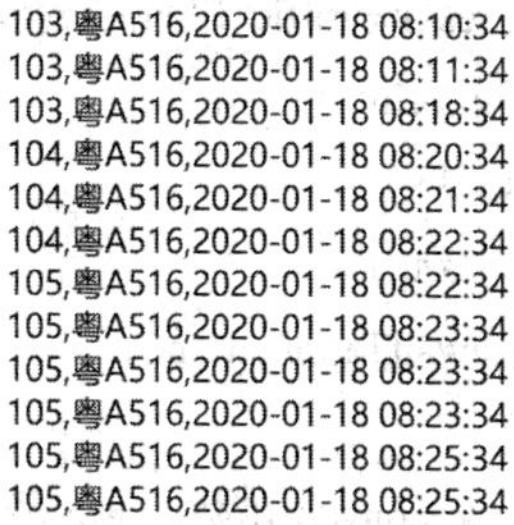

图 6-29　模拟获取的车流信息

在 IDEA 工程中，创建文件 TrafficStream.scala，程序代码如下：

```scala
//引入相应的包
import org.apache.spark.streaming._
import org.apache.spark.{SparkConf,SparkContext}
import org.apache.spark._
import org.apache.log4j.{Level,Logger}
object TrafficStream {
    def main(args: Array[String]): Unit = {
//控制台输出信息等级
        Logger.getLogger("org.apache.spark").setLevel(Level.ERROR)
        Logger.getLogger("org.eclipse.jetty.server").setLevel(Level.OFF)
        val conf=new SparkConf( )
            .setMaster("local[4]")
            .setAppName("Traffice Streaming")
        val sc=new SparkContext(conf)
        val ssc=ncw StreamingContext(sc,Seconds(5))
//生成一个 DStrcam，读取本机 localhost 9999 端口的流数据
        val trafficDS=ssc.socketTextStream("localhost",9999)
//将生成的 DStream 首先按照逗号切割成单词，然后 map 转为 3 元组
        val trafficTupleDS=trafficDS.map(line=>line.split(","))
            .map(x=>(x(1),(x(0),x(2))))
//将黑名单数据生成键值对形式的 RDD
    val blacklist=sc.textFile("file:///home/hadoop/blacklist.txt")
        .map(line=>line.split(""))
        .map(x=>(x(0),x(1)))
//使用 transform 操作，将 DStream 中的 RDD 与黑名单 RDD 左连接
    val traffic_join_blacklist=trafficTupleDS.transform(rdd=>
        rdd.leftOuterJoin(blacklist))
//过滤出黑名单中的车辆监控数据
    val traffic_filter=traffic_join_blacklist.filter(x=>x._2._2 !=None)
//对过滤出的结果，转换为 4 元组形式，其中 convert 为自定义的格式转换函数
```

```
    val result=traffic_filter.map(x=>(x._1,convert(x._2._2),x._2._1._1,x._2._1._2))
    result.print( )
//启动 ssc
    ssc.start( )
    ssc.awaitTermination( )
  }
//定义一个 convert 函数，通过模式匹配来输出匹配值
    def convert(x:Option[String])=x match {
        case Some(a)=>a
        case None=>"?"
    }
  }
```

运行 TrafficStream. scala，在 Netcat 终端输入如图 6-30 所示的数据，IDEA 控制台的输出结果如图 6-30 所示(如果数据输入速度超过窗口时间，则输出结果可能有所不同)。

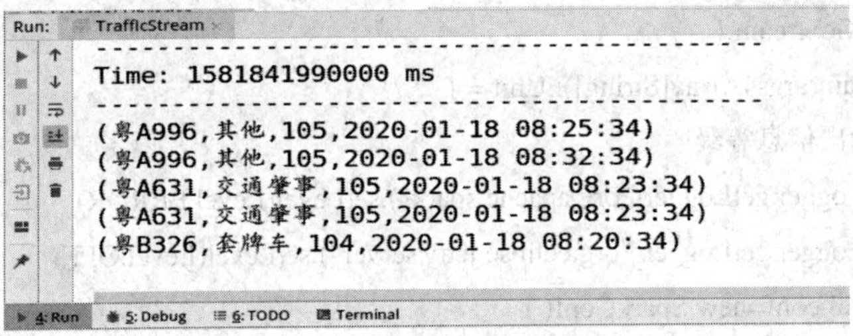

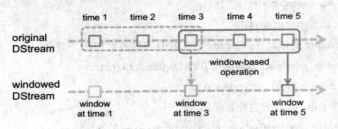

图 6-30　过滤出的黑名单车辆信息

6.4.2　DStream 有状态转换操作

与无状态转换操作不同，DStream 有状态转换操作当前批次的数据时，需要使用之前批次的数据或者中间结果。有状态转换包括基于滑动窗口的转换和 updateStateByKey 转换。

滑动窗口转换操作的计算过程如图 6-31 所示。对于一个 DStream，我们可以事先设定一个滑动窗口的长度(也就是窗口的持续时间)，并且设定滑动窗口的时间间隔(每隔多长时间执行一次计算)；然后窗口按照指定时间间隔在源 DStream 上滑动，每次落入窗口的 RDD 都会形成一个小段的 DStream(称之为 windowed DStream，包含若干个 RDD)，这时可以对这个小段 DStream 进行计算。

图 6-31　滑动窗口转换操作的计算过程

由窗口操作的原理可知，任何窗口相关操作都要指定两个参数：

• window length——窗口的长度，即窗口覆盖的时间长度(图 6-31 中为 3)；

• sliding interval——窗口每次滑动的距离，窗口启动的时间间隔(图 6-31 中为 2)。

注意：上述两个参数都必须是 DStream 批次间隔(图 6-31 中为 1)的整数倍。常用的窗口操作如表 6-2 所示。

表 6-2　常用的窗口操作

窗口操作	含　义
window(windowLength, slideInterval)	返回一个新的 DStream，它是基于 source DStream 的窗口 batch 进行计算的
countByWindow(windowLength, slideInterval)	返回 stream(流)中滑动窗口元素的数
reduceByWindow(func, windowLength, slideInterval)	返回一个新的单元素 stream(流)，它通过在一个滑动间隔的 stream 中使用 func 来聚合创建
reduceByKeyAndWindow(func, window Length, slideInterval, numTasks)	在一个键值对(K, V)DStream 上调用时，返回一个新的键值对(K, V) Stream，其中每个键(key)的值(value)是在滑动窗口上的 batch 使用给定的函数 func 来聚合产生的
reduceByKeyAndWindow(func, invFunc, window Length, slideInterval, numTasks)	该操作是比 reduceByKeyAndWindow()更有效的一个版本，其中使用前一窗口的 reduce 值逐渐计算每个窗口的 reduce 值，它是通过减少进入滑动窗口的新数据，以及 inverse reducing(逆减)离开窗口的旧数据来完成的。注意：该操作必须启用检查点
countByValueAndWindow(window Length, slideInterval, numTasks)	在一个键值对(K, V)DStream 上调用时，返回一个新的键值对(K, Long)DStream，其中每个键(key)的值(value)是它在一个滑动窗口之内的频次

上述操作中，Window 操作是基于源 DStream 的批次计算后得到新的 DStream。例如，要读取套接字流数据，设置批次间隔 1 s，窗口长度为 3 s，滑动时间间隔为 1 s，截取 DStream 中的元素构建新的 DStream，代码如下：

```
import org.apache.spark.streaming._
import org.apache.spark.{SparkConf,SparkContext}
import org.apache.log4j.{Level,Logger}
object WindowTest {
    def main(args: Array[String]): Unit = {
        Logger.getLogger("org.apache.spark").setLevel(Level.ERROR)
        val conf=new SparkConf( ).setMaster("local[4]")
            .setAppName("strem window method test")
        val sc=new SparkContext(conf)
        val ssc=new StreamingContext(sc,Seconds(1))
```

```
val linesDS=ssc.socketTextStream("localhost",9999)
//使用 window 操作，窗口长度为 3 s，滑动距离 1 s
val windowLines=linesDS.window(Seconds(3),Seconds(1))
windowLines.print( )
ssc.start( )
ssc.awaitTermination( )
   }
}
```

　　运行上述代码，使用 Netcat 向端口发送数据，按照每秒发一个字母的速度发送，输出结果如图 6-32 所示。可以看到，第一秒输出 a，第二秒输出 ab，第三秒输出 abc，而第四秒输出 bcd(因为 a 已经滑出当前窗口)。

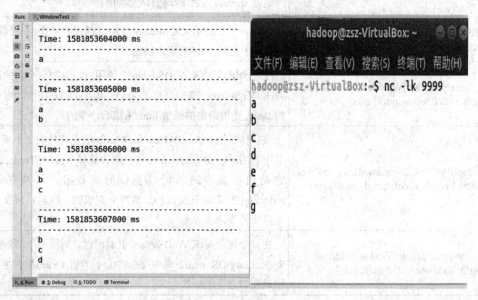

图 6-32　滑动窗口输出结果

　　窗口操作中的 reduceByKeyAndWindow 操作与词频统计中使用的 reduceByKey 类似，但 reduceByKeyAndWindow 针对的是窗口数据源(DStream 中截取的一段)，是对窗口内所有数据进行计算。例如，设置窗口长度为 3 s，滑动时间 1 s，进行窗口内单词词频统计。在 IDEA 中创建文件 ReducByKeyAndWindowTest.scala 文件，其代码如下:

```
import org.apache.spark.streaming._
import org.apache.spark.{SparkConf,SparkContext}
import org.apache.log4j.{Level,Logger}
object ReduceByKeyAndWindowTest {
    def main(args: Array[String]): Unit = {
        Logger.getLogger("org.apache.spark").setLevel(Level.ERROR)
        val conf=new SparkConf().setMaster("local[4]")
            .setAppName("strem window method test")
        val sc=new SparkContext(conf)
```

```
        val ssc=new StreamingContext(sc,Seconds(1))
        val linesDS=ssc.socketTextStream("localhost",9999)
        //对接收到的字符串进行切割
        val wordsDS=linesDS.flatMap(x=>x.split(""))
        //转换为(word，1)形式的键值对，便于后续的单词计数
        val kvDS=wordsDS.map(x=>(x,1))
        //使用 reduceByKeyAndWindow 方法，计算窗口内单词词频
        val windowWordCount=kvDS.reduceByKeyAndWindow(
          (a:Int,b:Int)=>a+b,Seconds(3),Seconds(1))
        windowWordCount.print( )
        ssc.start( )
        ssc.awaitTermination( )
    }
  }
```

运行上述代码，使用 Netcat 向端口发送数据，按照每秒发一个字母的速度发送，输出结果如图 6-33 所示。可以看到，第一秒输出(a,1)，第二秒输出(a，2)，第三秒输出(a，1)、(b，1)，此时第一个字母已经滑出窗口，所以 a 的数量减少一个。

图 6-33　reduceByKeyAndWindow 进行词频统计

任务 6.5　DStream 的输出操作

Spark Streaming 处理完毕的数据(DStream)可以按照业务要求输出到文件、数据库、展板中。本节的主要任务是介绍如何将 DStream 写入到文本文件以及 MySQL 数据库中。

DStream 的输出操作代码

6.5.1　DStream 写入到文本文件

输出算子可以将 DStream 的数据推送到外部系统，如数据库或者文件系统。Spark Streaming 只有输出算子调用时，才会真正触发 transformation 算子的执行(与 RDD 类似)。目前所支持的输出算子如表 6-3 所示。

表 6-3　Spark Streaming 所支持的输出算子

输出算子	用　　途
print()	在驱动器(driver)节点上打印 DStream 每个批次中的前 10 个元素
saveAsTextFiles(prefix, [suffix])	将 DStream 的内容保存到文本文件。每个批次一个文件，各文件命名规则为 "prefix-TIME_IN_MS[.suffix]"
saveAsObjectFiles(prefix, [suffix])	将 DStream 内容以序列化 Java 对象的形式保存到顺序文件中。每个批次一个文件，各文件命名规则为 "prefix-TIME_IN_MS[.suffix]"
saveAsHadoopFiles(prefix, [suffix])	将 DStream 内容保存到 Hadoop 文件中。每个批次一个文件，各文件命名规则为 "prefix-TIME_IN_MS[.suffix]"
foreachRDD(func)	最常用的算子，其目的是接收一个函数 func，func 将作用于 DStream 的每个 RDD 上。func 可以实现将每个 RDD 的数据推到外部系统中，比如保存到文件或者写到数据库中。注意，func 函数是在 streaming 应用的驱动器进程中执行的，所以如果其中包含 RDD 的 action 算子，就会触发对 DStream 中 RDD 的实际计算过程

下面使用 saveAsTextFile 方法，接收套接字数据流(端口号 9999)后，进行单词词频统计，统计结果保存到文本文件中。具体代码如下：

```
import org.apache.log4j.{Level, Logger}
import org.apache.spark._
import org.apache.spark.streaming.StreamingContext
import org.apache.spark.streaming.Seconds

object StreamSaveAsFile {

    def main(args: Array[String]): Unit = {
        Logger.getLogger("org.apache.spark").setLevel(Level.ERROR)
        Logger.getLogger("org.eclipse.jetty.server").setLevel(Level.OFF)
        val conf = new SparkConf( ).setMaster("local[4]").setAppName("NetworkWordCount")
        val sc=new SparkContext(conf)
        val ssc = new StreamingContext(sc, Seconds(10))
        val lines = ssc.socketTextStream("localhost", 9999)
```

```
        val words = lines.flatMap(_.split(""))
        val pairs = words.map(word => (word, 1))
        val wordCounts = pairs.reduceByKey(_ + _)
        //使用 saveAsTextFiles 方法保存文件
        wordCounts.saveAsTextFiles("file:///home/hadoop/streamsave/file.txt")
        ssc.start( )
        ssc.awaitTermination( )
    }
}
```

在 IDEA 中停止程序运行，然后检查这些词频统计结果是否被成功地输出到"file:///home/hadoop/streamsave/file.txt"文件中，在 Linux 终端执行如图 6-34 所示的命令。

```
hadoop@zsz-VirtualBox:~$ cat  /home/hadoop/streamsave/file.txt
cat: /home/hadoop/streamsave/file.txt: 没有那个文件或目录
hadoop@zsz-VirtualBox:~$ cd /home/hadoop/streamsave
hadoop@zsz-VirtualBox:~/streamsave$ ll
总用量 20
drwxr-xr-x  5 hadoop hadoop 4096 2月  18 16:49 ./
drwxr-xr-x 40 hadoop hadoop 4096 2月  18 16:48 ../
drwxrwxr-x  2 hadoop hadoop 4096 2月  18 16:49 file.txt-1582015760000/
drwxrwxr-x  2 hadoop hadoop 4096 2月  18 16:49 file.txt-1582015770000/
drwxrwxr-x  2 hadoop hadoop 4096 2月  18 16:49 file.txt-1582015780000/
hadoop@zsz-VirtualBox:~/streamsave$ 
```

图 6-34　查看词频统计结果写入文件情况

由上述输出可以看出，由于我们在代码中使用了 val ssc = new StreamingContext(sc, Seconds(10))，因此每隔 10 s 就会生成一次词频统计结果，并通过 saveAsTextFiles 方法输出到相应文件中，但我们发现/home/hadoop/streamsave/file.txt 文件不存在，而 file.txt 被当作一个目录，该目录下生成了若干 file.txt-1582015760000 类型的子目录，数据保存在这些子目录中。因此，本程序结果虽然写入到了"/home/hadoop/streamsave/file.txt"中，但"file.txt"看似文件，实际上都是一个目录。

6.5.2　DStream 写入到 MySQL 数据库的方法分析

DStream.foreachRDD 是一个非常强大的算子，用户可以基于此算子将 DStream 数据推送到外部系统中。在演示代码前，用户需要了解如何高效地使用这个工具。下面列举常见的错误。

(1) 在 Spark 驱动程序中建立数据库连接。

通常，对外部系统写入数据需要一些连接对象(如远程 server 的 TCP 连接)，以便发送数据给远程系统。因此，开发人员可能会不经意地在 Spark 驱动器(driver)进程中创建一个连接对象，然后又试图在 Spark worker 节点上使用这个连接。如下例所示：

```
dstream.foreachRDD { rdd =>
    val connection = createNewConnection( )  //这行在驱动器(driver)进程执行
    rdd.foreach { record =>
```

```
        connection.send(record)            //而这行将在 worker 节点上执行
    }
}
```

这段代码是错误的，因为它需要把连接对象序列化，再从驱动器节点发送到 worker 节点。而这些连接对象通常都是不能跨节点(机器)传递的。比如，连接对象通常都不能序列化，或者在另一个进程中反序列化后再次初始化(连接对象通常都需要初始化，因此从驱动节点发到 worker 节点后可能需要重新初始化)等。

(2) 为每一条记录建立一个数据库连接。

解决上述错误的办法就是在 worker 节点上创建连接对象。然而，有些开发人员可能会走到另一个极端，即为每条记录都创建一个连接对象，例如：

```
dstream.foreachRDD { rdd =>
    rdd.foreach { record =>
        val connection = createNewConnection( )
        connection.send(record)
        connection.close( )
    }
}
```

一般来说，连接对象是有时间和资源开销限制的。因此，对每条记录都进行一次连接对象的创建和销毁会增加很多不必要的开销，同时也大大减小了系统的吞吐量。

(3) 较为高效的做法。

一个比较好的解决方案是使用 rdd.foreachPartition，为 RDD 的每个分区创建一个单独的连接对象，示例如下：

```
dstream.foreachRDD { rdd =>
    rdd.foreachPartition { partitionOfRecords =>
        val connection = createNewConnection( )
        partitionOfRecords.foreach(record => connection.send(record))
        connection.close( )
    }
}
```

6.5.3　车辆定位数据写入到 MySQL 数据库

下面使用 foreachRDD 方法，模拟处理出租车监控系统发来的车辆定位数据(包含车牌号、经度、维度、时间)，接收到数据流后将其每 10 s 存入 MySQL 数据库。首先打开一个 Linux 终端，输入以下命令启动 MySQL 服务并进入 MySQL 客户端。

service mysql start	#启动 MySQL 服务
mysql -u root -p	#屏幕会提示你输入密码，输入正确密码后即进入 MySQL 客户端

进入 MySQL 客户端后，使用下列语句，创建 MySQL 数据库 stream 及数据库表 car_position。

```
CREATE DATABASE   stream;
USE stream;
CREATE TABLE IF NOT EXISTS `car_position`(
    'id' BIGINT UNSIGNED AUTO_INCREMENT,
    'carNO' VARCHAR(50) NOT NULL,
    'longitude' VARCHAR(40) NOT NULL,
    'latitude' VARCHAR(40) NOT NULL,
    'times' VARCHAR(40) NOT NULL,
    PRIMARY KEY ('id')
)ENGINE=InnoDB DEFAULT CHARSET=utf8;
```

在 IDEA 工程中，创建 StreamMySQL.scala 类，代码如下：

```
import org.apache.log4j.{Level, Logger}
import org.apache.spark._
import org.apache.spark.streaming.StreamingContext
import org.apache.spark.streaming.Seconds
import java.sql.{Connection,DriverManager,PreparedStatement}
object StreamSaveAsMysql{
    def main(args: Array[String]): Unit = {
        Logger.getLogger("org.apache.spark").setLevel(Level.ERROR)
        Logger.getLogger("org.eclipse.jetty.server").setLevel(Level.OFF)
        val conf=new SparkConf( ).setAppName("Stream save as Mysql").setMaster("local[4]")
        val sc=new SparkContext(conf)
//监听 9999 端口的流数据，每 10 s 作为处理时间间隔
        val ssc=new StreamingContext(sc,Seconds(10))
        val inputDS=ssc.socketTextStream("localhost",9999)
//监听到的数据流切割后，转为元组
        val splitDS=inputDS.map(line=>line.split(","))
        val pupleDS=splitDS.map(x=>(x(0),x(1),x(2),x(3)))
//打印输出，便于观察对比
        pupleDS.print( )
//使用 foreachRDD 方法将流数据写入数据库
        pupleDS.foreachRDD(rdd=>
        rdd.foreachPartition{partitionOfRecords=>
//设置 url 等参数，为每一个 RDD 分区创建一个连接
            val url="jdbc:mysql://localhost:3306/stream"
            val user="root"
            val password="123"
            Class.forName("com.mysql.jdbc.Driver")
            val connection=DriverManager.getConnection(url,user,password)
```

```
                    connection.setAutoCommit(false)
                    val stmt=connection.createStatement( )
                    partitionOfRecords.foreach(record=>{
                        stmt.addBatch("insert into car_position (carNO,longitude,latitude,times) " +
                        " values ('"+record._1+"', '"+record._2+"', '"+record._3+"', '"+record._4+"')")
                    })
                    stmt.executeBatch( )
                    connection.commit( )
                })
            ssc.start( )
            ssc.awaitTermination( )
        }
    }
```

运行 StreamMySQL.scala，使用 Netcat 向 9999 端口发送数据，如图 6-35 所示。

图 6-35　Netcat 向 9999 端口发送数据

在 IDEA 控制台可以看到输出处理后的结果。在 MySQL 客户端，输入命令查询 car_position 表的记录，可以发现流数据成功写入 MySQL，如图 6-36 所示。

```
mysql> select * from car_position;
+----+-------+-----------+----------+---------------------+
| id | carNO | longitude | latitude | times               |
+----+-------+-----------+----------+---------------------+
|  1 | GA516 | 120.26    | 97.92    | 2020-01-18 08:21:34 |
|  2 | GA516 | 120.18    | 97.93    | 2020-01-18 08:10:34 |
|  3 | GA106 | 120.48    | 98.01    | 2020-01-18 08:11:34 |
|  4 | GA454 | 120.32    | 97.90    | 2020-01-18 08:18:34 |
|  5 | GB326 | 120.19    | 97.98    | 2020-01-18 08:20:34 |
+----+-------+-----------+----------+---------------------+
5 rows in set (0.00 sec)
```

图 6-36　查询 car_position 表的记录

任务 6.6　Spark Streaming 实时处理电商用户行为数据

前述任务已经学习了 Spark Streaming 流数据处理的基础知识，本节将利用这些基础知识模拟解决电商用户行为数据处理问题。选择淘宝用户行为数据(https://tianchi.aliyun.

com/dataset/ dataDetail?dataId=649)作为数据源,定时读取其中的数据
到 Kafka 的某主题下,Spark Stream 获取该主题的数据后进行处理,
处理结果最终写入 MySQL 数据库。

Spark Streaming 实时
处理电商用户行为

6.6.1　数据集说明与准备工作

本任务模拟数据取自淘宝用户行为数据,数据源自阿里云天池
数据集。该数据集包含了 2017 年 11 月 25 日至 2017 年 12 月 3 日
之间,约一百万随机用户的所有行为(行为包括点击、购买、加购、喜欢);数据集的每
一行表示一条用户行为,由用户 ID、商品 ID、商品类目 ID、行为类型和时间戳组成,
并以逗号分隔。关于数据集中每一列的详细描述如表 6-4 和表 6-5 所示。

表 6-4　用户行为数据集各列描述

名　称	说　明
用户 ID	整数类型,序列化后的用户 ID
商品 ID	整数类型,序列化后的商品 ID
商品类目 ID	整数类型,序列化后的商品所属类目 ID
行为类型	字符串,枚举类型,包括('pv', 'buy', 'cart', 'fav'),详情见表 6-5
时间戳	行为发生的时间戳

表 6-5　行为类型描述

行为类型	说　明
pv	商品详情页 pv,等价于点击
buy	商品购买
cart	将商品加入购物车
fav	收藏商品

整个数据集包含用户数量 987 994,商品数量 4 162 024,商品类别 9 439,用户行为数
据(行数)100 150 807。现抽取其中的 2 000 行,构建子数据集 userbehavior2000.csv(样例数
据如图 6-37 所示),完成本实验。

1006897	900020	5161669	cart	1511968057
1006897	900020	5161669	fav	1512102307
1006897	900020	5161669	pv	1512102383
1006897	1708199	5161669	fav	1512102451
1006897	900020	5161669	pv	1512102471
1006897	900020	5161669	pv	1512102781
1006897	900020	5161669	pv	1512103621
1006897	900020	5161669	pv	1512103665
1006897	900020	5161669	pv	1512198627
1006897	900020	5161669	pv	1512205989
1014072	4649183	5161669	pv	1512049353
1015031	2894334	5161669	pv	1512216873

图 6-37　userbehavior2000.csv 样例数据

6.6.2　任务整体思路

本项任务整体实现思路如图 6-38 所示。首先使用 KafkaMsgProduce.scala 程序读取 userbehavior2000.csv 的数据(每秒读取 10 条用于模拟用户的行为)，将数据写入 Kafka 的主题"userbehavior"中。KafkaUserBehavior.scala 消费 Kafka 主题"userbehavior"中的数据，使用 Spark Streaming 完成数据处理工作并输出结果，最后将部分处理后的数据写入 MySQL 数据库中。

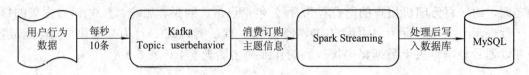

图 6-38　任务整体思路

6.6.3　Kafka 的相关准备工作

假设已经安装好 Kafka 及 Zookeeper(如未完成，可参照任务 6.3)，按顺序完成 Kafka 准备工作。

(1) 打开一个 Linux 终端，输入以下命令，启动 Zookeeper 服务。注意本窗口不要关闭！

```
cd /usr/local/kafka
bin/zookeeper-server-start.sh config/zookeeper.properties
```

(2) 打开第二个 Linux 终端，输入以下命令，启动 Kafka 服务。注意本窗口不要关闭！

```
cd /usr/local/kafka
bin/kafka-server-start.sh config/server.properties
```

(3) 打开第三个 Linux 终端，输入以下命令，创建 Kafka 主题"userbehavior"。

```
cd /usr/local/kafka
bin/kafka-topics.sh --create --zookeeper localhost:2181        #查看主题 streamtest 是否创建成功
--replication-factor 1 --partitions 1 --topic userbehavior
bin/kafka-topics.sh --list --zookeeper localhost:2181
```

6.6.4　创建 MySQL 数据库、数据库表

打开一个 Linux 终端，输入以下命令，启动 MySQL 服务，并连接到 MySQL 服务器。

```
service mysql start          #启动 MySQL 服务
mysql -u root -p             #屏幕会提示你输入密码，输入正确密码后即进入 MySQL 客户端
```

进入 MySQL 客户端后，使用下列语句，创建 MySQL 数据库 ecommerce 及数据库表 buybehavior，用于存储用户行为数据。

```
CREATE DATABASE   ecommerce;
USE ecommerce;
CREATE TABLE IF NOT EXISTS 'buybehavior' (
    'id' BIGINT UNSIGNED AUTO_INCREMENT,
    'userID' VARCHAR(50) NOT NULL,
    'itemID' VARCHAR(40) NOT NULL,
    'categoryID' VARCHAR(40) NOT NULL,
    'timestamp' VARCHAR(40) NOT NULL,
    PRIMARY KEY ('id')
)ENGINE=InnoDB DEFAULT CHARSET=utf8;
```

6.6.5　数据写入 Kafka 主题中

在 IDEA 中新建 KafkaMsgProduce.scala，其主要功能是模拟消息生产者行为：每秒读取 userbehavior2000.csv 文件中的 10 行数据，并将数据写入 Kafka 主题 userbehavior 中。

```scala
import java.util.HashMap
import scala.io.Source
import org.apache.kafka.clients.producer.{KafkaProducer, ProducerConfig, ProducerRecord}
import org.apache.log4j.{Level, Logger}

object KafakMsgProducer {
    def main(args: Array[String]): Unit = {
        Logger.getLogger("org.apache.spark").setLevel(Level.ERROR)
        Logger.getLogger("org.eclipse.jetty.server").setLevel(Levcl.OFF)
        //设置 Kafka 的 brokers、topic 信息
        val brokers="localhost:9092"
        val topic="userbehavior"
        // Zookeeper 相关连接属性
        val props = new HashMap[String, Object]( )
        props.put(ProducerConfig.BOOTSTRAP_SERVERS_CONFIG, brokers)
        props.put(ProducerConfig.VALUE_SERIALIZER_CLASS_CONFIG,
            "org.apache.kafka.common.serialization.StringSerializer")
        props.put(ProducerConfig.KEY_SERIALIZER_CLASS_CONFIG,
            "org.apache.kafka.common.serialization.StringSerializer")

        //构建一个 Kafka 消息生产者
        val producer = new KafkaProducer[String, String](props)
        //读取文件
        val path="/home/hadoop/userbehavior2000.csv"
```

```
val lines=Source.fromFile(path).getLines().toList
val linesNum=lines.length
//index 为索引号，即从 userbehavior2000 的第 0 行开始读取数据
var index=0
//通过循环，写入 10 行数据到 KafkaProducer 中
while(index<= linesNum){
    for(i<- 0 to 9){
        var str=lines.apply(index+i)
        val message = new ProducerRecord[String, String](topic, null, str)
        producer.send(message)
        println(index+i)
    }
    //索引号+10
    index=index+10
    //线程 sleep 1 秒钟
    Thread.sleep(1000)
    }
}
```

6.6.6　Spark Streaming 处理 userbehavior 主题中的数据

在 IDEA 中新建 KafkaUserBehavior.scala，用于处理 Kafka userbehavior 主题中的数据：使用窗口方法，统计过去 30 s 内下订单数量、加入购物车次数、加入收藏次数，每隔 5 s 钟更新一次；找出所有 "buy" 行为数据，写入数据库 ecommerce 的 buybehavior 表中。

```
import org.apache.log4j.{Level, Logger}
import org.apache.spark._
import org.apache.spark.streaming.StreamingContext
import org.apache.spark.streaming.Seconds
import java.sql.{Connection, DriverManager, PreparedStatement}
import org.apache.spark.streaming.kafka.KafkaUtils

object KafkaUserBehavior {
    def main(args: Array[String]): Unit = {
        Logger.getLogger("org.apache.spark").setLevel(Level.ERROR)
        Logger.getLogger("org.eclipse.jetty.server").setLevel(Level.OFF)
        val conf = new SparkConf( )
            .setMaster("local[4]")
            .setAppName("Kafka strem")
```

```
val sc = new SparkContext(conf)
val ssc = new StreamingContext(sc, Seconds(1))
val kafkaInputDS=KafkaUtils.createStream(ssc,
    "localhost:2181","1",
    Map("userbehavior"->1)
)

val kafkaString=kafkaInputDS.map(x=>x._2)
// kafkaString.print( )
val notPV=kafkaString.map(x=>x.split(",")).filter(x=> !x(3).equals("pv"))
//统计过去 30 s 内下订单数量/加入购物车次数/收藏次数，每隔 5 s 更新一次
val tupleDS=notPV.map(x=>(x(3),1))
val resultDS=tupleDS.reduceByKeyAndWindow((a:Int,b:Int)=>a+b,Seconds(30),Seconds(5))
resultDS.print( )

//将"buy"行为数据保存到 MySQL 数据库中
notPV.filter(x=>x(3).equals("buy")).foreachRDD(rdd=>
    rdd.foreachPartition{partitionOfRecords=>
//设置数据库连接的 url、user 等
    val url="jdbc:mysql://localhost:3306/ecommerce"
    val user="root"
    val password="123"
    Class.forName("com.mysql.jdbc.Driver")
//生成数据库连接对接 connection、Statement 对象
    val connection=DriverManager.getConnection(url,user,password)
    connection.setAutoCommit(false)
    val stmt=connection.createStatement( )
    partitionOfRecords.foreach(record=>{
        stmt.addBatch("insert into buybehavior (userID,itemID,categoryID,timestamp) " +
        " values ('"+record(0)+"', '"+record(1)+"', '"+record(2)+"', '"+record(4)+"')")
    })
    stmt.executeBatch( )
    connection.commit( )
})
ssc.start( )
ssc.awaitTermination( )
}
}
```

6.6.7 运行结果分析

首先运行 KafkaMsgProduce.scala，开始读取数据并发送到 Kafka 相应主题中；然后运行 KafkaUserBehavior.scala，在 IDEA 中会输出 30 s 内购买、加入购物车、收藏行为次数(每 5 s 更新一次)，如图 6-39 所示。

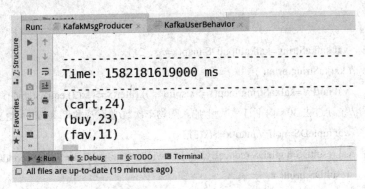

图 6-39　30 s 内电商用户行为数据

结束上述程序运行后，打开一个 Linux 终端，输入以下命令 mysql -u root -p (屏幕会提示你输入密码)，输入正确密码后即进入 MySQL 客户端；查询数据库表 buybehavior 中已经成功添加若干行数据(如图 6-40 所示)。

```
mysql> use ecommerce;
Reading table information for completion of table and column names
You can turn off this feature to get a quicker startup with -A

Database changed
mysql> select * from buybehavior;
+----+---------+---------+------------+------------+
| id | userID  | itemID  | categoryID | timestamp  |
+----+---------+---------+------------+------------+
| 1  | 107606  | 3481249 | 5161669    | 1512003019 |
| 2  | 110598  | 1765558 | 5161669    | 1511929751 |
| 3  | 129001  | 1692679 | 5161669    | 1511595874 |
| 4  | 121789  | 5115616 | 5158474    | 1511766019 |
| 5  | 127647  | 3904865 | 5156420    | 1512055251 |
| 6  | 1005924 | 3084640 | 5150761    | 1511971099 |
| 7  | 1007181 | 5124914 | 5150761    | 1511698944 |
| 8  | 1008830 | 2827416 | 5150761    | 1511743855 |
| 9  | 1008830 | 1483991 | 5150761    | 1511743855 |
| 10 | 1008830 | 2827416 | 5150761    | 1511745761 |
| 11 | 1008830 | 2234713 | 5150761    | 1511752864 |
| 12 | 1008830 | 3705094 | 5150761    | 1511752864 |
| 13 | 1008830 | 1483991 | 5150761    | 1511752864 |
| 14 | 1008830 | 2234713 | 5150761    | 1511763057 |
| 15 | 1008830 | 3705094 | 5150761    | 1511763057 |
```

图 6-40　查询 MySQL 数据库表添加记录结果

项 目 小 结

近年来，随着网络技术的发展，电子商务、智能监控、新闻平台等领域流式数据的实时计算需求大增。Spark Streaming 是 Spark 实时计算的组件之一，文件流、套接字、RDD 队列、Kafka、Flume 等均可作为其输入源。DStream 是 Spark Streaming 的数据抽象，它提供了有状态转换和无状态转换，计算结果可以写到文本文件或 MySQL 数据库中，供其他系统使用(如计算结果展示在 Web 网页中等。

课 后 练 习

一、判断题

1. 对于流数据的计算，一般允许在较长的时间内完成。(　)
2. DStream 是 Spark Streaming 的数据抽象，它是包含固定个数的 RDD 的集合。(　)
3. Spark Streaming 中，窗口滑动时间必须为批处理时间间隔的整数倍。(　)
4. DStream 只能通过 Kafka、Flume 等高级数据源来获取。(　)
5. DStream 无状态转换操作当前批次的处理需要使用之前批次的数据或者中间结果。(　)

二、问答题

1. Spark Streaming 处理流数据的基本原理是什么？
2. 编写 Spark Streaming 程序的基本步骤有哪些？

能力拓展

　　某平台根据业务需要，针对访客进行黑名单过滤(部分访问请求为网络机器人、爬虫等非正常方法)，为此，平台根据以往情况建立了一个访问黑名单(同时会定期更新黑名单)，当接到用户访问请求时，查找黑名单，非法用户予以过滤。假设现有黑名单 IP 如下：

　　　　　　　140.233.0.01
　　　　　　　140.233.0.02
　　　　　　　140.233.0.03
　　　　　　　140.233.0.04
　　　　　　　140.233.0.05

　　使用套接字模拟访客登录(包含访客 IP 地址、请求的页面——用数字 1~10 表示)，输入示例如下：

　　　　　　　140.233.0.02　　1
　　　　　　　140.233.0.06　　1
　　　　　　　140.233.0.07　　2
　　　　　　　140.233.0.08　　1
　　　　　　　140.233.0.04　　5

　　要求使用 Spark Streaming 技术编写程序，完成黑名单过滤，同时统计过去 20 s 内访问量最大的页面(每 5 s 更新一次)。

项目七　Spark ML 实现电影推荐

 项目概述

当前，随着互联网的高速发展，数据量也呈现了爆发式的增长。面对如此庞杂的数据，仅仅凭借人工处理已经远远不能满足需求，这也催生了机器学习的空前繁荣。Spark 提供了功能强大的机器学习库，可以实现大数据与机器学习的"无缝对接"。

现有用户对电影的打分文件 rating.txt，每行包含一个用户 ID、一个电影 ID、一个该用户对该电影的评分以及时间戳，要求根据已有数据预测特定用户对电影的打分，并给其推荐评分最高的电影。为解决该问题，本项目将介绍机器学习的基本概念、Spark 机器学习库的基本用法，通过实例演示 Spark 朴素贝叶斯分类、k-means 聚类的应用，最后通过 ALS 算法实现电影推荐。

 项目演示

借助 Spark 机器学习库中的 ALS 算法(最小交替二乘法)，根据以往的电影评价数据，构建推荐模型，进而对编号为 10 的用户推荐三部电影(电影编号 9，预测打分 4.471581；电影编号 2，预测打分 3.9190567；电影编号 92，预测打分 3.5106018)，如图 7-1 所示。

```
+------+-------------------------------------------+
|userId|recommendations                            |
+------+-------------------------------------------+
|10    |[[9,4.471581], [2,3.9190567], [92,3.5106018]]|
+------+-------------------------------------------+
```

图 7-1　为用户推荐电影

 思维导图

本项目的思维导图见图 7-2。

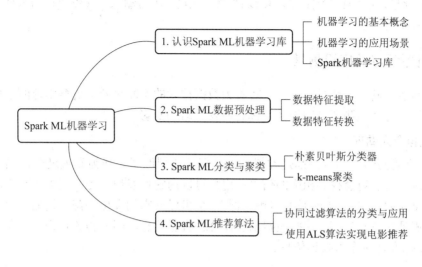

图 7-2　项目七思维导图

任务 7.1　初识 Spark 机器学习

机器学习是近几十年来人工智能研究的热点问题之一，对于初学者而言，若要学习 Spark 机器学习库，首先要了解机器学习的基本概念、原理、分类及应用情况。

7.1.1　机器学习概述

机器学习是指专门研究计算机模拟或实现人类的学习行为，以获取新的知识或技能，重新组织已有的知识结构使之不断改善自身的性能。机器学习是一门多学科交叉领域，涵盖概率论、统计学、复杂算法等知识，使用计算机工具模拟人类学习方式，提高学习效率。

机器学习最基本的做法是：使用算法来解析数据、从中学习，然后对真实世界中的事件作出决策和预测。与传统的解决特定任务的软件程序不同，机器学习使用大量的数据来"训练"，从数据中学习如何完成任务。例如，我们浏览淘宝、亚马逊等购物平台时，会出现商品推荐信息(如"跟你类似的人还购买了***")，这就是电商平台根据你的购物记录、放入购物车、添加收藏、浏览记录等信息，识别出你对哪些商品可能感兴趣，对你进行个性化推荐，从而增加消费、提升客户满意度。

按照不同的维度，机器学习有多种分类，例如从学习方式角度可以分为以下几类：

(1) 监督学习(有导师学习)：对于数据集，已经知道输入和输出结果之间的关系，然后根据这种已知的关系，训练得到一个最优的模型。在监督学习中，训练数据既有特征(Feature)又有标签(Label)，通过训练让机器可以自己找到特征和标签之间的联系，在面对只有特征没有标签的数据时，可以判断出标签。

(2) 无监督学习(无导师学习)：与监督学习不同，对于给定的数据集，事先不知道数据与特征之间的关系，而是要根据聚类或一定的模型得到数据之间的关系。

(3) 强化学习(增强学习)：以环境反馈(奖/惩信号)作为输入，以统计和动态规划技术为指导的一种学习方法。

7.1.2　机器学习的应用场景

除了前述电商平台商品推荐外，随着大数据技术的不断更新，机器学习的应用范围不断扩大，无论交通预测还是网络社交都有机器学习的身影。

1. 虚拟个人助理

Siri、小爱同学、小冰等都是虚拟个人助理的典型例子。作为私人助理，当用户通过语音询问时，它们便会找寻相应的信息；用户可以向它们发出指令，例如"小爱同学，我要听邓紫棋的歌""明天提醒我 8 点钟上课"；也可以向它们发出询问，例如"北京到法兰克福的航班是几点？"等，这些虚拟助理便会去查看信息、回应相关查询，或向其他资源(如其他系统)发送命令以收集信息。

2. 交通预测与路线规划

当前，很多城市的交通拥堵成为出行的拦路虎，因此很多人已经习惯出门前查看可能的拥堵情况，使用百度、高德等电子地图可以帮助我们了解未来可能拥堵的路段、到达的时间，从而帮助我们决定出行的时机、线路等。交通预测的核心便是通过收集大量的历史数据(比如过去一段时间该线路的交通情况)以及各类上报数据(交管部门的通告、个人用户报告的交通事故等)，借助以往经验估计可能拥堵的区域，进而推荐相应的线路。

3. 你可能认识的人

QQ、Facebook、抖音等会不断记录到你所联系的朋友、你经常访问的个人资料、你的兴趣、工作场所或与他人分享的群等相关信息；此外，还可能通过实名制读取用户手机 SIM 卡信息和通讯录信息，借助图计算、推荐算法等手段帮你找到"可能认识的人"，从而推荐给你。

4. 垃圾邮件、垃圾信息过滤

在信息爆炸的时代，垃圾邮件、垃圾信息占用了用户的时间与精力，需要根据用户需求进行过滤；可以借助机器学习算法，根据过去垃圾邮件、垃圾信息的特征，判断当前处理的信息是否属于垃圾邮件、垃圾信息范畴。

7.1.3　Spark 机器学习库

传统的机器学习算法由于技术和单机存储的限制，只能在少量数据上使用，且依赖于数据抽样。但实际的实施过程中，样本往往很难做到随机，于是导致学习的模型不是很准确，在测试数据上的效果也可能不太好。

随着 HDFS(Hadoop Distributed File System)等分布式文件系统的出现，海量数据存储有了可靠的手段，在全数据集上进行机器学习也成为可能，这也解决了抽样随机性的问题。但是由于 MapReduce 自身的限制，使用 MapReduce 来实现分布式机器学习算法非常耗时和消耗磁盘 IO。因为通常情况下，算法参数学习的过程都是迭代计算的，即本次计算的结果要作为下一次迭代的输入，这个过程中如果使用 MapReduce，则只能把中间结果存储于磁盘，下一次计算时再次从磁盘中读取，这种做法严重制约了迭代算法性能。

Spark 是基于内存的计算，在机器学习迭代方面，Spark 有着天然优势。为了便于分布式计算场景下便捷实现机器学习，Spark 提供了一个基于海量数据的机器学习库，开发者只需要有 Spark 基础并且了解机器学习算法的基本原理、相关参数的含义，就可以轻松地通过调用相应的 API 来实现基于海量数据的机器学习过程。

MLlib 是 Spark 的机器学习(Machine Learning)库，旨在简化机器学习的工程实践工作，并方便扩展到更大规模。MLlib 由一些通用的学习算法和工具组成，包括分类、回归、聚类、协同过滤、降维等，同时还包括底层的优化和高层的管道 API。具体来说，主要包括以下几方面的内容：

(1) 算法工具：常用的学习算法，如分类、回归、聚类和协同过滤。

(2) 特征化工具：特征提取、转化、降维和选择工具。

(3) 管道：用于构建、评估和调整机器学习管道的工具。

(4) 持久性：保存和加载算法、模型和管道。

(5) 实用工具：线性代数、统计、数据处理等工具。

Spark 机器学习库从 1.2 版本以后被分为两个包：① Spark.mllib 包含基于 RDD 的原始算法 API。该包的历史比较长，在 1.0 以前的版本即已经包含了，提供的算法实现都是基于原始的 RDD。② Spark.ml 则提供了基于 DataFrames 高层次的 API，可以用来构建机器学习工作流，并且为多种机器学习算法与编程语言提供统一的接口。

使用 Spark.ml 可以很方便地把数据处理、特征转换以及多个机器学习算法联合起来，构建一个单一完整的机器学习流水线。这种方式提供了更灵活的方法，更符合机器学习过程的特点，也更容易从其他语言迁移。Spark 官方推荐使用 spark.ml。如果新的算法能够适用于机器学习管道的概念，就应该将其放到 spark.ml 包中，例如特征提取器和转换器。开发者需要注意的是，从 Spark 2.0 开始，基于 RDD 的 API 进入维护模式(即不增加任何新的特性)。因此，本书以 ml 包为主进行介绍。

任务 7.2　使用 Spark ML 进行数据特征提取与转换

开展机器学习，则需要有满足需求的数据集，而现实业务中采集的数据往往格式繁杂，一般需要进行预处理。本任务主要介绍常用的特征提取方法及特征转换方法，为后续的机器学习提供数据支撑。

使用 Spark ML 进行数据
特征提取与转换代码

7.2.1　特征提取

在机器学习中，输入数据(数据集中的数据)格式可能千变万化，为了满足机器学习算法需求，一般需要对数据进行预处理，包括特征提取(从原始数据中抽取特征)、特征转换(缩放、转换或修改等)、特征选择(从特征集中选择部分特征)。其中，特征提取是利用已有特征计算出一个抽象程度更高的特征集。Spark ML 提供的特征提取 API 有 TF-IDF(词频-逆向文件词频)、Word2Vec(单词向量表示)以及 CountVectorizer(特征哈希)等。下面以 TF-IDF

为例来讲解特征提取方法。

TF-IDF 是文本挖掘中广泛使用的特征向量化方法，它可以体现一个文档中词语在语料库中的重要程度。词语由 t 表示，文档由 d 表示，语料库由 D 表示。词频 TF(t,d) 是词语 t 在文档 d 中出现的次数。文件频率 DF(t,D) 是包含词语的文档的个数。如果只使用词频来衡量重要性，很容易过度强调在文档中经常出现却没有太多实际信息的词语，比如"的""了"等。如果一个词语经常出现在语料库中，意味着它并不能很好地对文档进行区分。一个词的重要程度跟它在文章中出现的次数成正比，跟它在语料库中出现的次数成反比；这种方式能有效避免常用词对关键词的影响，提高了关键词与文章之间的相关性。其定义如下：

$$IDF(t,D) = \log \frac{|D|+1}{DF(t,D)+1}$$

其中，|D| 是语料库中的文档总数。公式中使用 log 函数，当词出现在所有文档中时，它的 IDF 值变为 0，加 1 是为了避免分母为 0 的情况。TF-IDF 度量值表示如下：

$$TF\text{-}IDF(t,d,D) = TF(t,d)IDF(t,D)$$

接下来，通过具体示例体验 TF-IDF 方法。首先将一组句子转为 DataFrame，然后使用分解器 Tokenizer 把句子划分为单个词语。对每一个句子(称之为"词袋")，我们使用 HashingTF 将句子转换为特征向量，最后使用 IDF 重新调整特征向量。这种转换通常可以提高使用文本特征的性能。

```
//导入相应的包
import org.apache.spark.ml.feature.{HashingTF, IDF, Tokenizer}
//将一组句子转换为 DataFrame
val sentenceData = spark.createDataFrame(List(
    (0, "Hi I heard about Spark"),
    (0, "I wish Java could use case classes"),
    (1, "Logistic regression models are neat")
)).toDF("label", "sentence")
//可以调用 show 方法，观察 sentenceData 的结构与数据，以便于理解
sentenceData .show(3,false)
```

图 7-3 显示了 sentenceData 数据及结构，可以看到 sentenceData 包含 label、sentence 两列。

```
scala> sentenceData.show(3,false)
+-----+-----------------------------------+
|label|sentence                           |
+-----+-----------------------------------+
|0    |Hi I heard about Spark             |
|0    |I wish Java could use case classes |
|1    |Logistic regression models are neat|
+-----+-----------------------------------+
```

图 7-3   sentenceData 数据及结构

//构建一个 Tokenizer 示例，设置其输入列名称为 sentence，输出列名称为 words

val tokenizer = new Tokenizer( ).setInputCol("sentence").setOutputCol("words")

//调用 tokenizer 的 transform 方法，将 sentenceData 转换生成 wordsData(含有 words 列)

val wordsData = tokenizer.transform(sentenceData)

//可以调用 show 方法，观察 wordsData 的结构与数据，以便于理解

wordsData.show(3)

图 7-4 显示了 wordsData 的数据及结构，可以看到 wordsData 包含 label、sentence、words 三列。Tonkenizer 的 transform 方法将 sentence 拆分为独立的单词，这些单词构成"词袋"（一个"词袋"装了若干个单词）。

```
scala> wordsData.show(3,false)
+-----+------------------------------+-------------------------------------------+
|label|sentence                      |words                                      |
+-----+------------------------------+-------------------------------------------+
|0    |Hi I heard about Spark        |[hi, i, heard, about, spark]               |
|0    |I wish Java could use case classes|[i, wish, java, could, use, case, classes]|
|1    |Logistic regression models are neat|[logistic, regression, models, are, neat]|
+-----+------------------------------+-------------------------------------------+
```

图 7-4　wordsData 数据及结构

//创建一个 HashTF 实例，设置其输入列为 words，输出列为 rawFeatures

val hashingTF = new HashingTF().setInputCol("words")

　　　　　　　.setOutputCol("rawFeatures").setNumFeatures(2000)

//使用 hashingTF 的转换操作，生成一个新的 DataFrame(含有 rawFeatures 列)

val featurizedData = hashingTF.transform(wordsData)

//可以调用 show 方法，观察 featurizedData 的结构与数据，以便于理解

featurizedData.show(3,false)

图 7-5 所示为 featurizedData 数据及结构，可以看到 featurizedData 包含 label、sentence、words、rawFeatures 四列。HashingTF 的 transform 方法是将每个词袋转为哈希特征向量，词袋中每一个单词都被转成不同的索引值。以"hi，i，heard，about，spark"词袋为例，其 rawFeatures 值"(2000,[1105,1329,1357,1777,1960],[1.0,1.0,1.0,1.0,1.0])"的含义如表 7-1 所示。

```
scala> featurizedData.show(3,false)
+-----+------------------------------+-------------------------------------------+-----------------------------------------------------------------+
|label|sentence                      |words                                      |rawFeatures                                                      |
+-----+------------------------------+-------------------------------------------+-----------------------------------------------------------------+
|0    |Hi I heard about Spark        |[hi, i, heard, about, spark]               |(2000,[1105,1329,1357,1777,1960],[1.0,1.0,1.0,1.0,1.0])         |
|0    |I wish Java could use case classes|[i, wish, java, could, use, case, classes]|(2000,[213,342,489,495,1329,1809,1967],[1.0,1.0,1.0,1.0,1.0,1.0,1.0])|
|1    |Logistic regression models are neat|[logistic, regression, models, are, neat]|(2000,[286,695,1138,1193,1604],[1.0,1.0,1.0,1.0,1.0])          |
+-----+------------------------------+-------------------------------------------+-----------------------------------------------------------------+
```

图 7-5　featurizedData 数据及结构

表 7-1　rawFeatures 各项目含义

输出结果	含　义
2000	HashingTF().setInputCol("words").setOutputCol("rawFeatures").setNumFeatures(2000)中设置的哈希桶数量为 2000
[1105,1329,1357,1777,1960]	分别代表"hi，i，heard，about，spark"的哈希值
[1.0,1.0,1.0,1.0,1.0]	分别代表"hi，i，heard，about，spark"单词出现的频率

```
//构建一个 IDF 示例，设置其输入列名称为 rawFeatures，输出列名称为 features
val idf = new IDF( ).setInputCol("rawFeatures").setOutputCol("features")
//调用 fit 方法，训练后生成一个 idfModel 模型(也是一个转换器)
val idfModel = idf.fit(featurizedData)
//生成一个含有 features 列的新 DataFrme(rescaledData )
val rescaledData = idfModel.transform(featurizedData)
//调用 show 方法，显示 rescaledData 中的两列 features、label
rescaledData.select("features", "label").show(3,false)
```

rescaledData 的 features、label 两列结果如图 7-6 所示，其中"0.6931471805599453"
等数值表示对应单词的 TF-IDF 值。通过 TF-IDF 得到的特征向量，可以继续用到其他机
器学习算法中。

```
+------------------------------------------------------------------------------------------------------------------------------------------+-----+
|features                                                                                                                                  |label|
+------------------------------------------------------------------------------------------------------------------------------------------+-----+
|(2000,[1105,1329,1357,1777,1960],[0.6931471805599453,0.28768207245178085,0.6931471805599453,0.6931471805599453,0.6931471805599453])       |0    |
|(2000,[213,342,489,495,1329,1809,1967],[0.6931471805599453,0.6931471805599453,0.6931471805599453,0.6931471805599453,0.28768207245178085,0.6931471805599453,0.6931471805599453])|0    |
|(2000,[286,695,1138,1193,1684],[0.6931471805599453,0.6931471805599453,0.6931471805599453,0.6931471805599453,0.6931471805599453])          |1    |
+------------------------------------------------------------------------------------------------------------------------------------------+-----+
```

图 7-6　显示 rescaledData 的 features、label 两列结果

7.2.2　特征转换

在机器学习处理过程中，为了方便相关算法的实现，经常需要进行特征的转换。Spark
ML 提供了系列的特征转换方法，包括 Binarizer(二值转换)、MinMaxScaler(最大最小缩放
转换)、StringIndexer(字符串转索引)、IndexToString(索引转字符串)等。

1. Binarizer

Binarizer 是通过设置阈值，将数字特征转换为 0 或 1 两个值。二值化是根据阈值将连
续数值特征转换为 0~1 特征的过程。Binarizer 参数有输入、输出以及阈值，特征值大于
阈值将映射为 1.0，特征值小于等于阈值将映射为 0.0。在 Spark Shell 中执行如下代码：

```
import org.apache.spark.ml.feature.Binarizer
val data = Array((0, 0.1), (1, 0.8), (2, 0.2),(3,0.4),(4,0.6))
//生成 DataFrame
val dataFrame = spark.createDataFrame(data).toDF("label", "feature")
//构造一个 Binarizer 实例，其阈值为 0.5(即大于 0.5 则转换为 1，小于 0.5 转为 0)
val binarizer: Binarizer = new Binarizer( )
    .setInputCol("feature")
    .setOutputCol("binarized_feature")
    .setThreshold(0.5)
val binarizedDataFrame = binarizer.transform(dataFrame)
binarizedDataFrame.show
```

由图 7-7 可知，与 dataFrame 相比，binarizedDataFrame 增加了一列 binarized_feature，

该列为二值化的特征列。

```
+-----+-------+-----------------+
|label|feature|binarized_feature|
+-----+-------+-----------------+
|    0|    0.1|              0.0|
|    1|    0.8|              1.0|
|    2|    0.2|              0.0|
|    3|    0.4|              0.0|
|    4|    0.6|              1.0|
+-----+-------+-----------------+
```

图 7-7　binarizedDataFrame 中的数据

2. MinMaxScaler

MinMaxScaler 通过重新调节大小将 Vector 形式的列转换到指定的范围内，通常为 [0,1]，它的参数有：

① min：默认为 0.0，为转换后所有特征的下边界；

② max：默认为 1.0，为转换后所有特征的上边界。

MinMaxScaler 计算数据集的汇总统计量，并产生一个 MinMaxScalerModel。该模型可以将独立的特征的值转换到指定的范围内。对于特征 E 来说，调整后的特征值如下：

$$Rescaled(e_i) = \frac{e_i - E_{min}}{E_{max} - E_{min}}(max - min) + min$$

如果 E_{max} 与 E_{min} 相等，则调整后的特征值为(max+min)/2。

下面的示例展示如果读入一个 libsvm 形式的数据以及调整其特征值到区间[0,1]。

```
import org.apache.spark.ml.feature.MinMaxScaler
import org.apache.spark.ml.linalg.Vectors
//生成一个 DataFrame
val dataFrame = spark.createDataFrame(Seq(
    (0, Vectors.dense(1.0, 0.1, -1.0)),
    (1, Vectors.dense(2.0, 1.1, 1.0)),
    (2, Vectors.dense(3.0, 10.1, 3.0))
)).toDF("id", "features")
//生成一个 MinMaxScaler 实例
val scaler = new MinMaxScaler( )
    .setInputCol("features")
    .setOutputCol("scaledFeatures")
//调用 fit 方法，得到模型
val scalerModel = scaler.fit(dataFrame)
//将每一个特征转化到区间[0,1]
val scaledData = scalerModel.transform(dataFrame)
scaledData.select("features", "scaledFeatures").show( )
```

输出结果如图 7-8 所示，每个特征转换为[0,1]内的数值。

```
+---------------+---------------+
|       features|scaledFeatures|
+---------------+---------------+
|[1.0,0.1,-1.0]| [0.0,0.0,0.0]|
| [2.0,1.1,1.0]| [0.5,0.1,0.5]|
|[3.0,10.1,3.0]| [1.0,1.0,1.0]|
+---------------+---------------+
```

图 7-8　MinMaxScaler 处理后的数据

3. StringIndexer

StringIndexer 将字符串标签编码转为标签指标，指标取值范围为[0,numLabels]，按照标签出现频率排序，出现最频繁的标签其指标为 0。如果输入列为数值型，则先将其映射到字符串，然后再对字符串的值进行处理。下面给出 StringIndexer 的示例：

```
import org.apache.spark.ml.feature.StringIndexer
//生成一个 DataFrame，含有标签栏 "category"
val df = spark.createDataFrame(
    Seq((0, "spark"), (1, "hadoop"), (2, "flink"), (3, "spark"), (4, "hadoop"), (5, "spark"))
).toDF("id", "category")
//生成一个 StringIndexer 实例，其输入列名称为 category，输出列名称为 categoryIndex
val indexer = new StringIndexer( )
    .setInputCol("category")
    .setOutputCol("categoryIndex")
//训练得到一个模型 indexModel
val indexModel= indexer.fit(df)
//用 indexModel 对 df 进行转换
val indexed=indexModel.transform(df)
indexed.show( )
```

indexed.show 打印结果如图 7-9 所示，indexed 中有一列 categoryIndex，该列为转换后的标签索引。

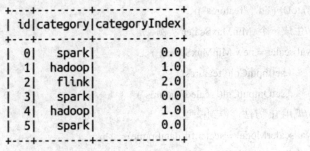

```
+---+--------+--------------+
| id|category|categoryIndex|
+---+--------+--------------+
|  0|   spark|          0.0|
|  1|  hadoop|          1.0|
|  2|   flink|          2.0|
|  3|   spark|          0.0|
|  4|  hadoop|          1.0|
|  5|   spark|          0.0|
+---+--------+--------------+
```

图 7-9　indexed.show 打印结果

4. IndexToString

与 StringIndexer 对应，IndexToString 将指标标签映射回原始字符串标签。一个常用的场景是先通过 StringIndexer 产生指标标签，然后使用指标标签进行训练，最后再对预测结果使用 IndexToString 来获取其原始的标签字符串。

```
import org.apache.spark.ml.feature.{IndexToString, StringIndexer}
val df = spark.createDataFrame(
    Seq((0, "spark"), (1, "hadoop"), (2, "flink"), (3, "spark"), (4, "hadoop"), (5, "spark"))
).toDF("id", "category")
val indexer = new StringIndexer( )
    .setInputCol("category")
    .setOutputCol("categoryIndex")
    .fit(df)
val indexed = indexer.transform(df)
//生成一个 IndexToString 实例，其输入列为 categoryIndex，输出列为 originalCategory
val converter = new IndexToString( )
    .setInputCol("categoryIndex")
    .setOutputCol("originalCategory")
//使用 converter 再将 indexed 的索引标签列还原为原始的字符串
val converted = converter.transform(indexed)
converted.show( )
```

上述代码执行结果如图 7-10 所示，可见通过 StringIndexer 将字符串转为索引标签，使用 IndexToString 又可以将索引标签列还原为字符串列。

```
+---+--------+-------------+----------------+
| id|category|categoryIndex|originalCategory|
+---+--------+-------------+----------------+
|  0|   spark|          0.0|           spark|
|  1|  hadoop|          1.0|          hadoop|
|  2|   flink|          2.0|           flink|
|  3|   spark|          0.0|           spark|
|  4|  hadoop|          1.0|          hadoop|
|  5|   spark|          0.0|           spark|
+---+--------+-------------+----------------+
```

图 7-10　显示 converted 中的数据

任务 7.3　Spark 分类与聚类

机器学习中，经常要根据特征数据进行分类或聚类，Spark ML 库提供了常用的分类算法与聚类算法。本项任务将结合实例，介绍 spark.ml 包中朴素贝叶斯分类及 K-means 聚类。

Spark 分类与聚类代码

7.3.1　朴素贝叶斯分类

1. 朴素贝叶斯分类的实例

为了便于理解朴素贝叶斯分类，在讲解其理论之前，先看如下示例：假设某医药门诊接待了 6 个病人，其症状、职业、确诊所患的疾病如表 7-2 所示。

表 7-2 诊疗信息

症 状	职 业	疾 病
打喷嚏	护士	感冒
打喷嚏	农夫	过敏
头疼	建筑工人	脑震荡
头疼	建筑工人	感冒
打喷嚏	教师	感冒
头疼	教师	脑震荡

现在又来了第七个病人，是一个打喷嚏的建筑工人，那他患上感冒的概率有多大？

对于这个问题，可以用贝叶斯定理，假设 P(A)表示 A 发生的概率，P(B)表示 B 发生的概率，P(A|B)表示 B 发生的前提下 A 发生的概率，P(B|A)表示 A 发生的前提下 B 发生的概率，根据贝叶斯定理：

$$P(A|B) = \frac{P(B|A)P(A)}{P(B)}$$

可得：

$$P(感冒|打喷嚏 \times 建筑工人) = \frac{P(打喷嚏 \times 建筑工人 | 感冒) \times P(感冒)}{P(打喷嚏 \times 建筑工人)}$$

假定"打喷嚏"和"建筑工人"这两个特征是独立的，则上面的等式就变成了

$$P(感冒|打喷嚏 \times 建筑工人) = \frac{P(打喷嚏|感冒) \times P(建筑工人|感冒) \times P(感冒)}{P(打喷嚏) \times P(建筑工人)}$$

而根据表中信息，P(打喷嚏|感冒)、P(建筑工人|感冒)、P(感冒)、P(打喷嚏)、P(建筑工人)均可计算出来，所以

$$P(感冒|打喷嚏 \times 建筑工人)$$

$$= \frac{0.66 \times 0.33 \times 0.5}{0.5 \times 0.33}$$

$$= 0.66$$

因此，这个打喷嚏的建筑工人有 66%的概率是得了感冒。同理，可以计算这个病人患上过敏或脑震荡的概率。比较这几个概率，可以知道他最可能得什么病。总之，贝叶斯分类器的基本思想是在统计资料的基础上，依据某些特征，计算各个类别的概率，从而实现分类。

2. 朴素贝叶斯分类的公式

假设某个体有 n 项特征(Feature)，分别为 F1，F2，…，Fn。现有 m 个类别(Category)，分别为 C1，C2，…，Cm。贝叶斯分类器就是计算出概率最大的那个分类，也就是求下面这个算式的最大值：

$$P(C \mid F1F2...Fn) = \frac{P(F1F2...Fn \mid C)P(C)}{P(F1F2...Fn)} \quad (1)$$

由于 P(F1F2...Fn)对于所有的类别都是相同的，可以省略，所以只需要求解 P(F1F2...Fn|C)P(C)的最大值即可。朴素贝叶斯分类器假设所有特征都彼此独立，因此，

$$P(F1F2...Fn|C)P(C) = P(F1|C)P(F2|C) ... P(Fn|C)P(C) \quad (2)$$

公式(2)等号右边的每一项都可以从统计资料中得到，由此就可以计算出每个类别对应的概率，从而找出最大概率的那个类。

3. Spark 朴素贝叶斯分类示例

本示例基于 Spark 自带的范例，演示如何通过 Spark 机器学习的 NaiveBayes 将输入的数据分为 0 或 1 两大类。示例所用的数据为 Spark 安装目录下的"/data/mllib/sample_libsvm_data.txt"文件，该文件数据格式为："类别标识　特征序号 1：特征值 1　特征序号 2：特征值 2　特征序号 3：特征值 3……"，其中类别标识即目标值，本示例中类别标识为 0 或 1。

```
import org.apache.spark.ml.classification.NaiveBayes
import org.apache.spark.ml.evaluation.MulticlassClassificationEvaluator
//将 LIBSVM 文件转为 DataFrame
val data = spark.read.format("libsvm")
    .load("file:///usr/local/spark/data/mllib/sample_libsvm_data.txt")
//将数据随机分为训练数据集、测试数据集两部分(30%用于测试)
val Array(trainingData, testData) = data.randomSplit(Array(0.7, 0.3), seed = 1234L)
//训练朴素贝叶斯模型
val model = new NaiveBayes( ).fit(trainingData)
//用训练好的模型对测试数据进行分类
val predictions = model.transform(testData)
predictions.show( )
//选择测试集的预测列和标签列，计算测试误差
val evaluator = new MulticlassClassificationEvaluator()
    .setLabelCol("label")
    .setPredictionCol("prediction")
    .setMetricName("accuracy")
//计算分类精度，并打印
val accuracy = evaluator.evaluate(predictions)
println("Accuracy: " + accuracy)
```

计算结果如图 7-11 所示，输出结果包括 5 列，其中：label 列为每条数据的实际类别；features 为特征数据；rawPrediction 为原始预测概率，即当前数据分别属于所有类别的置信度；probability 表示当前数据分别属于所有类别的概率；prediction 表示预测本条数据所属的类别。由图可知，lable 值(实际所属类别)与 prediction(预测所属类别)完全一致，对于测试数据集而言，预测的准确度为 100%。

```
+-----+----------------+------------------+-----------+----------+
|label|        features|     rawPrediction|probability|prediction|
+-----+----------------+------------------+-----------+----------+
|  0.0|(692,[95,96,97,12...|[-173678.60946628...|  [1.0,0.0]|       0.0|
|  0.0|(692,[98,99,100,1...|[-178107.24302988...|  [1.0,0.0]|       0.0|
|  0.0|(692,[100,101,102...|[-100020.80519087...|  [1.0,0.0]|       0.0|
|  0.0|(692,[124,125,126...|[-183521.85526462...|  [1.0,0.0]|       0.0|
|  0.0|(692,[127,128,129...|[-183004.12461660...|  [1.0,0.0]|       0.0|
|  0.0|(692,[128,129,130...|[-246722.96394714...|  [1.0,0.0]|       0.0|
|  0.0|(692,[152,153,154...|[-208696.01108598...|  [1.0,0.0]|       0.0|
|  0.0|(692,[153,154,155...|[-261509.59951302...|  [1.0,0.0]|       0.0|
|  0.0|(692,[154,155,156...|[-217654.71748256...|  [1.0,0.0]|       0.0|
|  0.0|(692,[181,182,183...|[-155287.07585335...|  [1.0,0.0]|       0.0|
|  1.0|(692,[99,100,101,...|[-145981.83877498...|  [0.0,1.0]|       1.0|
|  1.0|(692,[100,101,102...|[-147685.13694275...|  [0.0,1.0]|       1.0|
|  1.0|(692,[123,124,125...|[-139521.98499849...|  [0.0,1.0]|       1.0|
|  1.0|(692,[124,125,126...|[-129375.46702012...|  [0.0,1.0]|       1.0|
|  1.0|(692,[126,127,128...|[-145809.08230799...|  [0.0,1.0]|       1.0|
|  1.0|(692,[127,128,129...|[-132670.15737290...|  [0.0,1.0]|       1.0|
|  1.0|(692,[128,129,130...|[-100206.72054749...|  [0.0,1.0]|       1.0|
|  1.0|(692,[129,130,131...|[-129639.09694930...|  [0.0,1.0]|       1.0|
|  1.0|(692,[129,130,131...|[-143628.65574273...|  [0.0,1.0]|       1.0|
|  1.0|(692,[129,130,131...|[-129238.74023248...|  [0.0,1.0]|       1.0|
+-----+----------------+------------------+-----------+----------+
only showing top 20 rows

Accuracy: 1.0
```

图 7-11　朴素贝叶斯分类结果

7.3.2　k-means 聚类

k-means 算法是一种聚类算法。所谓聚类，即根据相似性原则，将具有较高相似度的数据对象划分至同一类簇，将具有较高相异度的数据对象划分至不同类簇。聚类与分类最大的区别在于，聚类过程为无监督过程，即待处理数据对象没有任何先验知识，而分类过程为有监督过程，即存在有先验知识的训练数据集。

k-means 算法中的 k 代表类簇个数，means 代表类簇内数据对象的均值(这种均值是一种对类簇中心的描述)，因此，k-means 算法又称为 k-均值算法。k-means 算法是一种基于划分的聚类算法，以距离作为数据对象间相似性度量的标准，即数据对象间的距离越小，则它们的相似性越高，则它们越有可能在同一个类簇。

Spark 中的 KMeans API 位于 org.apache.spark.ml.clustering 包下，其实现主要思想如下：
(1) 根据给定的 k 值，随机选取 k 个样本点作为初始划分中心；
(2) 计算所有样本点到每一个划分中心的距离，并将所有样本点划分到距离最近的划分中心；
(3) 计算每个划分中样本点的平均值，将其作为新的中心；
(4) 循环进行(2)~(3)步直至达到最大迭代次数，或划分中心的变化小于某一预定义阈值。

这里我们使用 UCI 数据集中的鸢尾花数据 Iris 进行实验，Iris 以鸢尾花的特征作为数据来源，是在数据挖掘、数据分类中常用的测试集、训练集。Iris 数据的样本容量为 150，有 4 个实数值的特征，分别代表花朵 4 个部位的尺寸，以及该样本对应鸢尾花的亚种类型(共有 3 种亚种类型，分别为 setosa、versicolor、virginica)。Iris 数据样式如下：

5.1,3.5,1.4,0.2,setosa

5.4,3.0,4.5,1.5,versicolor

7.1,3.0,5.9,2.1,virginica

下面在 Spark-Shell 环境下，使用 KMeans 方法对 Iris 数据进行聚类分析，过程如下：

```
//导入相关包，启用隐式转换
import org.apache.spark.ml.clustering.{KMeans,KMeansModel}
import org.apache.spark.ml.linalg.Vectors
import spark.implicits._
//定义样例类
case class Iris(features:org.apache.spark.ml.linalg.Vector,lable:String)
//读取文件生成RDD，文件位于"/home/hadoop/"下，可根据情况修改
val rawData = sc.textFile("file:///home/hadoop/iris.txt")
//将 RDD 转换为 DataFrame
val irisDF=rawData.map(x=>x.split(",")).map(x=>Iris(Vectors.dense(x(0).toDouble,
x(1).toDouble,x(2).toDouble,x(3).toDouble),x(4).toString)).toDF("features","lable")
//构建一个 k-means 实例，设置其特征列为 features，预测列为 prediction；然后针对 irisDF，训
练得到模型 kmeansmodel
val kmeansmodel = new KMeans().setK(3).setFeaturesCol("features").
setPredictionCol("prediction").fit(irisDF)
//使用模型 kmeansmodel，对 irisDF 数据进行整体处理，生成带有预测簇标签(名称为 prediction)
的数据集
val results = kmeansmodel.transform(irisDF)
results.show
```

图 7-12 为 results 结果，可见 results 含有一列 prediction(簇标签)，整个数据集中 150 条数据被分到 3 个簇中(标签值为 0、1、2)，簇标签与鸢尾花类别基本对应。我们还可以通过 KMeansModel 类自带的 clusterCenters 属性获取到模型的所有聚类中心位置，代码及结果如图 7-13 所示。

```
+----------------+-----------+----------+
|        features|      lable|prediction|
+----------------+-----------+----------+
|[5.1,3.5,1.4,0.2]|Iris-setosa|         1|
|[4.9,3.0,1.4,0.2]|Iris-setosa|         1|
|[4.7,3.2,1.3,0.2]|Iris-setosa|         1|
|[4.6,3.1,1.5,0.2]|Iris-setosa|         1|
|[5.0,3.6,1.4,0.2]|Iris-setosa|         1|
|[5.4,3.9,1.7,0.4]|Iris-setosa|         1|
|[4.6,3.4,1.4,0.3]|Iris-setosa|         1|
|[5.0,3.4,1.5,0.2]|Iris-setosa|         1|
|[4.4,2.9,1.4,0.2]|Iris-setosa|         1|
|[4.9,3.1,1.5,0.1]|Iris-setosa|         1|
|[5.4,3.7,1.5,0.2]|Iris-setosa|         1|
|[4.8,3.4,1.6,0.2]|Iris-setosa|         1|
|[4.8,3.0,1.4,0.1]|Iris-setosa|         1|
|[4.3,3.0,1.1,0.1]|Iris-setosa|         1|
|[5.8,4.0,1.2,0.2]|Iris-setosa|         1|
```

图 7-12　聚类预测结果

```
scala>  kmeansmodel.clusterCenters.foreach(center => { println("聚类中心点位置  :"+center) })
聚类中心点位置  :[3.0042553191489354,5.610638297872339,2.0425531914893615]
聚类中心点位置  :[3.4180000000000006,1.4640000000000002,0.2439999999999999]
聚类中心点位置  :[2.7547169811320757,4.281132075471698,1.3509433962264146]
```

图 7-13　聚类中心点位置

任务 7.4　使用协同过滤算法进行电影推荐

目前，商品推荐、新闻推荐、音视频等应用异常火热，与搜索引擎不同，个性化推荐是根据用户历史行为数据，研究用户的偏好，分析用户的需求和行为，从而发现用户的兴趣点，提供个性化服务。协同过滤是应用最为广泛的推荐算法之一，采用协同过滤思想，Spark ML 库提供了 ALS 算法，本项任务将结合电影推荐实例介绍 ALS 算法的使用。

使用协同过滤算法
进行电影推荐代码

7.4.1　推荐算法原理与分类

随着信息技术的迅速发展和在线服务的普及，人们能够快速获取大量信息，这也使得人们从信息匮乏的时代跨进了"信息过载"的时代。数据的爆炸式增长，给人类记忆和处理信息的能力带来了极大的挑战，大量冗余信息严重干扰对有用信息的提取和利用。个性化、智能化的搜索引擎和推荐系统是被广泛使用的克服信息过载的主要工具与技术。

与搜索引擎不同，推荐系统不需要用户提供明确的需求信息，而是通过分析用户的历史行为数据，主动为用户推荐能够满足他们兴趣和需求的信息，即通过发掘用户的行为，找到用户的个性化需求，从而将相关物品(信息)准确推荐给需要它的用户，帮助用户找到他们感兴趣但很难发现的物品。

推荐系统分为基于内容的推荐、基于知识的推荐和基于协同过滤的推荐等类别。基于内容的推荐算法的原理是用户喜欢和自己关注过的 Item 在内容上类似的 Item。比如用户看过电影《战狼Ⅰ》，基于内容的协同过滤发现还有《战狼Ⅱ》；而《战狼Ⅱ》在内容上(导演、主演、类别等很多关键词)与《战狼Ⅰ》有很大关联性，于是系统将《战狼Ⅱ》推荐给用户。

该方法可以避免 Item 的冷启动问题，弊端在于推荐的 Item 可能会重复(比如新闻推荐中，如果你看了一则关于叙利亚内战的新闻，很可能推荐的内容与之前的新闻相似)；另外一个弊端则是对于一些多媒体的推荐(比如音乐、电影、图片等)由于很难提取内容特征，因此很难进行推荐。

目前，最为流行的推荐算法是协同过滤，该推荐算法弥补了关联矩阵的缺失项，实现了高效推荐；协同过滤包括基于用户的协同过滤和基于物品的协同过滤。基于用户的协同过滤推荐，可以用"臭味相投"这个词汇表示。当一个用户 A 需要个性化推荐时，可以先找到与 A 兴趣相似的其他用户，然后把那些用户喜欢的而用户 A 没听过的物品推荐给 A。

基于物品的协同过滤推荐是利用用户对物品的偏好程度(等级)，计算物品之间的相似度，然后找出最相似的物品进行推荐。

7.4.2　利用 Spark ML 实现电影推荐

目前，Spark.ml 支持基于模型的协同过滤，其中用户和商品以少量的潜在因子来描述，用以预测缺失项。Spark.ml 使用交替最小二乘(ALS)算法来学习这些潜在因子。基于矩阵分解的协同过滤中，"用户－商品"矩阵中的条目是用户给予商品的显式偏好，例如用户给电影评级。然而在现实世界中，我们常常只能访问隐式反馈(如意见、点击、购买、喜欢以及分享等)，在 spark.ml 中我们使用"隐式反馈数据集的协同过滤"来处理这类数据。本质上来说，它不是直接对评分矩阵进行建模，而是将数据当作数值来看待，这些数值代表用户行为的观察值(如点击次数，用户观看一部电影的持续时间)。这些数值被用来衡量用户偏好观察值的置信水平，而不是显式地给商品一个评分。然后，模型用来寻找可以用来预测用户对商品预期偏好的潜在因子。

下面使用 MovieLens 数据集来演示推荐过程。MovieLens 是明尼苏达大学计算机科学与工程学院给出的经典数据集(http://grouplens.org/datasets/movielens/)，该数据集包括用户信息、用户对电影的打分和电影信息 3 个文件。这里仅使用用户对电影的打分文件 rating.txt，其中每行包含一个用户 ID、一个电影 ID、一个该用户对该电影的评分以及时间戳，数据样式如图 7-14 所示。

```
0::11::1::1424380312
0::12::2::1424380312
0::15::1::1424380312
0::17::1::1424380312
0::19::1::1424380312
0::21::1::1424380312
0::23::1::1424380312
0::26::3::1424380312
0::27::1::1424380312
0::28::1::1424380312
```

图 7-14　电影评论数据

在 Spark Shell 中输入如下代码，体验推荐过程：

```
//导入相关包
import    org.apache.spark.ml.evaluation.RegressionEvaluator
import    org.apache.spark.ml.recommendation.ALS
import spark.implicits._
//定义一个样例类 Rating
case class Rating(userId: Int, movieId: Int, rating: Float, timestamp: Long)
//parseRating 方法将 RDD 元素切分，返回一个 Rating 对象
def parseRating(str: String): Rating = {
    val fields = str.split("::")
    assert(fields.size == 4)
```

```
        Rating(fields(0).toInt, fields(1).toInt, fields(2).toFloat, fields(3).toLong)
}
//读取 sample_movielens_ratings.txt 文件，生成 RDD 后，转换为 DataFrame
val ratings = spark.read.textFile(
"file:///usr/local/spark/data/mllib/als/sample_movielens_ratings.txt")
        .map(line=>parseRating(line))
        .toDF( )
val Array(training, test) = ratings.randomSplit(Array(0.8, 0.2))
//在训练数据集上，构建一个 ALS 模型
val als = new ALS( )
        .setMaxIter(5)
        .setRegParam(0.01)
        .setUserCol("userId")
        .setItemCol("movieId")
        .setRatingCol("rating")
val model = als.fit(training)
//使用训练好的模型，对测试数据进行推荐
val predictions = model.transform(test).na.drop
predictions.show
```

预测打分结果如图 7-15 所示，可以看到每一行增加了 prediction(打分列)，即预测该用户对某个电影的打分。因为数据量有限，部分预测值与实际打分值(rating)偏差比较大。接下来，还可以通过计算模型的均方根误差来进行模型评价。一般而言均方根差越小，模型越准确。该模型均方根误差求解代码如下：

```
val    evaluator = new RegressionEvaluator( ).setMetricName("rmse")
setLabelCol("rating").setPredictionCol("prediction")
val    explicit = evaluator.evaluate(predictions)
println(s"该模型的均方根误差为："+explicit)
```

```
scala> predictions.show
+------+-------+------+----------+------------+
|userId|movieId|rating| timestamp|  prediction|
+------+-------+------+----------+------------+
|     7|     31|   3.0|1424380312|   1.8033329|
|     7|     85|   4.0|1424380312|   3.3654342|
|     2|     85|   1.0|1424380312|   -3.128038|
|    22|     65|   1.0|1424380312|   1.8554744|
|    12|     53|   1.0|1424380312|-0.042250693|
|    19|     53|   2.0|1424380312|    1.754541|
|     8|     78|   1.0|1424380312|   0.9851712|
|     3|     34|   3.0|1424380312|0.0043124855|
|    17|     34|   1.0|1424380312|  0.64825916|
|    26|     81|   3.0|1424380312|    2.177134|
|    16|     81|   1.0|1424380312|   3.7089531|
|     3|     81|   1.0|1424380312|  0.52910054|
|     9|     81|   2.0|1424380312| -0.19602026|
|    21|     81|   1.0|1424380312|  0.29802257|
```

图 7-15　预测打分结果

除此之外，ALSModel 还提供了 recommendForAllUsers 方法用于为用户推荐可能喜欢的 Item，recommendForAllItems 方法用于为 Item 推荐用户。例如，为所有用户推荐 3 部电影、找出为编号为 10 的用户推荐的电影，代码如下所示：

```
//调用 recommendForAllUsers，为每一个用户推荐 3 部电影
val userRecs = model.recommendForAllUsers(3)
//找出为某用户(userID=10)推荐的电影
val rec=userRecs.where("userID=10")
rec.show(false)
```

为用户 10 推荐的电影信息如图 7-16 所示，“9,4.471581”表示为用户推荐编号为 9 的电影，预测评分 4.471581。

```
+------+--------------------------------------------+
|userId|recommendations                             |
+------+--------------------------------------------+
|10    |[[9,4.471581], [2,3.9190567], [92,3.5106018]]|
+------+--------------------------------------------+
```

图 7-16　为用户推荐电影信息

项　目　小　结

本单元从机器学习的基本概念入手，首先讲述了机器学习的基本概念、分类以及 Spark 机器学习库；接着介绍数据预处理中的特征提取与特征转换，其目的是为后续算法训练提供合适的数据集；而后结合著名的鸢尾花等数据集，介绍了如何完成分类、聚类；最后，针对热门的推荐算法，使用 ALS 算法完成了电影推荐。

课　后　练　习

一、判断题

1. 机器学习是专门研究计算机怎样模拟或实现人类的学习行为，以获取新的知识或技能。(　　)

2. 基于学习方式，机器学习可以分为监督学习、无监督学习和强化学习。(　　)

3. spark.ml 是基于 RDD 的 API。(　　)

4. 特征转换就是从原始数据中抽取特征，并作为机器学习的数据集。(　　)

5. 朴素贝叶斯分类属于无监督学习。(　　)

二、问答题

1. 简述 k-means 聚类的基本原理。

2. 常见的推荐算法可以分为哪些类型？其基本思想是什么？

能力拓展

1. 使用 Spark ML 聚类方法对一组小麦颗粒数据进行聚类，该数据共 210 条，它们分别属于 3 个不同的品种，包含 7 个特征数据及 1 个所属品种数据，数据样式如图 7-17 所示。

seeds_dataset (1) - 记事本							
文件(F)	编辑(E)	格式(O)	查看(V)	帮助(H)			
15.26	14.84	0.871	5.763	3.312	2.221	5.22	1
14.88	14.57	0.8811	5.554	3.333	1.018	4.956	1
14.29	14.09	0.905	5.291	3.337	2.699	4.825	1
13.84	13.94	0.8955	5.324	3.379	2.259	4.805	1
16.14	14.99	0.9034	5.658	3.562	1.355	5.175	1
14.38	14.21	0.8951	5.386	3.312	2.462	4.956	1
14.69	14.49	0.8799	5.563	3.259	3.586	5.219	1
14.11	14.1	0.8911	5.42	3.302	2.7	5	1
16.63	15.46	0.8747	6.053	3.465	2.04	5.877	1
16.44	15.25	0.888	5.884	3.505	1.969	5.533	1
15.26	14.85	0.8696	5.714	3.242	4.543	5.314	1
14.03	14.16	0.8796	5.438	3.201	1.717	5.001	1

图 7-17　小麦颗粒数据

任务实现思路与步骤如下：

(1) 上传数据到 HDFS；

(2) 导入相关包；

(3) 对于数据量纲不同而影响训练结构问题，进行特征值转换(可以考虑 Min Max Scaler)；

(4) 设置模型参数；

(5) 训练模型；

(6) 测试集测试；

(7) 将分类结果、聚类中心数据保存到 HDFS 文件中。

2. 现有一组意大利同一地区两种红酒的数据，数据包含两种红酒的 13 种化学成分的含量，数据包含：红酒种类(1 或 2)、酒精含量、苹果酸、灰烬、灰分碱性、镁、总酚类、黄酮类、非淀粉酚类、原花青素、颜色强、色调、OD280/OD315、脯氨酸(实际数据间用逗号隔开，如图 7-18 所示)。要求使用 Spark ML 进行分类预测。

任务实现思路与步骤如下：

(1) 上传数据到 HDFS；

(2) 导入相关包；

(3) 对于数据量纲不同而影响训练结构问题，进行特征值转换(可以考虑 MinMaxScaler)，注意数据集中所有小于 0 的数据省略了整数位 0，比如 ".28" 表示 "0.28"；

(4) 设置模型参数；

(5) 训练模型；

(6) 测试集测试；

(7) 将结果保存到 HDFS 文件中。

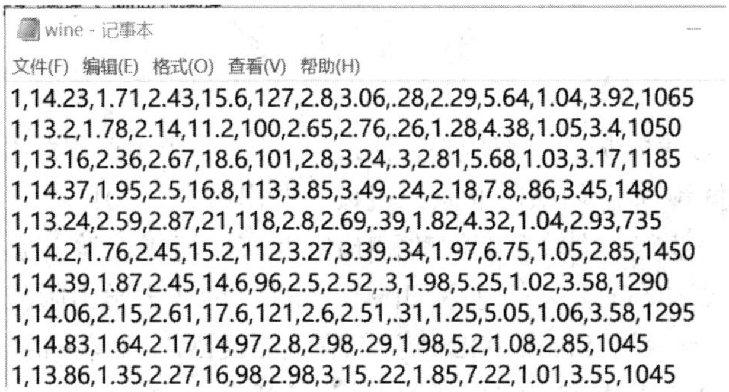

```
wine - 记事本                                          —
文件(F)  编辑(E)  格式(O)  查看(V)  帮助(H)
1,14.23,1.71,2.43,15.6,127,2.8,3.06,.28,2.29,5.64,1.04,3.92,1065
1,13.2,1.78,2.14,11.2,100,2.65,2.76,.26,1.28,4.38,1.05,3.4,1050
1,13.16,2.36,2.67,18.6,101,2.8,3.24,.3,2.81,5.68,1.03,3.17,1185
1,14.37,1.95,2.5,16.8,113,3.85,3.49,.24,2.18,7.8,.86,3.45,1480
1,13.24,2.59,2.87,21,118,2.8,2.69,.39,1.82,4.32,1.04,2.93,735
1,14.2,1.76,2.45,15.2,112,3.27,3.39,.34,1.97,6.75,1.05,2.85,1450
1,14.39,1.87,2.45,14.6,96,2.5,2.52,.3,1.98,5.25,1.02,3.58,1290
1,14.06,2.15,2.61,17.6,121,2.6,2.51,.31,1.25,5.05,1.06,3.58,1295
1,14.83,1.64,2.17,14,97,2.8,2.98,.29,1.98,5.2,1.08,2.85,1045
1,13.86,1.35,2.27,16,98,2.98,3,15,.22,1.85,7.22,1.01,3.55,1045
```

图 7-18　红酒指标数据

参 考 文 献

[1]   黄东军. Hadoop 大数据实战权威指南[M]. 北京：电子工业出版社，2017.

[2]   孟小峰. 大数据管理盖伦[M]. 北京：机械工业出版社，2017.

[3]   林子雨. 大数据基础、实验和案例教程[M]. 北京：清华大学出版社，2017.

[4]   周志湖，牛亚真. Scala 开发快速入门[M]. 北京：清华大学出版社，2016.

[5]   纪函，靖晓文，赵政达. Spark SQL 入门与实践指南[M]. 北京：清华大学出版社，2018.

[6]   高建良，盛羽. Spark 大数据编程基础(Scala 版)[M]. 长沙：中南大学出版社，2019.

[7]   肖芳，张良均. Spark 大数据技术与应用[M]. 北京：人民邮电出版社，2018.

[8]   林子雨，赖永炫，陶继平. Spark 编程基础(Scala 版)[M]. 北京：人民邮电出版社，2018.

[9]   刘景泽. Spark 大数据分析[M]. 北京：电子工业出版社，2019.

[10]   黑马程序员. Spark 大数据分析与实战[M]. 北京：电子工业出版社，2019.

[11]   桑迪·里扎，等. Spark 高级数据分析[M]. 北京：人民邮电出版社，2018.

[12]   Hadoop 官网. https://hadoop.apache.org.

[13]   Spark 官网. http://spark.apache.org/docs/latest/.